国家出版基金项目
NATIONAL PUBLICATION FOUNDATION

中国航天技术进展丛书

吴燕生　总主编

疏导式热防护

李　锋　等　著

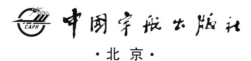

中国宇航出版社

·北京·

图书在版编目(CIP)数据

疏导式热防护 / 李锋等著 . -- 北京：中国宇航出版社，2017.3

ISBN 978 - 7 - 5159 - 1244 - 8

Ⅰ.①疏… Ⅱ.①李… Ⅲ.①航天器－防热 Ⅳ.①V444.3

中国版本图书馆 CIP 数据核字(2016)第 297738 号

责任编辑　彭晨光

责任校对　祝延萍　　　　**封面设计**　宇星文化

出　版
发　行　中国宇航出版社

社　址　北京市阜成路 8 号　**邮　编**　100830
　　　　　(010)60286808　　　(010)68768548
网　址　www.caphbook.com
发行部　(010)60286888　　　(010)68371900
　　　　　(010)60286887　　　(010)60286804(传真)
零售店　读者服务部
　　　　　(010)68371105
承　印　北京画中画印刷有限公司

版　次　2017 年 3 月第 1 版
　　　　　2017 年 3 月第 1 次印刷
规　格　787×1092
开　本　1/16
印　张　18.25
字　数　444 千字
书　号　ISBN 978 - 7 - 5159 - 1244 - 8
定　价　198.00 元

本书如有印装质量问题，可与发行部联系调换

总　序

　　中国航天事业创建 60 年来，走出了一条具有中国特色的发展之路，实现了空间技术、空间应用和空间科学三大领域的快速发展，取得了"两弹一星"、载人航天、月球探测、北斗导航、高分辨率对地观测等辉煌成就。航天科技工业作为我国科技创新的代表，是我国综合实力特别是高科技发展实力的集中体现，在我国经济建设和社会发展中发挥着重要作用。

　　作为我国航天科技工业发展的主导力量，中国航天科技集团公司不仅在航天工程研制方面取得了辉煌成就，也在航天技术研究方面取得了巨大进展，对推进我国由航天大国向航天强国迈进起到了积极作用。在中国航天事业创建 60 周年之际，为了全面展示航天技术研究成果，系统梳理航天技术发展脉络，迎接新形势下在理论、技术和工程方面的严峻挑战，中国航天科技集团公司组织技术专家，编写了《中国航天技术进展丛书》。

　　这套丛书是完整概括中国航天技术进展、具有自主知识产权的精品书系，全面覆盖中国航天科技工业体系所涉及的主体专业，包括总体技术、推进技术、导航制导与控制技术、计算机技术、电子与通信技术、遥感技术、材料与制造技术、环境工程、测试技术、空气动力学、航天医学以及其他航天技术。丛书具有以下作用：总结航天技术成果，形成具有系统性、创新性、前瞻性的航天技术文献体系；优化航天技术架构，强化航天学科融合，促进航天学术交流；引领航天技术发展，为航天型号工程提供技术支撑。

　　雄关漫道真如铁，而今迈步从头越。"十三五"期间，中国航天事业迎来了更多的发展机遇。这套切合航天工程需求、覆盖关键技术领域的丛书，是中国航天人对航天技术发展脉络的总结提炼，对学科前沿发展趋势的探索思考，体现了中国航天人不忘初心、不断前行的执着追求。期望广大航天科技人员积极参与丛书编写、切实推进丛书应用，使之在中国航天事业发展中发挥应有的作用。

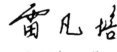

2016 年 12 月

序

　　本书是航天十一院热防护研究团队对由李锋主持的国防 973 项目"高超声速飞行器疏导式热防护机理与途径研究"研究成果的总结与扩展。他们是我国最早从事热防护研究的团队，长期以来，他们以飞行器热防护需求为本，不断进取，勇于创新，解决了多类飞行器的热防护问题。我与他们有过长期的合作和交流。

　　谈到我同航天十一院的合作，那是段不平凡的经历。从 1988 年姜贵庆先生与我开始合作指导博士生，至今已有 27 年，共培养了 8 名博士，其中有俞继军（2005 年）和艾邦成（2006 年）。我们研究的领域涉及 20 世纪以美国航天飞机复杂构型为背景的计算气动热力学有限元方法研究，又涉及 21 世纪以临近空间高超声速飞行器为背景的气动加热若干新问题的工程理论研究。

　　热防护一直是制约高超声速飞行器发展的关键问题之一。未来临近空间高超声速飞行器具有高升阻比复杂气动外形、长时间气动加热和薄层轻质热防护结构等特点，这就对热防护提出了新的要求，即能够防热但不能改变飞行器的气动外形，能够隔热但不能太厚太重，传统的烧蚀热防护已无法适应这些新特点和要求。因此研究新的非烧蚀热防护机理和途径，特别是基础性研究，就成为新型飞行器发展所急需突破的热点、难点和关键问题。

　　疏导式热防护是本书提出的一种新概念非烧蚀热防护技术，摒弃将外加热量就地"消化"的烧蚀防热传统思想，在热防护系统中，引进"热管理"概念，对防热层内部热量的流向进行科学管理，使高温区的热量快速传递到低温区，降低高温区的表面温度，以利用非烧蚀，提高低温区的表面温度，以增加整体辐射散热量，减轻热防护的压力。理论分析和电弧风洞试验都已证明，在热防护系统中对热量的流向进行有效的科学管理是实现非烧蚀热防护的一个有效途径。

　　这本著作不仅是介绍发明创新的技术性专著，而且是一本学习热环境、热防护知识的基础性读物。我国有许多大学设有航空航天学院，应该有众多的本科生和研究生涉及如何解决"热障"问题，对其而言，这是一本值得阅读的参考书。

童秉纲

2015 年 11 月 20 日

前　言

适应飞行器在大气层中长程飞行要保持气动外形不变的需求，近些年高超声速飞行器非烧蚀防热受到了特别关注。本书介绍的疏导式热防护就是这种新型非烧蚀防热的一种有效技术。它是在总结烧蚀式热防护历史作用和局限性的基础上，根据新型高超声速飞行器的热环境特点而提出的。它借助于热疏导介质和高效隔热材料的合理运用，在飞行器防热结构中建立了热量定向流动机制，将复杂外形强加热区的热量导向低温区，限制热量向飞行器内部传递而扩大向外辐射散热，从而达到外层不烧蚀、内部限温升的热防护目标。

第 1 章是概论，从高超声速飞行器的"热障"问题出发，简要叙述了从烧蚀到非烧蚀热防护技术的发展，进而介绍了疏导式热防护概念的产生，及其物理机制和技术特点。热环境是热防护设计的前提和依据，第 2 章对复杂外形飞行器在大空域长程飞行所经历的热环境，从数值模拟、工程计算两个方面给出了有针对性的预测方法。同时还介绍了高超声速风洞的测量与对理论预测技术的验证。第 3 章是本书的核心，在系统介绍快速传热、高效隔热、辐射散热控制和表面抗氧化 4 个物理机制的基础上，阐述了疏导式热防护的基本思想、理论特点和技术实现途径，并举例说明了热疏导思想的应用。鉴于高温热管在疏导式防热技术实现中的重要性和在热防护领域中应用的新颖性，并考虑到国内有关高温热管资料的缺乏状态，本书第 4 章专门介绍了高温热管的工作原理、制作和应用。对于一个新型热防护理论与途径的探索，必须有相应的试验验证，第 5 章在系统讲述热防护试验模拟技术、试验与测试技术的基础上，介绍了疏导式热防护试验条件的建立和验证试验的做法与结果，该章内容也弥补了目前国内没有热防护试验相关专著的不足。

本书是在国防 973 项目"高超声速飞行器疏导式热防护机理与途径研究"研究成果的基础上集体创作而成的，李锋为该项目的首席科学家，其他作者都是项目的研究者，主要包括：第 1 章，李锋，姜贵庆；第 2 章，程晓丽；第 3 章，俞继军；第 4 章，曲伟；第 5 章，欧东斌、李廷林。李锋、姜贵庆、李廷林对全书进行了统稿与审校。张学军、毕志献、陈思员、罗晓光、邓代英为本书的编撰提供了有价值的素材和资料；艾邦成、陈连忠给予了重要的建议和支持；靳旭红对全书图表、文献等进行了整理与标校。特别是童秉纲院士除在项目研究中给予多方指导外，还为本书作序，对本书做出了客观的评价与推荐。在这些同志的共同努力下，本书得以顺利出版，在此一并感谢！

作　者

目　录

第1章　概论

航天飞行器在飞行过程中，大都会经历高超声速阶段，这时显著的气动加热会造成飞行障碍，因此，必须采取有效的热防护。

导弹弹头以高超声速（$Ma > 5$）通过大气层时，会遇到严重的气动加热，引起表面温度的急剧升高。过高的温度会使表面材料发生多种物理和化学变化，如材料的相变、氧化反应、热解反应等，严重影响弹头的生存能力及战术目标的实现。这种由于气动加热引起的影响弹头飞行生存的严重问题，称为热障。随着各类高超声速飞行器（包括战略、战术再入弹头，返回式卫星，载人飞船以及可重复使用的飞行器等）的相继问世，热障始终是飞行器设计的技术关键问题。由此，热障成为科学技术研究的一个热点课题。

热防护是 20 世纪中期，世界各军事大国为解决再入弹头飞行所遇到的热障问题而提出的一种新的设计思想。在热防护研究初期，曾提出过四种吸热机理的热防护技术：

1）热沉式热防护，其吸热机理是材料的热容吸热。

2）发汗冷却式热防护，其吸热机理是液体蒸发吸热和质量引射降低表面热流的热阻塞效应（即蒸发或直接喷射气体改变了表面气流温度分布而降低热流的效应）。

3）辐射式热防护，其吸热机理是辐射散热。

4）烧蚀式热防护，它在一定程度上包括了热沉吸热、辐射散热和质量引射的热阻塞效应，同时它还具有材料的相变和化学反应等吸热机制。

烧蚀热防护是目前应用最成功的一种热防护方式[1]，它有很多优点，技术也比较成熟。但由于材料烧损会改变飞行器的气动外形，因而，无法满足某些新型高超声速飞行器对热防护的特殊要求，于是提出并发展了非烧蚀热防护技术，它的主要优点是飞行器在飞行过程中不改变气动外形。这样根据是否改变飞行器的气动外形进行分类，可将热防护分为烧蚀和非烧蚀两类。

1.1　高超声速飞行器烧蚀热防护的应用与局限

1.1.1　烧蚀热防护的应用

（1）再入弹头

弹头是导弹的有效载荷，是导弹武器的关键部件。它一般由端头体、上壳体、下壳体和稳定裙四部分组成。弹头以高超声速再入大气层时，各部分的热流密度不同，所采取的热防护材料也不相同，其中端头是气动加热最严重的部位。

在第一代再入弹头的初期研制中，曾采用过热沉式防热技术。它是利用金属材料铜的比热大、熔化吸热多的优点，通过热容和熔化吸热来达到热防护的目的。美国早期的宇宙神、大力神-Ⅰ和雷神导弹就采用这一方法解决了端头的防热问题。但随着再入速度的增大，热沉式防热不再能满足要求，甚至出现过弹头在再入过程中被烧穿而使飞行试验失败的事例。为了解决高热流的热障问题，1958 年美国科学家亚当斯（Adams）[2]等人首次提出烧蚀热防护的概念，即以牺牲材料的质量达到保护弹头不被烧坏的目的。烧蚀热防护概念的提出以及相应理论的建立，开创了热防护技术的新领域，成为解决各类飞行器热防护的重要里程碑。

第一代再入战略弹头均采用了玻璃-酚醛和高硅氧-酚醛复合材料，这是烧蚀热防护技术早期采用的硅基复合材料。其主要吸热机理[2]是二氧化硅的融熔和蒸发吸热，质量损失机理是二氧化硅的液态流失和蒸发损失。对第二代小型化弹头更为严酷的热环境，硅基复合材料烧蚀量过大，无法适应弹头设计的需求。依据碳的升华潜热比二氧化硅蒸发潜热高四倍多的特点，各种以碳为主体的碳基复合材料相继问世，它们广泛应用于 MK－12 等多种导弹的端头，成功解决了小型化再入弹头的热防护问题。

（2）返回式卫星、再入飞船

与再入弹头高焓、高压、高热流密度的热环境不同，返回式卫星和再入飞船的热环境特点是高焓、低压、中低热流，因此它们所用的防热材料与再入弹头也有很大的不同[1]。在再入飞船研制初期，曾沿用过再入弹头早期的防热材料，如美国的水星飞船曾选取过玻璃-酚醛复合材料，它虽然也能达到热防护的效果，但由于材料密度太大（1.6～1.8 g/cm³），必然导致防热层严重超重，使防热设计无法进行。这个急需解决的难题推动了低密度碳化复合新材料的研制。这种新材料是根据再入飞船的热环境特点设计的，密度在 0.545～0.85 g/cm³ 之间，且复合物树脂占有较高的汽化分数。美国 1965 年研制的双子星座和 1966 年研制的阿波罗载人飞船均采用了这种低密度碳化复合材料，并取得成功。

（3）固体火箭发动机喷管

固体火箭发动机喷管是将燃烧气体高温能量转换为动能，从而产生推力的功能性构件，因喷管的内热流环境也很恶劣，其最高热流值介于再入弹头和载人飞船二者最高热流之间，也需采取热防护，以保证发动机的工作安全。固体发动机喷管基本沿用了再入弹头的防热技术，由于喷管不同部位的热流密度不同，所选的热防护材料也不一样，但基本上都是弹头所用的材料。

1.1.2　烧蚀热防护的局限性

烧蚀热防护技术不断发展，在 20 世纪成功解决了导弹、飞船、发动机喷管等飞行器或部件的防热问题。但它也存在着一定的局限性，无法适应以在大气层长程飞行为特点的新一代高超声速飞行器的防热需求。烧蚀热防护的局限性主要表现在：

1）烧蚀热防护由于表面材料烧损，特别是长时间的烧损，必然会改变飞行器的气动外形，从而改变了飞行器的气动性能。新一代在大气层中长程飞行的高超声速飞行器要求保持高升阻比气动外形不变，才能实现其飞行目标。改变气动外形对它们来说，是致命的问题。

2）烧蚀热防护的最大优点是依靠烧蚀材料理化变化的吸热效应来达到其热防护效果的。新型高超声速飞行器在它相应的热环境条件下，表面温度远低于各种传统烧蚀防热飞行器的表面温度，防热材料的吸热效应不能充分发挥。碳基复合材料只有在表面温度大于 3 300 K 以上，才有升华吸热效应，表面温度大约在 1 000～2 700 K 范围内时仅有碳的氧化放热反应，不会产生吸热效果。从吸热效应来考虑，现有常用的烧蚀材料在新型高超声速飞行器的热环境条件下，都不是理想的防热材料。

3）烧蚀热防护适应高热流短时间的加热环境，无论是硅基复合材料，还是碳基复合材料，其粘合剂均为树脂类聚合物。这种聚合物在温度 500～1 000 K 都会发生热解反应逸出气体，留下碳化层。在高热流密度、短时间加热的条件下，碳化层很薄，并且很快会被烧掉，不会对结构完整性产生影响。但对长时间、中低热流密度的气动加热环境，碳化层很厚，而且粘合力极差，很难保证防热层的完整性，有可能造成灾难性的后果。

1.2　非烧蚀热防护

非烧蚀热防护是 21 世纪初，各航天大国在发展新一代高超声速飞行器的热防护技术时提出的一个挑战性新课题。这类新型飞行器长时间在临近空间作高超声速飞行，需要保持高升阻比的气动外形，且需具有优越的隔热性能。现有的烧蚀热防护技术已无法满足这一防热的新需求，因而，热防护技术再次成为气动热领域关注的热点问题。由于传统的烧蚀热防护会改变飞行器的几何外形，而新型高超声速飞行器，需要气动外形保持不变，因此，将这类能保持气动外形的热防护技术统称为非烧蚀热防护[3-4]。

1.2.1　新型高超声速飞行器的热环境特性

新型高超声速飞行器的基本功能是以高超声速在临近空间（距地面 20～100 km 的空间）作长时间（可达 2 000～3 000 s）飞行。要实现这个功能，其气动外形必须为高升阻比的复杂外形，包括头部-翼-身-舵组合体和头部、翼、舵的尖化前缘外形。复杂外形会产生激波与激波、激波与边界层相互作用的干扰区，其峰值热流密度会比周围非干扰区热流大几倍；尖化前缘的尖端附近其几何特征尺度与当地气体分子自由程相当，需要考虑稀薄气体效应；长时间在临近空间作高超声速飞行，真实气体（即高温气体）效应也必须考虑。复杂外形、真实气体效应和稀薄气体效应是影响新一代高超声速飞行器热环境特性的主要因素。

（1）复杂外形的气动加热

与轴对称简单外形相比，具有头部-翼-身-舵组合体的面对称复杂气动外形，决定了其绕流流场结构的复杂性。飞行器头部前缘热流密度最高，以及控制翼、舵前缘气动加热也很严重。当头部前缘激波和翼、舵前缘激波相互干扰时，气动加热会更加严重。原因是当出现强干扰时，其热流密度会比无干扰时的热流密度大几倍或更高。相反，身部、翼面、舵面大面积的热流密度较小，从而造成严重的不均匀加热和沿表面很大的温度变化，这就为防热设计带来新的困难。

（2）考虑真实气体效应的气动加热

通常的气动加热是以完全气体模型来预测的。所谓完全气体是一种理想化的气体，它不考虑分子之间的内聚力和体积，仅考虑分子的热运动。这种模型对较低温度气体比较适用。高温时必须考虑真实气体效应，该效应主要是指气体的离解，电离和复合等化学反应与振动能的激发。真实气体效应对热环境的影响主要体现在高温以及化学反应带来的高温气体效应。完全气体模型无法模拟真实流动中的能量分布以及转化过程；无法模拟由于气体组分变化导致的壁面组分扩散热流。考虑高温气体效应的化学过程，还有平衡与非平衡、是否有壁面催化等不同情况，它们组合起来可构成常用的四种模型：不考虑高温气体效应的完全气体模型，考虑高温气体效应的平衡模型，非平衡完全催化壁模型和非平衡非催化壁模型。对相同状态，不同模型所得热环境不同，它们的热流密度由大到小依次为：考虑高温气体效应的平衡模型，非平衡完全催化壁模型，完全气体模型，非平衡非催化壁模型。对于某些化学反应强烈的飞行状态，不同模型之间可能存在较大的差异，最大可达50%左右。因此，需要根据具体的飞行状态选择合适的气体模型。

（3）考虑稀薄气体效应的气动加热

稀薄气体流动的雷诺（Reynolds）数很小，粘性层很厚，无粘流和粘性流之间难以划分界限。又因马赫（Mach）数很高，强压缩脱体激波后的熵梯度明显，会严重影响粘性边界层的结构。稀薄气体由于密度低，壁面处气体碰撞会偏离完全漫反射，导致物面处存在速度滑移和温度跳跃，使流动呈现非平衡特征，这些都使得稀薄气体流动特征比连续流区更为复杂。壁面处出现的速度滑移和温度跳跃，会使表面热流降低。对于过渡区流动，壁面滑移效应最大使热流密度降低20%。

1.2.2　非烧蚀热防护功能

研究新的热防护机理的目的是实现新型飞行器在给定热环境条件下的热防护功能。热防护技术的发展实践表明，飞行器热防护的功能有一个由简单到复杂的演变过程。初期再入弹头的热防护功能较为简单，主要是保证弹头不被烧毁，没有其他特殊要求。随着飞行器总体性能的不断提高，其热防护功能也在不断发展，如未来飞行器就要求保持外形不变以及长时间高效隔热等。非烧蚀热防护机理是在烧蚀热防护的基础上建立起来的，因此，了解非烧蚀与烧蚀热防护功能的差异，对研究非烧蚀热防护机理是十分必要的。

（1）防热功能的差异

烧蚀热防护适宜于短时间（小于 100 s）、高焓（如 30 MJ/kg）、高热流密度（如 100 MW/m²）热环境的再入飞行器（如再入弹头），它的防热功能比较简单。由于再入时间短，弹头的隔热功能容易满足，因此，烧蚀热防护机理也较为单纯，如硅基复合材料的液态层模型，碳基复合材料的氧化、氮化和升华模型等。非烧蚀热防护要适用于长时间

（如 2 000 ~ 3 000 s）、高焓（如 30 MJ/kg）、中低热流密度（如 1 ~ 10 MW/m²）的热环境，热防护功能要求在飞行过程中不发生飞行器气动外形的变化，以保持飞行器的高升阻比气动性能。由于长时间飞行，降低防热结构层的质量和体积，增加飞行器的有效载荷是新一代高性能飞行器的另一个重要标志，于是提出轻质薄层的特殊要求。相应地，它的热防护机理也较为复杂，既要不烧蚀，又要不热裂；既要长时间耐高温，又要轻质薄层。因此，至今还没有一个公认的、广泛适用的非烧蚀热防护机制。人们只能从现有认识出发，根据需要和可能，提出有一定应用条件和范围的热防护机理，如本书提到的疏导式热防护。

（2）隔热功能的差异

热传导方程的理论分析表明，对短时间飞行，防热材料的隔热性能容易满足。但对长时间飞行，热防护技术中的隔热功能实现难度极大。为了显示短时间加热和长时间加热材料隔热性能的明显差别，可以作一算例[5]：取厚度为 20 mm、初温为 273 K 的平板，表面以 1 100 K 的温度作恒温加热，对常用的防热材料（如高硅氧-酚醛，玻璃-酚醛，碳-酚醛，石棉-酚醛等）的隔热性能进行预测。结果表明：对短时间气动加热，常用的烧蚀防热材料都有良好的隔热性能，在 150 s 内，四种防热材料的背面温度都不超过 373 K（100 ℃），可以满足隔热要求；对 1 000 s 的长时间加热，四种材料的背面温度都超过 723 K（450 ℃），无法满足隔热要求。可见，烧蚀与非烧蚀的隔热功能有完全不同的要求。烧蚀热防护的隔热功能可不做专门要求，而非烧蚀热防护的隔热则占主导地位。由于传统固体材料隔热性能的局限性（它们的导温系数可变化范围有限），必须探索新的隔热机制来满足长时间气动加热对热防护提出的新需求。

1.2.3　非烧蚀热防护的飞行试验尝试与面临的挑战

非烧蚀热防护概念提出以来，各航天大国相继开展了大量非烧蚀热防护机理和实施途径的研究，有的还进行了飞行试验的考核。美国在 X-37B、HTV-2、X-43A 等飞行试验中，都采用了非烧蚀热防护技术。2010 年发射并成功返回的 X-37B 飞行器，采用了防隔热一体化设计的整体增韧抗氧化复合结构[6]（TUFROC）。这种由艾姆斯（Ames）研究中心研制的新型陶瓷复合结构，不仅能承受再入时产生的高温，还解决了在高温环境下的热裂和抗氧化等问题，这也许是非烧蚀热防护的首次成功应用。但是，HTV-2 的两次飞行试验均宣告失败。HTV-2[7]的热防护系统设计方案[2,7]是：端头和前缘采用低烧蚀的抗氧化碳/碳材料，机身大面积区域则采用先进的碳/碳气动保形壳体，发挥承载和防热的双重功能。这种热防护系统的研发需要解决许多技术问题，包括精确预测气动热载荷和烧蚀速率技术、大型碳/碳气动外形结构的制造方法、用于实现再入飞行器内部升温限制的隔热技术等。试验结果表明验证机在气动控制和热防护系统设计两方面都存在问题。X-43A 的飞行时间只有 10 s，其热防护并没有受到考验。这些飞行试验结果说明目前的非烧蚀热防护仍处于研究试验阶段，尚没有一种公认成熟的实用技术。要达到真正的非烧蚀，即具备长时间或多次执行飞行任务的能力，还有大量的基础研究需要开展，因而面临巨大的挑战。

1.3 疏导式热防护

疏导式热防护是在充分分析各类新型高超声速飞行器热流密度分布特性的基础上，摈弃了将外加热量就地"消化"的烧蚀防热传统思维，提出的一种新型非烧蚀热防护技术。它是以四个防热机制、三层结构为主体的一种可实现的非烧蚀热防护体系。四个防热机制是快速热传导机制、高效隔热机制、辐射散热控制机制和表面抗氧化机制。三层结构的最外层为表面层，中间为热量的疏导层，内层为高效隔热层。四个机制是疏导热防护的理论核心，三层结构是疏导热防护的实现途径。它们各有不同的防热功能，但又相互关联，相互支撑，形成一个整体的新型热防护体系[8]。

1.3.1 疏导式热防护机制

（1）快速热传导机制

疏导式热防护是以疏导热量为特征的热防护技术，快速热传导是其主要防热机理。热力学的热平衡原理揭示，有温度差别的介质，其热量总会从高温区向低温区传递。由于不同区域介质之间存在接触热阻，体系介质达不到等温热平衡，存在着热量传递速率的差异，即有传递的"快""慢"之分。快速热传导机理要求在疏导层有高性能的热传递介质，它能迅速地将高温区的热量传向低温区。目前可提供应用的介质材料和器件有高导碳/碳、高温热管等。代表性的试验如采用高导石墨介质，在电弧风洞的典型加热状态下，有疏导比无疏导的驻点表面温度低 300 ℃，可有效阻止表面烧蚀的出现。已有的研究结果还表明：介质的热量快速传递效率不仅与介质的热传递特性有关，还同它导温目标区材料的界面热阻有关。介质虽然有良好的传热性能，但界面热阻过大，还是达不到理想的传递效果。界面接触热阻是一个受表面形貌、材料热物性及负荷、温度等众多因素影响的有关传热和接触的非线性问题。由于问题的复杂性，目前还没有一个通用方法可预测各类接触热阻。但针对具体的工程问题，采用理论分析和试验相结合的方法，可以给出热阻的预测值。

（2）高效隔热机制

对于长时间的气动加热，防热结构内部的隔热性能，就成为它能否完成热防护功能的一个突出问题。基于对多相隔热材料传热路径及其控制机理的分析，只要有效阻隔细观尺度范围内气体分子和原子的对流传热、减少固体的传导传热和孔隙中的辐射传热，就能够实现高效隔热性能。在此机理指导下，目前已有多种高效隔热材料问世，包括多孔陶瓷隔热材料、多层反射隔热材料、新型纳米隔热材料等。

（3）表面辐射散热控制机制

辐射散热是一种物理散热机制，它不会改变飞行器外形，也不会损伤材料的内部结构，是疏导式热防护的一个理想的热耗散机制。表面辐射所散发的热量与表面温度、表面材料发射率和表面积有关。由于疏导的效果是高温区温度降低，低温区温度升高，因此，控制表面辐射散热的目的是提高总体辐射散热量，而不是局部辐射散热的提高或降低。如前缘高温区在疏导降温后辐射散热量有所降低，但提高温度后的低温区辐射散热量却都有增加，由于低温区的面积远大于高温区的面积，因此，总的辐射散热量和总加热量是能够达到平衡的。提高表面温度和表面材料发射率，增大表面积是控制辐射散热的主要方法。

（4）表面抗氧化机制

依据新一代高超声速飞行器在飞行中的热环境特点，其最高表面温度在 2 700 K 以下，特别是采取疏导降温措施后，表面温度大都会低于材料的相变（升华熔融）温度。这时引起烧蚀破坏的主要途径将是氧化反应。现有的研究结果表明：由于非烧蚀材料表面会吸附一定数量的氧分子和氧原子，它们还会通过表面孔隙扩散到材料内部，与周围介质发生氧化反应，形成表面反应层。表面反应层的氧化行为受控于氧原子或氧分子在反应层中的扩散，以及基体材料在不同温度及氧分压条件下的氧化产物。反应层与环境气氛之间的相互作用可能严重影响材料表面的结构完整性，必须采取抗氧化措施。表面抗氧化机制则主要由阻氧扩散和抗氧反应两部分组成，其具体方法可有多种，除防热材料本身性能提高外，采用抗氧化涂层做表面处理是常用的方法。

1.3.2　疏导式热防护的结构特征

疏导式热防护由三层结构组成，它们各有不同的性能和作用，但又相互关联，相互支撑。最外为表面层，由具有高强度、高熔点、抗氧化及强辐射的材料构成，主要承担保持气动外形、保护内部结构和辐射散热的功能。中间为疏导层，由高导热性能的介质或器件组成，主要承担将高温区的热量快速传递到低温区，以降低高温区的表面温度和氧化反应的活力，为表面保持物理、机械性能和抗氧化创造有利条件；同时提高大面积低温区的表面温度，增加辐射散热量，减少进入材料内部的净热流，降低内部隔热的压力。内层为隔热层，由高效隔热材料组成，主要功能是阻止热量向内部有效载荷的结构件传递，确保疏导的热量主要在流向传递，以提高疏导效率。另外，疏导层和表面层之间及疏导层与隔热层之间的界面热阻对疏导效率有明显的影响，前者要求尽量小，后者要求尽量大。因此，需要在界面材料之间采取适当工艺措施，这也是层间结构互相支撑的一个重要方面。

1.3.3　疏导式热防护的典型性能表征

快速热传导是疏导式热防护具有代表意义的一个特征物理机制，强加热高温区的温度降低幅度是它的典型定量表达。依此引入一个疏导式热防护的数学表征系数，即无因次降温系数 η

$$\eta = \frac{T_{re} - T_w}{T_{re}} \tag{1-1}$$

式中　T_w——表面温度；

　　　T_{re}——表面辐射平衡温度。

T_{re} 可由下式确定

$$q_{oe}\left(1 - \frac{h_w}{h_r}\right) - \varepsilon\sigma T_w^4 = 0$$

$$T_{re} = T_w \qquad\qquad (1-2)$$

式中　　q_{oe}——冷壁热流密度；

　　　　h_r——恢复焓；

　　　　h_w——壁焓。

由上式可见，表面辐射平衡温度实际上是表面热壁热流密度与辐射热流密度相等时的表面温度。降温系数 η 的物理意义就是，由于疏导将热量传走，使表面温度相对于辐射平衡温度下降的幅度，它的量值在 0～1 之间。η 既与热环境参数（冷壁热流密度，总焓，静压）有关，也与材料的表面辐射系数有关。由式（1-1）可知

$$T_w = T_{re}(1 - \eta) \qquad\qquad (1-3)$$

这样，如果知道表面辐射平衡温度 T_{re}，可由式（1-3）计算物面的表面温度。

1.3.4　疏导式热防护的特点及适用的条件

疏导式热防护是一种比较典型的非烧蚀式热防护体系，它与烧蚀热防护相比有其明显的特点。

（1）疏导式热防护是整体防热技术

传统的烧蚀热防护只考虑飞行器特征点的表面烧蚀特性和此点沿材料厚度方向的热量传递特性。因此，只要给定飞行器特征点的热环境参数和材料的热物性参数与厚度，就可确定该点的热防护性能（如烧蚀速度、表面温度、炭化层厚度以及背面温度等），这类以逐点防热为特征的热防护可称为点式热防护。疏导热防护则随着各个疏导机制作用的实现，每个点的热环境参数，都不能独立决定该点的热防护性能。它利用热平衡原理，通过对热载荷的统一分配，由整个热防护系统共同承担全部外加热量。因此，疏导式热防护不是点式热防护，而是整体热防护。整体热防护是一种较合理的热防护模型，它可为热防护设计提供较大的选择空间。

（2）疏导式热防护是以疏导热量为特征的热防护技术

如果说热沉式热防护是以储存热量为特征，烧蚀式热防护是以消耗热量为特征的话，那么疏导式热防护则是以疏导热量为特征的热防护。疏导热量实际上就是根据总体目标，对热量进行科学有效的管理，成为一种防护外流加热的热管理技术。

热管理概念最早是由美国空军研究实验室（AFRL）[9] 提出的，它的核心思想是将热量作为对象加以调配组织，并进行合理利用。通过管理概念的运用，可使热防护设计达到理想的效果。热管理成功的应用例子是，在冲压发动机内利用燃料对结构进行冷却及相应燃料流动路径的管理，解决了冲压发动机内流的热障难题。

疏导式热防护以外来气动加热的净热量为管理对象，在表面、疏导和隔热三层结构中利用合适的介质材料，通过快速热传导、高效隔热、辐射散热控制和抗氧化四个机制的合理运用，建立了所需的热量传递方向和路径，用以达到降低前缘温度以防烧蚀、提高大面积温度以增加辐射散热和减少向飞行器内部传热的目标，从而实现对防护外流加热有效

的热管理。

（3）疏导式热防护的适用条件

依据系统热平衡原理，疏导式热防护最适用于飞行器不同部位之间有大温度梯度的情况，即热流密度变化激烈的高低温区之间。如飞行器尖化前缘与大面积机身，飞行器翼、舵前缘和翼舵面等。这类高低温区的热流密度分布有量级的变化，这十分有利于疏导式热防护潜力的发挥。对新一代高超声速飞行器来说，非烧蚀的难点在强加热的高温区，热疏导可以有效地降低它的温度。因此，疏导式热防护是非烧蚀防热的一种有效途径。

参 考 文 献

［1］ 姜贵庆，刘连元. 高速气流传热与烧蚀热防护 ［M］. 北京：国防工业出版社，2003.

［2］ ADAMS M C. Recent Advances in Ablation ［J］. J. A. R. S.，1959，29（9）：621 - 625.

［3］ KONTINOS D A. Temperature Constraint at the Sharp Leading Edge of a Crew Transfer Vehicles ［R］. AIAA 3001 - 2886.

［4］ 姜贵庆. 非烧蚀热防护与非烧蚀机理 ［C］. 现代空气动力学研讨会论文集. 北京：中国宇航出版社，2005：74 - 79.

［5］ 姜贵庆，俞继军. 长时间气动加热飞行器的隔热机理 ［J］. 宇航材料工艺，2006，（1）：27 - 29.

［6］ STEWART D A，LEISER D B. Lightweight TUFROC TPS to Hypersonic Vehicles ［R］. AIAA 2006 - 7945.

［7］ GLASS D F，DILING R，GROOP H. Materials Development in Hypersonic Flight Vehicle ［R］. AIAA 2006 - 8122.

［8］ Li F，AI B C，JIANG G Q. Hypersonic Vehicle Lending Thermal Protection Technology ［R］. AIAA 2014 - 2818.

［9］ CHEN F F. An Innovative Thermal Management System for Mach 4 to Mach 8 Hypersonic Scramjet Engine ［R］. AIAA 98 - 5489.

第 2 章   复杂外形热环境预测技术

航天飞行器环境加热包括对流和辐射两部分，在一般飞行条件下，辐射加热相对较小，因此本章主要介绍气体对流加热，它反映的是飞行器表层气体动能由于粘性作用转换为热能的物理现象，即处于相对运动中的流体与其所包覆固壁表面之间或运动流体不同层之间的能量传递。

热环境一直是高超声速飞行器热防护设计的主要输入条件，区别于再入弹头和飞船返回舱的防热设计理念，采用疏导式非烧蚀防热设计的临近空间高超声速飞行器多采用面对称的复杂气动外形。这类长时间在大气层内作机动飞行的高超声速飞行器，其防热设计具有薄层轻质的结构特点，对气动外形和防热层厚度有严格要求，因此传统的烧蚀热防护技术不再适用，需要采用低冗余度热防护设计，而精确的热环境信息是进行低冗余度热防护设计的前提条件。

对于非烧蚀疏导式热防护，无烧蚀保证材料表面光滑的特性虽然为热环境的精确预示提供了有利条件，但飞行器也面临大空域飞行、低冗余度设计和复杂外形三个新问题对热环境预测的挑战，即：

1）外形复杂使流动现象更复杂。由于复杂外形翼舵等结构的存在，导致流场内出现翼体干扰、激波-边界层干扰、激波-激波干扰、边界层分离与再附等复杂流动现象。对传统的基于边界层理论的热环境工程计算方法和基于单点测量的热环境测试技术都提出了新的挑战。

2）大空域飞行使飞行器稀薄气体效应更突出。复杂外形大空域飞行时，飞行器的头部和前缘（如图 2-1 所示）等小特征尺寸部位，在更低的高度（40～50 km）就可能出现稀薄效应。与再入弹头和返回舱相比，局部稀薄效应的出现高度明显降低，具有稀薄流特

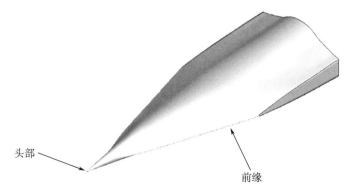

头部

前缘

图 2-1   临近空间飞行器

征环境的飞行时间明显增长，使得稀薄气动加热机理和预测方法成为必须关注的问题。

　　3）低冗余度对热环境的预测精度提出了更高要求。通过热环境的精确预测，可得到飞行器表面最大辐射平衡温度，从而更便于选择合适的热防护材料；还可以得到飞行器沿轨道飞行的总加热量，为飞行器热防护系统的选择与设计提供依据；更可以得到净热流的大小，确保准确预测飞行器长时间飞行后结构内部的温升，从而决定热防护系统的结构厚度。因此，热环境预测的精确程度，决定了热防护设计能否实现低冗余度。

　　传统的、基于边界层理论的热环境工程预测模式，不再能满足高精度复杂外形热环境预测的需求，因此，近些年半工程半数值快速计算方法、数值计算方法及相应的地面试验技术都得到了蓬勃的发展。

　　一方面，为满足热环境快速预测的需求，将适用于轴对称外形的热环境工程计算方法有效地推广应用于三维外形，从而适应了复杂外形热环境计算的要求。同时，复杂外形对热环境精度的需求，促进了数值模拟技术的发展。由于数值模拟采用具有更普适意义的全NS方程，因而对复杂外形、复杂流动具有更广泛的适用性。目前，气动力的数值计算结果已得到业内的普遍认可，但由于气动热数值模拟涉及到流场的温度梯度项，计算结果存在不确定性，因此首先必须解决热环境的网格准则、数值方法和热流的后处理技术等一系列影响结果精度的共性技术问题，才能实现热环境数值计算的广泛应用。同样，随着研究对象从简单的轴对称体外形向复杂的面对称体外形发展，风洞测热技术也在单点测热技术的基础上，发展了面测量技术。

　　基于复杂外形热环境预测的需求和目前技术的进展，本章分三节进行介绍：2.1 节讲述热环境工程计算方法，包括头部、身部大面积和三维外形等的计算方法，给出局部出现稀薄效应时对热环境的影响。2.2 节讲述复杂外形热环境数值模拟技术。鉴于数值格式、湍流模型和高温真实气体效应都有专著介绍的现状，本节不再赘述，而将重点放在热环境数值模拟的计算技术，即热环境适用的数值方法选取、网格的划分标准及热流的后处理技术。2.3 节讲述风洞热环境试验技术。阐述风洞测热试验的基本原理和方法，并重点介绍了点测量、面测量等常规风洞和脉冲风洞的试验测热技术。

2.1　热环境工程计算方法

　　工程计算方法在热环境预测中占有重要地位，它是指在特定假设条件下的理论基本解，或通过大量地面试验和数值试验的数据拟合关系式，这些基本解的理论基础是边界层理论。边界层理论是 1904 年由普朗特提出的，他将流场划分为紧贴物面的、粘性力主导的边界层和边界层以外的、粘性作用可忽略的无粘区。同时根据边界层非常薄的假设，将描述气体运动的基本方程简化为边界层方程，使得定量分析粘性流场问题和气动加热问题成为可能。1908 年布拉修斯首先运用这一方程成功求解了零压力梯度平板的边界层问题。

　　利斯（Lees）[1]、费（Fay）和里德尔（Riddell）[2]分别于 1956 年和 1958 年发表的先驱性文章，给出了高超声速气动对流加热的基本物理数学模型，解决了球头驻点及其附近区域的热流分布问题。1961 年贝克威恩（Beckwith）、科恩（Cohen）[3]在该模型的基础上引入由莫克尔（Moeckel）和韦斯顿（Weston）[4]给出的高温热力学特性计算方法以及由汉森（Hansen）[5-6]给出的气体输运特性参数计算方法，对气动加热问题进行了更进一步的完善。20 世纪 80 年代初，佐比（Zoby）[7]基于对轴对称边界层动量方程的分析并结合埃克特（Eckert）参考焓概念，给出了可压缩条件下轴对称体物面摩阻与边界层动量厚度之间的积分关系式，而后运用修正雷诺比拟给出适用于变熵条件的层流、湍流气动加热率计算的积分关系式。

　　为适应复杂外形热环境快速预测的需求，由库克（Cooke）[8]提出并由德贾尼特（De-Jarnette）[9]等人通过大量具体工作和运用，发展了一种实用的技术，即"轴对称比拟法"。其基本思想是，在流线坐标系下，若略去横向速度，即略去垂直于物面无粘流线且切于物面的速度分量，则一般的三维边界层方程形如轴对称边界层方程，只是轴对称体半径要用流线的尺度因子来代替。运用"轴对称比拟法"可将三维边界层问题转化为轴对称边界层问题，那么所有适用于轴对称条件的气动加热率计算公式都可用于计算一般的三维外形。

2.1.1　基于边界层理论的热流预测方法

2.1.1.1　三维驻点热流的计算

　　20 世纪五六十年代，计算机的发展使得数值求解边界层方程成为可能。为数众多的学者发展了多种计算方法，并在不同的边界条件下结合适当的化学反应模型给出了边界层方程的数值解。

　　费和里德尔在假定普朗特数 Pr 为 0.71、刘易斯数 Le 为 1.0、1.4、2.0 时，通过豪沃思-曼格勒（Howarth - Mangler）变换将边界层方程转化为常微分方程，然后通过数值求解，最终给出了飞行速度 $1\ 770\ \text{m/s} \leqslant u_\infty \leqslant 7\ 000\ \text{m/s}$、飞行高度 $7.6\ \text{km} \leqslant H \leqslant 36\ \text{km}$、壁面温度 $300\ \text{K} \leqslant T_w \leqslant 3\ 000\ \text{K}$ 条件下球头驻点在平衡流极限和冻结流极限情形下的解，并将这些解拟合成一个公式，即著名的费-里德尔公式，该公式能准确预测球头驻点热流。

$$q_0 = 0.76\, Pr^{-0.6} \left(\frac{\rho_w \mu_w}{\rho_s \mu_s}\right)^{0.1} \sqrt{\rho_s \mu_s \left(\frac{\mathrm{d}u}{\mathrm{d}x}\right)_s} (H_s - h_w) \left[1 + (Le^\alpha - 1)\frac{h_D}{H_s}\right] \quad (2-1)$$

其中

$$\left(\frac{\mathrm{d}u}{\mathrm{d}x}\right)_s = \frac{1}{R} \sqrt{\frac{2(p_s - p_\infty)}{\rho_s}}$$

式中　$\left(\dfrac{\mathrm{d}u}{\mathrm{d}x}\right)_s$——驻点处流向速度梯度；

　　　　R——球头半径；

　　　　ρ_w——壁面处气体密度；

　　　　μ_w——壁面处气体运动粘性系数；

　　　　p_∞——来流气体压力；

　　　　$p_s,\ \rho_s,\ \mu_s$——分别为滞止点处气体压力、气体密度和运动粘性系数；

H_s——滞止点处气体总比焓；

h_w——壁面处气体比焓；

Le——刘易斯数；

h_D——高温混合气体离解焓。

指数 α 的意义如式（2-2）所示

$$\alpha = \begin{cases} 0.52 & \text{平衡} \\ 0.63 & \text{冻结} \end{cases} \tag{2-2}$$

滞止参数与来流状态量有关，可以通过迭代求解兰金-雨贡纽（Lankine - Hugoniot）关系式［即方程（2-3）］求得波后的密度、压力、比焓、速度

$$\begin{cases} \rho_\infty u_\infty = \rho_2 u_2 \\ p_\infty + \rho_\infty u_\infty^2 = p_2 + \rho_2 u_2^2 \\ 1/2 u_\infty^2 + h_\infty = 1/2 u_2^2 + h_2 \end{cases} \tag{2-3}$$

式中　下标为∞的物理量——来流参数；

　　　下标为2的物理量——波后参数；

　　　$\rho，u，p，h$——分别为气流的密度、速度、压力、焓。

飞行速度较高时需要考虑高温气体效应，可通过调用热力学函数[10]来获得波后的比热比 γ_2、声速 a_2 以及马赫数 Ma_2，如式（2-4）所示

$$\begin{aligned} \gamma_2 &= f(p_2，h_2) \\ a_2 &= f(p_2，h_2) \\ Ma_2 &= u_2/a_2 \end{aligned} \tag{2-4}$$

滞止参数可以按照式（2-5）获得

$$\begin{aligned} p_s &= p_2 \left(1 + \frac{\gamma_2 - 1}{2} Ma_2^2\right)^{\frac{\gamma_2}{\gamma_2 - 1}} \\ \rho_s &= \rho_2 \left(1 + \frac{\gamma_2 - 1}{2} Ma_2^2\right)^{\frac{1}{\gamma_2 - 1}} \\ H_s &= h_\infty + 1/2 u_\infty^2 \\ \mu_s &= f(p_s，H_s) \end{aligned} \tag{2-5}$$

萨顿（Sutton）和格拉芙（Graves）[10]研究了多种气体在处于化学反应平衡状态时球头驻点的热流计算问题，其中所涉及的组分包括氮气、氧气、氢气、氖气、氩气、二氧化碳、氨气、甲烷8种基本气体，以及它们按不同比例组合而成的多达22种气体的混合物，所考察的总焓范围是 2.3～116.2 MJ/kg，压力范围从 0.001～100 大气压（atm），壁温为 300 K 和1 111 K。最终给出了如下简单形式的驻点热流预测公式

$$q_0 = k \sqrt{\frac{p_s}{R}} (H_s - h_w) \tag{2-6}$$

式中的 k 与气体组分有关。

对于三维驻点的传热问题，米树都口（Reshotko）[11]发展了一种有效的方法，该方法

适用于冷壁条件下驻点热流的计算。汉密尔顿（Hamilton）[12]的工作则将三维驻点热流计算问题归结为一个简单的式子

$$(q)_{3D} = \sqrt{\frac{1+\kappa}{2}} \, (q)_{AXI} \qquad (2-7)$$

式中　$(q)_{3D}$——三维驻点热流；

　　　$(q)_{AXI}$——球头驻点热流。

三维流动效应通过因子 κ 体现，κ 的物理意义是驻点处两个主方向曲率半径之比。

图 2-2 给出了球头半径为 1 350 mm，半锥角为 40°的钝头体，0°攻角飞行时驻点热流费-里德尔公式计算结果与数值模拟结果的比对曲线，表 2-1 为对应的计算条件。

表 2-1　计算条件

	1	2	3	4	5
马赫数	9.06	14.71	20.09	23.89	25.96
高度/km	48.4	55.7	63.6	71.7	79.9
壁温/K	1 501	1 571	1 413	1 078	808

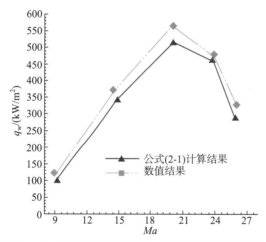

图 2-2　费-里德尔计算值与对应的数值解的对比

2.1.1.2　后掠圆柱滞止线热流的计算

基于后掠圆柱理论，如图 2-3 所示，其滞止线处的层流热流 q_x 可按如下公式进行计算

$$q_x = \alpha(h_{aw} - h_w) \qquad (2-8)$$

式中　α——换热系数；

　　　h_{aw}——恢复焓；

　　　h_w——壁焓。

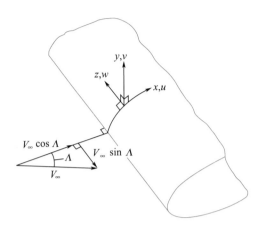

图 2-3　后掠圆柱示意图

$$h_{aw} = \sqrt{Pr}\,(h_{\infty_o} - h_{No}) + h_{No}$$

$$h_{\infty_o} = h_\infty\left(1 + \frac{\gamma-1}{2}Ma_\infty^2\right) \qquad\qquad (2-9)$$

$$h_{No} = h_\infty\left(1 + \frac{\gamma-1}{2}Ma_\infty^2\cos^2\Lambda\right)$$

式中　Λ——后掠角;

　　　Pr——普朗特常数。

$$\alpha = \theta_w\,Pr^{-0.54}\,(\rho\mu)_{w\Lambda}^{0.5}\sqrt{\left(\frac{\mathrm{d}u}{\mathrm{d}x}\right)_{SL}} \qquad\qquad (2-10)$$

其中

$$\left(\frac{\mathrm{d}u}{\mathrm{d}x}\right)_{SL} = \begin{cases} \dfrac{1}{R_o}\sqrt{\dfrac{2(P_{wSL\Lambda} - P_\infty)}{\rho_{w\Lambda}}} & Ma_\infty\cos\Lambda > 1.5 \\[3mm] \dfrac{2u_\infty\cos\Lambda}{R_o}[1 - 0.416(Ma_\infty\cos\Lambda)^2 - 0.164(Ma_\infty\cos\Lambda)^4] & Ma_\infty\cos\Lambda < 0.8 \\[3mm] B_o + \dfrac{(A_o - B_o)}{0.7}(Ma_\infty\cos\Lambda - 0.8) & 0.8 < Ma_\infty\cos\Lambda < 1.5 \end{cases}$$

$$A_o = \left[\frac{1}{R_o}\sqrt{\frac{2(P_{wSL\Lambda} - P_\infty)}{\rho_{w\Lambda}}}\right]_{Ma_\infty\cos\Lambda = 1.5}$$

$$B_o = \left\{\frac{2u_\infty\cos\Lambda}{R_o}[1 - 0.416(Ma_\infty\cos\Lambda)^2 - 0.164(Ma_\infty\cos\Lambda)^4]\right\}_{Ma_\infty\cos\Lambda = 0.8}$$

式中　R_o——圆柱半径。

$$\theta_w = [1 + 1.5\theta_{wo}^{3.5}h_w/h_{\infty_o}]\theta_{wo}$$

$$\theta_{wo} = 0.00145(h_{\infty_o}/h_{No})^{2.113} - 0.0109(h_{\infty_o}/h_{No})^{1.113} + 0.516(h_{\infty_o}/h_{No})^{0.113}$$

$$\rho_{w\Lambda} = f(P_{wSL\Lambda},\ h_{No})$$

$$\mu_{w\Lambda} = g(h_{No}) \tag{2-11}$$

其中

$$P_{wSL\Lambda} = P_{\infty} \left[\frac{\gamma+1}{2} (Ma_{\infty}\cos\Lambda)^2 \right]^{3.5} \left[\frac{1+\gamma}{2\gamma(Ma_{\infty}\cos\Lambda)^2 - (\gamma-1)} \right]^{2.5}$$

图 2-4 给出了给定飞行高度、不同马赫数时，后掠圆柱前缘热流与零后掠角参考热流之比随后掠角的变化曲线。

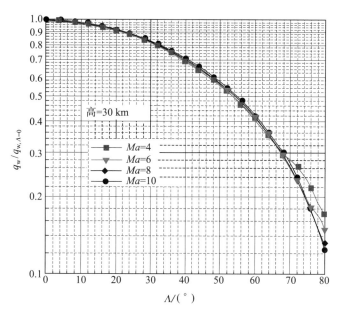

图 2-4　后掠圆柱前缘热流随后掠角变化曲线

2.1.1.3　平板热流的计算

平板热流的确定基于修正雷诺比拟（Modified Reynolds Analogy），修正雷诺比拟建立了摩阻系数 C_f 与斯坦顿数 St 之间的关联关系。摩阻采用基于不可压缩假定得到的解析关系式，并用参考焓（参考温度）方法来描述可压缩效应。一旦获得 St，壁面热流即可通过下式求得

$$q_w = St\rho_e u_e (h_{aw} - h_w) \tag{2-12}$$

参考焓（参考温度）方法的基本思想是：可压缩边界层中的热力学参数和输运参数采用某种形式的参考焓（参考温度）下的值，利用不可压缩边界层流动的分析解来得到可压缩边界层的计算结果，也即应用不可压缩流动边界层方程分析解来得到可压缩流动边界层的摩擦力和热流密度，只是公式中的物性要按照参考焓（参考温度）方法确定。这一思想首先由鲁宾辛（Rubesin）和约翰逊（Johnson）于 1949 年提出[13]，其后埃克特（Eckert）于 1955 年对其进行了修正[14]，2005 年米德（Meador）和斯马特（Smart）又提出了新的计算参考焓的关联式[15]，如下所示。

鲁宾辛和约翰逊

$$\frac{T^*}{T_e} = 1 + 0.58\left(\frac{T_w}{T_e} - 1\right) + 0.032 Ma_e^2 \tag{2-13}$$

埃克特

$$\frac{h^*}{h_e} = 1 + 0.5\left(\frac{h_w}{h_e} - 1\right) + 0.22r\frac{\gamma-1}{2}Ma_e^2 \tag{2-14}$$

米德和斯马特

$$\frac{h^*}{h_e} = 1 + 0.55\left(\frac{h_w}{h_e} - 1\right) + 0.16r\frac{\gamma-1}{2}Ma_e^2 \tag{2-15}$$

式中　　r ——恢复因子。

以下给出不同流态壁面斯坦顿数 St 的具体计算方法。

（1）层流

布莱修斯摩阻公式

$$C_f = \frac{2\tau_w}{\rho_e u_e^2} = \frac{\rho^*}{\rho_e}\frac{2\tau_w}{\rho^* u_e^2} = \frac{\rho^*}{\rho_e}C_f^* \tag{2-16}$$

其中

$$C_f^* = \frac{0.664}{\sqrt{Re_x^*}}$$

参考焓

$$h^* = G(h_e, h_w, h_{aw}) \tag{2-17}$$

层流修正雷诺比拟

$$St = \frac{q_w}{\rho_e u_e (h_{aw} - h_w)} = \frac{C_f}{2}Pr_w^{-0.6} \tag{2-18}$$

（2）湍流

湍流热流的计算方法有两种，一是采用舒尔茨-格鲁诺（Schultz - Grunow）摩阻算法结合修正雷诺比拟，并用参考焓方法来描述可压缩效应；二是用斯伯丁-希（Spalding - Chi）摩阻算法结合修正雷诺比拟迭代求解。

舒尔茨-格鲁诺摩阻关系式

$$C_f = \frac{2\tau_w}{\rho_e u_e^2} = \frac{\rho^*}{\rho_e}\frac{2\tau_w}{\rho^* u_e^2} = \frac{\rho^*}{\rho_e}C_f^* \tag{2-19}$$

其中

$$C_f^* = 0.37/(\log_{10}Re^*)^{2.584}$$

斯伯丁-希摩阻关系式

$$F_c = \left\{\int_0^1 \frac{\mathrm{d}z}{\sqrt{\frac{T_w}{T_e} + \left[1 + \frac{1}{2}r_e(\gamma_e - 1)Ma_e^2 - \frac{T_w}{T_e}\right]z - \frac{1}{2}r_e(\gamma_e - 1)Ma_e^2 z^2}}\right\}^{-2}$$

$$F_{Re,\theta} = \left(\frac{T_w}{T_e}\right)^{-0.702}\left(\frac{T_{aw}}{T_w}\right)^{0.772}$$

$$F_{Re,x} = F_{Re,\theta}/F_c$$

$$F_{Re,x}Re_x = \frac{1}{12}(u_e^+)^4 + (K^3E)^{-1}\{[6-4Ku_e^+ + (Ku_e^+)^2]\exp(Ku_e^+) - 6 - 2Ku_e^+ -$$

$$\frac{1}{12}(Ku_e^+)^4 - \frac{1}{20}(Ku_e^+)^5 - \frac{1}{60}(Ku_e^+)^6 - \frac{1}{252}(Ku_e^+)^7\}$$

其中

$$u_e^+ = \sqrt{2/(C_fF_c)}, \ K = 0.4, \ E = 12$$

湍流修正雷诺比拟

$$St = \frac{q_w}{\rho_e u_e(h_{aw} - h_w)} = \frac{C_f}{2}Pr^{-0.4} \tag{2-20}$$

2.1.1.4　轴对称体热流的计算

（1）积分形式的动量方程

轴对称流动如图 2-5 所示，此时，边界层微分方程组可写为

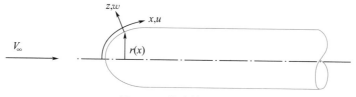

图 2-5　旋成体坐标系

连续方程

$$\frac{\partial}{\partial x}(\rho ur) + \frac{\partial}{\partial z}(\rho wr) = 0 \tag{2-21}$$

x 向动量方程

$$\rho u\frac{\partial u}{\partial x} + \rho w\frac{\partial u}{\partial z} = \rho_e u_e\frac{du_e}{dx} + \frac{\partial}{\partial z}\left(\mu\frac{\partial u}{\partial z}\right) \tag{2-22}$$

z 向动量方程

$$\frac{\partial p}{\partial z} = 0 \tag{2-23}$$

边界条件

$$u|_{z=0} = 0, \ w|_{z=0} = 0, \ u|_{z=\delta} = u_e(x) \tag{2-24}$$

式（2-21）～式（2-24）中　　u——流向速度；

w——法向速度；

r——轴对称体半径；

μ——粘性系数；

p——压力；

下标 e——取自边界层外缘。

将式（2-22）沿 z 方向积分，可得

$$\int_0^{\overline{h}} \left(\rho u \, \frac{\partial u}{\partial x} + \rho w \, \frac{\partial u}{\partial z} \right) \mathrm{d}z - \int_0^{\overline{h}} \rho_e u_e \, \frac{\mathrm{d}u_e}{\mathrm{d}x} \mathrm{d}z = -\tau_w \tag{2-25}$$

其中

$$\tau_w = \mu \, \frac{\partial u}{\partial z}$$

式中，$\overline{h}$ 大于边界层厚度。积分式（2-21）可得

$$\int_0^{\overline{h}} \frac{\partial \rho u r}{\partial x} \mathrm{d}z + \rho w r = 0 \Rightarrow \rho w = -\frac{1}{r} \int_0^{\overline{h}} \frac{\partial \rho u r}{\partial x} \mathrm{d}z$$

将上式代入式（2-25）可得到

$$\tau_w / (\rho_e u_e^2) = \frac{\mathrm{d}\theta}{\mathrm{d}x} + \frac{\theta}{r} \frac{\mathrm{d}r}{\mathrm{d}x} + \frac{\theta}{u_e} \frac{\mathrm{d}u_e}{\mathrm{d}x} \left[2 + \overline{H} + \frac{u_e}{\rho_e} \frac{\mathrm{d}\rho_e}{\mathrm{d}u_e} \right] = C_f / 2 \tag{2-26}$$

其中

$$\theta = \int_0^{\delta} \frac{\rho u}{\rho_e u_e} \left(1 - \frac{u}{u_e} \right) \mathrm{d}z$$

$$\delta^* = \int_0^{\delta} \left(1 - \frac{\rho u}{\rho_e u_e} \right) \mathrm{d}z$$

$$\overline{H} = \frac{\delta^*}{\theta}$$

$$C_f = \frac{2\tau_w}{\rho_e u_e^2}$$

式中　δ，θ，δ^*，$\overline{H}$，C_f——分别为边界层厚度、动量厚度、位移厚度、形状因子和摩阻系数。

若 $\overline{H} = -1$[1]，则式（2-26）可简化为

$$\frac{\mathrm{d}(\rho_e u_e r \theta)}{\mathrm{d}s} = \frac{C_f}{2} \rho_e u_e r \tag{2-27}$$

（2）从可压到不可压的参数变换

对于不可压情形，摩阻 $(C_f)_{\mathrm{inc}}$ 与雷诺数 $(Re_\theta)_{\mathrm{inc}}$ 之间存在如下关系

$$(C_f)_{\mathrm{inc}} / 2 = c_1 \left[(Re_\theta)_{\mathrm{inc}} \right]^{-m} \tag{2-28}$$

对于可压缩情形，要想运用上式，须运用参考焓进行变换

$$C_f = \frac{2\tau_w}{\rho_e u_e^2} = \frac{\rho^*}{\rho_e} \frac{2\tau_w}{\rho^* u_e^2} = \frac{\rho^*}{\rho_e} (C_f)_{\mathrm{inc}} \tag{2-29}$$

于是

$$\theta = \int_0^{\delta} \frac{\rho}{\rho_e} \frac{u}{u_e} \left(1 - \frac{u}{u_e} \right) \mathrm{d}z \approx \frac{\rho^*}{\rho_e} \int_0^{\delta} \frac{u}{u_e} \left(1 - \frac{u}{u_e} \right) \mathrm{d}z$$

而

$$\int_0^{\delta} \frac{u}{u_e} \left(1 - \frac{u}{u_e} \right) \mathrm{d}z = (\theta)_{\mathrm{inc}}$$

所以

$$\theta = \frac{\rho^*}{\rho_e}(\theta)_{inc}, \quad (Re_\theta)_{inc} = \frac{\rho^* u_e (\theta)_{inc}}{\mu^*} \tag{2-30}$$

最终

$$Re_\theta = \frac{\mu^*}{\mu_e}(Re_\theta)_{inc} \tag{2-31}$$

式（2-27）、式（2-29）、式（2-30）建立了可压缩与不可压缩诸物理量之间的变换关系。带 * 的量为在参考焓条件下的取值。将式（2-28）和式（2-30）代入式（2-29）得到

$$C_f = \frac{\rho^*}{\rho_e}(C_f)_{inc} = 2\frac{\rho^*}{\rho_e}c_1[(Re_\theta)_{inc}]^{-m} = 2\frac{\rho^*}{\rho_e}c_1\left[\left(\frac{\mu_e}{\mu^*}\right)Re_\theta\right]^{-m} = 2c_1\left(\frac{\rho^*}{\rho_e}\right)\left(\frac{\mu^*}{\mu_e}\right)^m(Re_\theta)^{-m}$$

代入式（2-27）可得

$$\frac{d(\rho_e u_e r\theta)}{ds} = \rho_e u_e r c_1\left(\frac{\rho^*}{\rho_e}\right)\left(\frac{\mu^*}{\mu_e}\right)^m(Re_\theta)^{-m} \tag{2-32}$$

（3）层流边界层的热流计算

对于平板层流边界层，基于动量厚度的布莱修斯解可写为

$$(C_f)_{inc}/2 = c_1[(Re_\theta)_{inc}]^{-m}$$

式中

$$c_1 = 0.22, \quad m = 1 \tag{2-33}$$

把 c_1，m 代入式（2-32）可得

$$\frac{d(\rho_e u_e r\theta)}{ds} = \frac{0.22\rho^* \mu^* u_e r^2}{\rho_e u_e r\theta}$$

将上式积分，得到

$$\theta = \frac{0.664\left[\int_0^s \rho^* \mu^* u_e r^2 ds\right]^{1/2}}{\rho_e u_e r} \tag{2-34}$$

层流条件下，修正的雷诺比拟关系如式（2-18）所示，而

$$St = \frac{q_w}{\rho_e u_e (h_{aw} - h_w)}$$

故

$$q_w = 0.22(Re_\theta)^{-1}\left(\frac{\rho^*}{\rho_e}\right)\left(\frac{\mu^*}{\mu_e}\right)\rho_e u_e(h_{aw} - h_w)(Pr_w)^{-0.6} \tag{2-35}$$

（4）湍流边界层的热流计算

对湍流边界层而言，c_1，m 不是常数，它们的确定可通过假定如下的速度型来实现

$$\frac{u}{u_e} = \left(\frac{n}{\delta}\right)^{1/N} \tag{2-36}$$

式中的参数 N 是变量，通过基于实验数据的曲线拟合公式来求

$$N = 12.67 - 6.5\lg(Re_{\theta T}) + 1.21[\lg(Re_{\theta T})]^2$$

式 (2-32) 可在 c_1，m 为局部常数的假定下积分得到

$$\theta = \frac{\left(c_2 \int_0^s \rho^* \mu^{*m} u_e r^{c_3} \mathrm{d}s\right)^{c_4}}{\rho_e u_e r} \tag{2-37}$$

而

$$m = 2/(N+1)$$
$$c_1 = (1/c_5)^{2N/(N+1)} \left[N/(N+1)\right]^m$$
$$c_2 = (m+1)c_1$$
$$c_3 = (m+1)$$
$$c_4 = 1/c_3$$
$$c_5 = 2.2433 + 0.93N$$

湍流情形下，修正的雷诺比拟关系如式 (2-20) 所示，故

$$q_w = c_1 (Re_\theta)^{-m} \left(\frac{\rho^*}{\rho_e}\right) \left(\frac{\mu^*}{\mu_e}\right)^m \rho_e u_e (h_{aw} - h_w)(Pr_w)^{-0.4} \tag{2-38}$$

（5）边界层转捩区的热流计算

$$q_{w,tr} = q_{w,L} + w_f (q_{w,T} - q_{w,L}) \tag{2-39}$$

式中，w_f 称为权函数，它将由下式确定

$$w_f = 1 - \exp\{-0.412[4.74(s - s_{tri})/(s_{tre} - s_{tri})]\}$$

从层流到湍流的转捩受很多因素影响，由于目前对边界层的转捩机理尚不清楚，因而对转捩的预测技术也不成熟。本节不打算对转捩机制进行深入的探讨，而是直接运用已有转捩准则对流场中边界层的转捩做出判定。

对于疏导式非烧蚀防热结构，可采用如下转捩判据

$$\left(\frac{\rho_e V_e s}{\mu_e}\right)_{tr} = 10^{(5.37 + 0.2325 Ma_e - 0.004015 Ma_e^2)} \tag{2-40}$$

式中　　s——当地流线长度；

Ma_e——当地边界层外缘马赫数。

2.1.1.5　三维表面热流的计算

一般而言，气动加热快速预测方法的实施，需要将流场划分为无粘和有粘两部分分别进行求解，以确定飞行器三维表面气动加热率。

无粘部分的求解，首先确定物面无粘流线及无粘流场流动参数，确定包覆飞行器的激波形状，并基于无粘流场参数同时计及熵吞效应来计算边界层外缘参数。

有粘部分的求解，采用轴对称比拟技术，将三维外形表面密布物面无粘流线，每条物面流线被认为是一个轴对称体，计算每个轴对称体表面的热流，进而给出飞行器表面的气动加热率分布。三维表面热流分布计算的核心是轴对称比拟技术和物面无粘流线的确定。

（1）轴对称比拟技术

考虑正交流线坐标系（ζ，β，n），如图 2-6 所示。其中 ζ 沿着无粘流线方向（即流线的当地切线方向）、n 沿着物面的外法向，而 β 则同时垂直于 ζ 方向和 n 方向。在此曲线

坐标系下，弧长元可表示为

$$ds^2 = h_\zeta^2 d\zeta^2 + h_\beta^2 d\beta^2 + dn^2$$

式中 h_ζ，h_β——分别为 ζ 方向和 β 方向的拉梅系数（尺度因子）。

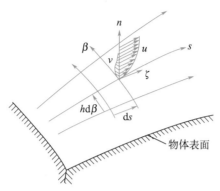

图 2-6 流线坐标系示意图

在靠近壁面的边界层区域里，可以认为 h_ζ，h_β 仅是 ζ 和 β 的函数。

令边界层中流场速度矢量在 ζ，β，n 方向的三个分量分别为 u，v，w，则描述三维边界层流动的数学方程可以写为

连续方程

$$\frac{\partial}{\partial \zeta}(\rho h_\beta u) + \frac{\partial}{\partial \beta}(\rho h_\zeta v) + \frac{\partial}{\partial n}(\rho h_\zeta h_\beta w) = 0 \qquad (2-41)$$

ζ 方向动量方程

$$\rho \left[\frac{u}{h_\zeta} \frac{\partial u}{\partial \zeta} + \frac{v}{h_\beta} \frac{\partial u}{\partial \beta} + w \frac{\partial u}{\partial n} + \frac{uv}{h_\zeta h_\beta} \frac{\partial h_\zeta}{\partial \beta} - \frac{v^2}{h_\zeta h_\beta} \frac{\partial h_\beta}{\partial \zeta} \right] = -\frac{1}{h_\zeta} \frac{\partial p}{\partial \zeta} + \frac{\partial}{\partial n}\left(\mu \frac{\partial u}{\partial n} \right)$$

$$(2-42)$$

β 方向动量方程

$$\rho \left[\frac{u}{h_\zeta} \frac{\partial v}{\partial \zeta} + \frac{v}{h_\beta} \frac{\partial v}{\partial \beta} + w \frac{\partial v}{\partial n} + \frac{uv}{h_\zeta h_\beta} \frac{\partial h_\beta}{\partial \zeta} - \frac{u^2}{h_\zeta h_\beta} \frac{\partial h_\zeta}{\partial \beta} \right] = -\frac{1}{h_\beta} \frac{\partial p}{\partial \beta} + \frac{\partial}{\partial n}\left(\mu \frac{\partial v}{\partial n} \right)$$

$$(2-43)$$

n 方向动量方程

$$\frac{\partial p}{\partial n} = 0 \qquad (2-44)$$

式（2-41）～式（2-44）中 ρ——气体密度；
μ——气体粘性系数。

引进算子

$$\frac{1}{h_\zeta} \frac{\partial}{\partial \zeta} = \frac{\partial}{\partial s}$$

假定边界层内的横向速度 v 及其导数很小，则方程式（2-41）～式（2-44）可以简化为

连续方程

$$\frac{\partial}{\partial s}(\rho h_\beta u) + \frac{\partial}{\partial n}(\rho h_\beta w) = 0 \qquad (2-45)$$

s 方向动量方程

$$\rho\left(u\,\frac{\partial u}{\partial s} + w\,\frac{\partial u}{\partial n}\right) = -\frac{\partial p}{\partial s} + \frac{\partial}{\partial n}\left(\mu\,\frac{\partial u}{\partial n}\right) \qquad (2-46)$$

n 方向动量方程

$$\frac{\partial p}{\partial n} = 0 \qquad (2-47)$$

可以看出，如果认为 s 是沿某一等价轴对称体子午线的弧长，而 h_β 为该轴对称体的局部半径，则式（2-45）～式（2-47）与通常的轴对称边界层方程无异。对于一般三维外形，每条物面流线都可以认为是一个轴对称体，基于轴对称条件的气动加热公式可用于计算三维表面气动加热。

海耶斯（Hayes）[16]的研究工作表明：当流线的曲率较小时，边界层内的横流也较小；而瓦廖·劳林（Vaglio Laurin）[17]则认为当壁面条件为高度冷壁（即壁焓远小于恢复焓）时，边界层内的横流会很小。此后还发现，在某些情况下，即使小横向流假定不成立，用轴对称比拟法得出的计算结果仍然可以和试验结果或者其他理论计算结果符合得很好。

（2）无粘流线、尺度因子及边界层外缘参数的确定

① 无粘流场的计算

诸如修正牛顿理论之类的近似方法通常被用于确定物面压力分布

$$p/p_s = (1 - p_\infty/p_s)\cos^2\psi + p_\infty/p_s$$

式中　　p_s——驻点压力；

　　　　p——物面压力；

　　　　p_∞——来流压力；

　　　　ψ——自由来流速度矢量与物面内法向矢量的夹角。

上式给出了修正牛顿理论的基本公式，类似的工程方法还有切锥法和切楔法以及爆炸波理论。数值求解欧拉方程可以获得更为精确的物面压力及其他流场参数。

② 物面无粘流线及尺度因子的确定

在获得了物面压力分布之后，物面无粘流线及尺度因子 h_β 可通过数值求解下式获得

$$\frac{\mathrm{d}\theta_s}{\mathrm{d}s} = -\left(\frac{p_s}{\rho_s v_\infty^2}\right)\left(\frac{\rho_s v_\infty^2}{\rho v_w^2}\right)\left[-\sin\theta_s\cos\Gamma\,\frac{\partial}{\partial x}\left(\frac{p_e}{p_s}\right) + \frac{\cos\theta_s\cos\delta_\phi + \sin\theta_s\sin\delta_\phi\sin\Gamma}{f}\,\frac{\partial}{\partial\phi}\left(\frac{p_e}{p_s}\right)\right] - $$

$$\sin\Gamma\left[\cos\theta_s\cos\Gamma\,\frac{\partial\sigma}{\partial x} + \frac{\sin\theta_s\cos\delta_\phi - \cos\theta_s\sin\delta_\phi\sin\Gamma}{f}\,\frac{\partial\sigma}{\partial\phi}\right]$$

$$\frac{\mathrm{d}x}{\mathrm{d}s} = \cos\theta_s\cos\Gamma$$

$$\frac{\mathrm{d}\varphi}{\mathrm{d}s} = \frac{\sin\theta_s\cos\delta_\phi - \cos\theta_s\sin\delta_\phi\sin\Gamma}{f} \qquad (2-48)$$

$$\frac{1}{h_\beta}\frac{\mathrm{d}^2 h_\beta}{\mathrm{d}s^2} = -\left[\frac{p_s}{\rho_s v_\infty^2}\frac{\rho_s}{\rho_e}\frac{v_\infty^2}{v_w^2}\frac{1}{h_\beta}\frac{\partial}{\partial\beta}\left(\frac{p_e}{p_s}\right)\right]^2 (3-Ma_w^2) +$$

$$\frac{p_s}{\rho_s v_\infty^2}\frac{\rho_s}{\rho_w}\frac{v_\infty^2}{v_w^2}\frac{1}{h_\beta}\frac{\partial}{\partial\beta}\left[\frac{1}{h_\beta}\frac{\partial}{\partial\beta}\left(\frac{p_e}{p_s}\right)\right] + \frac{\cos^2\Gamma\cos\delta_\phi}{f}\left[\frac{\partial\Gamma}{\partial x}\frac{\partial\sigma}{\partial\phi} - \frac{\partial\sigma}{\partial x}\frac{\partial\Gamma}{\partial\phi}\right]$$

式中　Γ，δ_ϕ，σ，ϕ——物面角，如图 2-7 所示；

　　　　θ_s——流线相对于体局部坐标轴偏转角；

　　　　h_β——轴对称比拟半径；

　　　　v——速度；

　　　　ρ——密度；

　　　　Ma——马赫数；

　　　　下标 s——滞止点量；

　　　　下标 w——物面处量；

　　　　f——体半径。

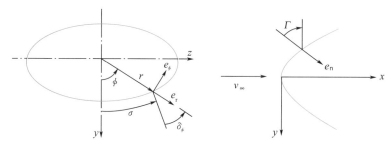

图 2-7　物体纵截面后视图与侧视图

　　无粘流场也可以通过数值求解欧拉方程获得。物面无粘流线及其尺度因子可通过数值求解流线基本方程获得

$$\frac{\mathrm{d}\boldsymbol{r}}{\mathrm{d}t} = \boldsymbol{V} \tag{2-49}$$

其中

$$\boldsymbol{r} = x\boldsymbol{i} + y\boldsymbol{j} + z\boldsymbol{k}$$

$$\boldsymbol{V} = u\boldsymbol{i} + v\boldsymbol{j} + w\boldsymbol{k}$$

　　在正交的流线坐标系下上式可写为

$$\boldsymbol{r} = \xi\boldsymbol{e}_\zeta + \eta\boldsymbol{e}_\beta$$

$$\boldsymbol{V} = V\boldsymbol{e}_\zeta$$

其中

$$\boldsymbol{e}_\beta = \frac{\partial\boldsymbol{r}}{\partial\beta}\Big/\left|\frac{\partial\boldsymbol{r}}{\partial\beta}\right|$$

$$\boldsymbol{e}_\zeta = \frac{u}{V}\boldsymbol{i} + \frac{v}{V}\boldsymbol{j} + \frac{w}{V}\boldsymbol{k}$$

$$\boldsymbol{e}_n = \boldsymbol{e}_\beta \times \boldsymbol{e}_\zeta$$

令物面方程为

$$F(x, y, z) = x - x(y, z) = 0 \Leftrightarrow x = x(y, z)$$

则

$$\boldsymbol{e}_n = \nabla \boldsymbol{F} / |\nabla \boldsymbol{F}| = n_x \boldsymbol{i} + n_y \boldsymbol{j} + n_z \boldsymbol{k}$$

$$\nabla \boldsymbol{F} = \frac{\partial F}{\partial x} \boldsymbol{i} + \frac{\partial F}{\partial y} \boldsymbol{j} + \frac{\partial F}{\partial z} \boldsymbol{k} = \boldsymbol{i} - \frac{\partial x}{\partial y} \boldsymbol{j} - \frac{\partial x}{\partial z} \boldsymbol{k}$$

$$|\nabla F| = \sqrt{1 + \left(\frac{\partial x}{\partial y}\right)^2 + \left(\frac{\partial x}{\partial z}\right)^2}$$

$$\boldsymbol{e}_\beta = \boldsymbol{e}_n \times \boldsymbol{e}_\zeta = \begin{vmatrix} \boldsymbol{i} & \boldsymbol{j} & \boldsymbol{k} \\ n_x & n_y & n_z \\ \zeta_x & \zeta_y & \zeta_z \end{vmatrix} = - \frac{\left(\frac{v}{V}\frac{\partial x}{\partial z} - \frac{w}{V}\frac{\partial x}{\partial y}\right)\boldsymbol{i} + \left(-\frac{w}{V} - \frac{u}{V}\frac{\partial x}{\partial z}\right)\boldsymbol{j} + \left(\frac{v}{V} + \frac{u}{V}\frac{\partial x}{\partial y}\right)\boldsymbol{k}}{\sqrt{1 + \left(\frac{\partial x}{\partial y}\right)^2 + \left(\frac{\partial x}{\partial z}\right)^2}}$$

最终可得尺度因子为

$$h_\beta = \left|\frac{\partial \boldsymbol{r}}{\partial \beta}\right| = \sqrt{\left(\frac{\partial x}{\partial \beta}\right)^2 + \left(\frac{\partial y}{\partial \beta}\right)^2 + \left(\frac{\partial z}{\partial \beta}\right)^2}$$

其中

$$\frac{\mathrm{d}}{\mathrm{d}t}\left(\frac{\partial x}{\partial \beta}\right) = \frac{\partial}{\partial \beta}\left(\frac{\mathrm{d}x}{\mathrm{d}t}\right) = \frac{\partial u}{\partial \beta} = \frac{\partial u}{\partial x}\frac{\partial x}{\partial \beta} + \frac{\partial u}{\partial y}\frac{\partial y}{\partial \beta} + \frac{\partial u}{\partial z}\frac{\partial z}{\partial \beta}$$

$$\frac{\mathrm{d}}{\mathrm{d}t}\left(\frac{\partial y}{\partial \beta}\right) = \frac{\partial}{\partial \beta}\left(\frac{\mathrm{d}y}{\mathrm{d}t}\right) = \frac{\partial v}{\partial \beta} = \frac{\partial v}{\partial x}\frac{\partial x}{\partial \beta} + \frac{\partial v}{\partial y}\frac{\partial y}{\partial \beta} + \frac{\partial v}{\partial z}\frac{\partial z}{\partial \beta} \qquad (2-50)$$

$$\frac{\mathrm{d}}{\mathrm{d}t}\left(\frac{\partial z}{\partial \beta}\right) = \frac{\partial}{\partial \beta}\left(\frac{\mathrm{d}z}{\mathrm{d}t}\right) = \frac{\partial w}{\partial \beta} = \frac{\partial w}{\partial x}\frac{\partial x}{\partial \beta} + \frac{\partial w}{\partial y}\frac{\partial y}{\partial \beta} + \frac{\partial w}{\partial z}\frac{\partial z}{\partial \beta}$$

使用龙格-库塔法数值积分式（2-49）、式（2-50）可以得到流线坐标 x，y，z 及计算尺度因子所需的 $\frac{\partial x}{\partial \beta}$、$\frac{\partial y}{\partial \beta}$、$\frac{\partial z}{\partial \beta}$。在积分获得流线路径的过程中，不是每个涉及到的点都恰好落在网格点上，式（2-50）中的诸导数可利用无粘流场结果，通过插值得到。

③ 边界层外缘参数的确定

对于完全气体模型和平衡气体模型而言，若无粘流与边界层之间的耦合可以忽略，则表面压力分布和正激波后的熵，是获得边界层外缘流场参数所需要的全部条件。当熵吞效应不可忽略时，无粘流场须与边界层相耦合，以便正确计算边界层外缘参数。

切锥法（或切楔法）认为：物面上每一点对应一个锥（或楔），这个锥（或楔）的锥角（或楔角）就是物面当地的切角，该点对应的激波角取决于物面当地切角和来流状态，而与整体外形无关。一旦知道激波角，边界层外缘的熵随之确定。显然，这是考虑了熵吞效应最简单的一种方法。

更严格地考虑熵吞影响的技术途径还有质量平衡技术，该方法认为：边界层内质量流与进入激波层的质量流相平衡，如图 2-8 所示。

$$\frac{\partial \sin \overline{\Gamma}}{\partial s} = (p_b - p_{sh})\frac{h}{V_\infty \psi_{sh}}$$

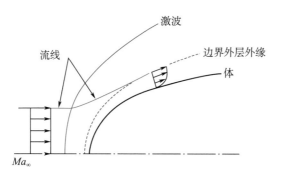

图 2-8　熵吞效应示意图

$$\psi_{BL} = \psi_{sh} \Rightarrow \rho_e u_e (\delta - \delta^*) = \rho_\infty u_\infty \int_0^s \sin\overline{\Gamma} h_\beta \, \mathrm{d}s$$

式中　δ——边界层厚度；

　　　δ^*——边界层位移厚度；

　　　$\overline{\Gamma}$——激波角。

上式给出表述该原理的数学关系式。

还有一种考虑熵吞影响的技术，即首先计算物面处的边界层厚度 δ，在距离物面 δ 处的无粘流场参数可作为边界层外缘参数。具体而言就是，首先在沿物面无粘流线每一点处计算，得到当地动量厚度 θ，然后利用边界层厚度 δ 与 θ 之间的关系确定 δ，再利用插值技术将由数值求解欧拉方程获得的无粘流场参数在距离物面 δ 处插值，并将插值得到的流动参数作为边界层外缘参数。

对于层流边界层，边界层厚度 δ 与动量厚度 θ 之间满足如下关系

$$(\delta/\theta)_L = 5.55$$

对于湍流边界层，边界层厚度 δ 与动量厚度 θ 之间满足如下关系

$$(\delta/\theta)_T = N + 1 + \left[\left(\frac{N+2}{N}\frac{H_w}{H_{aw}} + 1\right)\left(1 + 1.29\,Pr^{0.333}\frac{u_e^2}{2h_e}\right)\right]$$

2.1.2　稀薄气体效应对气动加热的影响

气动加热的预测与具体的流场特征紧密相关。对于以往的大钝头航天器再入问题，经典的费-里德尔公式认为驻点热流大小和前缘曲率半径的平方根成反比，即

$$q_s \propto 1/\sqrt{R_N}$$

式中　q_s——驻点壁面热流；

　　　R_N——前缘曲率半径。

驻点邻域流场结构如图 2-9 所示，在高超声速来流条件下，前缘头部形成一道很强的头激波。气流经过激波的压缩，密度、温度和压强均升高，速度则降为亚声速，同时流线开始偏折；气流继续向前缘壁面流动，密度、温度和压强进一步升高，在驻点边界层外缘达到驻点条件；边界层外缘和壁面之间的流动为边界层流动。其中下标 ∞ 表示来流条

件；u，v 分别为 x，y 方向的速度分量；δ 为边界层厚度，Δ 为激波脱体距离，d 为激波的厚度。

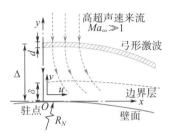

图 2 - 9　高超声速驻点流动局部放大示意图

具有大曲率尖前缘的飞行器在大气层内飞行时，驻点区域流场特征与大钝头航天器再入问题不同，前缘附近局部区域会遇到高超声速稀薄流动问题，费-里德尔公式将会失效。粘性干扰效应和局部稀薄气体效应先后出现，互相竞争，分别在不同流动工况占优，驻点热流呈现新的变化特征，流场结构也会出现新的演变规律。

在传统的微流动和气动力相关问题中，往往以努森（Knudsen）数 $Kn = \lambda / L$ 来判断稀薄气体效应的强弱，并划分流动区域。其中 λ 和 L 分别为流体分子平均自由程和流动宏观尺度。Kn 仅仅是一个状态参数，而不是流动参数，特别是有关高超声速气动加热的问题，Kn 并不能包含马赫数和气体热物性变化等因素的影响。

针对具有稀薄流动特征的高超声速气动加热问题，早期学者的解决手段多为直接解 NS 方程或退化的粘性激波层（VSL）方程，得到了一些划分流动区域的半经验参数和近连续流区热环境预测方法，如郑显基（Cheng）参数、钱学森（Tsien）参数和激波后雷诺（Reynolds）数等，之后通过拟合试验数据的办法构建了在过渡流区域近似可用的驻点热流预测桥函数。

（1）近连续流区稀薄气体气动加热计算方法

在近连续流区，目前常用的主要有三种工程方法，其中两种是基于连续流热环境快速预测并经过稀薄过渡流修正的郑显基方法和 Wr 方法，另一种是基于地面风洞试验数据拟合的恩格尔（Engel）方法，如图 2 - 10 所示。

郑显基[18]通过对试验数据的分析，运用最小方差分析方法得到一个关联式，该关联式给出了考虑稀薄气体效应时的气动加热率与由费-里德尔公式计算得到的气动加热率之比，即只需将费-里德尔公式乘以一个依赖于来流条件的因子，就可扩展其使用范围。对于驻点下游壁面，则认为其热流与驻点处热流之比值与连续流时相同。这样，关于连续流条件下气动加热计算方法，就可以直接应用于由于前缘尖化而引起的稀薄效应对气动加热的影响分析中。

郑显基修正方法定义了以球头半径 R_N 和滞止密度 ρ_s、总焓 H_s、滞止温度对应的粘性系数 μ_s 组合成的特征雷诺数 Re_s，即

$$Re_s = \frac{2^n R_N \rho_s \sqrt{H_s}}{\mu_s}$$

(2 - 51)

根据地面风洞试验数据拟合得到了以 Re_s 为变量的稀薄流热环境修正系数，即为

$$\frac{q_{\text{rare}}}{q_{\text{cont}}} = \sum_{i=0}^{5} a_i \left(\log_{10} Re_s\right)^i$$

其中

$$a_0 = -1.381\,51,\ a_1 = +2.263\,75,\ a_2 = -0.540\,05,$$
$$a_3 = -0.021\,64,\ a_4 = +0.020\,16,\ a_5 = -0.001\,70$$

Wr 方法[19]是定义了以来流 Ma_∞，Re_∞，Z_e 为参数的 $W_r \approx 2^J Ma_\infty^{\frac{3}{2}} / (Z_e Re_\infty)$，通过连续流条件下换热系数 $C_{h,s}$ 的修正，给出刚出现稀薄效应时对流换热系数 C_h 的关系式

$$C_h = C_{h,s}(1 + W_r) \tag{2-52}$$

式中 Z_e 是压缩因子，定义为理想空气平均分子量和高温真实空气平均分子量之比，它是温度和压力的函数，其值在 1～4 之间。J 为形状因子，$J=0$ 和 1 分别对应二维和轴对称驻点模型。

恩格尔方法定义了以球头半径 R_N、来流条件（总温 T_0、速度 u_∞、密度 ρ_∞）、气体比热比 γ 和参考温度 T_r 以及参考温度对应的粘性系数 μ_r 为参数的 $Kr = \frac{\gamma-1}{2\gamma} \frac{\rho_\infty u_\infty R_N}{\mu_\infty} \frac{T_r}{T_0}$，通过风洞试验数据拟合得到了以 Kr 为变量的对流换热系数 C_h 的关系式

$$\log_{10}(C_h) = \sum_{i=0}^{2} a_i \left[\log_{10}(Z_e Kr)\right]^i \tag{2-53}$$

其中

$$a_0 = -0.235\,256,\ a_1 = -0.303\,095,\ a_2 = -0.077\,953\,8$$

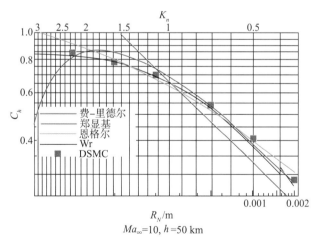

图 2-10　近连续流不同预测方法对球头驻点热环境预测

（2）过渡流区稀薄气体气动加热计算方法

当气体的稀薄程度进一步加剧，基于连续流的修正公式不再适用，这时可采用桥函数方法进行过渡流区气体加热的计算。即在一定来流条件下，以基于连续流和基于自由分子

流的计算结果为已知的两个极限值，根据稀薄程度的不同，通过搭桥获得介于其间的计算结果。

目前，常用的 4 种桥函数（如图 2 - 11 所示）表达式如下。

①桥函数一

$$q_{\text{conv}} = \begin{cases} q_{FM} & K_n \geqslant 3 \\ \dfrac{q_C + q_{FM} K_n}{1 + K_n} & 0.03 \leqslant K_n < 3 \\ q_C & K_n < 0.03 \end{cases} \qquad (2-54)$$

②桥函数二

$$q_{\text{conv}} = q_C \left(1 - e^{-\frac{q_{FM}}{q_C}}\right) \qquad (2-55)$$

③桥函数三

$$q_{\text{conv}} = \frac{1}{2} \rho_\infty u_\infty^3 C_h \qquad (2-56)$$

$$C_h = \frac{C_{hC} + \left(\dfrac{K_n}{c}\right)^2 C_{hFM}}{1 + \left(\dfrac{K_n}{c}\right)^2}$$

式中　　C_{hC}——连续流区对流换热系数；

　　　　C_{hFM}——自由分子流换热系数。

④桥函数 Wr

该桥函数是基于对稀薄效应机理分析和非线性热传导理论分析得出的，其具体表达式为

$$q_{\text{conv}} = \frac{1}{2} \rho_\infty u_\infty^3 C_h \qquad (2-57)$$

其中

$$C_h = c \frac{C_{hC} + W_r C_{hFM}}{1 + W_r}$$

无量纲系数 $c = 0.77$。

上面各式中　　q_{conv}——加热率；

　　　　　　　q_C——连续流加热率；

　　　　　　　q_{FM}——自由分子流区加热率；

　　　　　　　K_n——努森数。

K_n 表达式为

$$K_n = \frac{Ma_\infty}{\sqrt{Re_{\infty L}}}$$

自由分子流的气体加热用气体无碰撞理论计算，其基本方程是无碰撞项的玻耳兹曼（Boltzmann）方程。对物体定常绕流问题，来流的速度分布函数是平衡态分布，即麦克斯

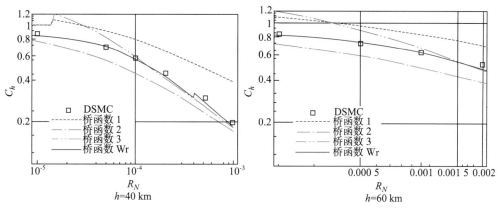

图 2 - 11　不同桥关系式不同球头半径驻点热流系数（$Ma = 10$）

韦（Maxwell）分布

$$f_0 = n \left(\frac{m}{2\pi k T} \right)^{\frac{3}{2}} \mathrm{e}^{-\frac{m}{2kT}(u'^2 + v'^2 + w'^2)} = n \left(\frac{\beta}{\sqrt{\pi}} \right)^3 \mathrm{e}^{-\beta^2 c'^2} \tag{2-58}$$

其中

$$k = 1.38 \times 10^{-23} \mathrm{J/K}$$

$$\beta = 1 / \sqrt{2RT}$$

式中　n——来流分子数密度；

　　　k——玻耳兹曼常数；

　　　β——分子最可几热运动速度的倒数；

　　　R——气体常数；

　　　c'——分子热运动速度。

　　如果分子与表面的相互作用是已知的，那么反射分子从表面带走的动量流和能量流是可计算的，根据能量守恒可知，物面热流为来流分子的能量增量与反射分子总能量之差。

　　单位面积上入射分子所具有的平动能流

$$q_{i,\,\mathrm{tr}} = \int_{-\infty}^{\infty} \int_{-\infty}^{\infty} \int_0^{\infty} \frac{1}{2} m (u^2 + v^2 + w^2) u f \mathrm{d}u \mathrm{d}v \mathrm{d}w$$

$$= \rho RT \sqrt{\frac{RT}{2\pi}} \left\{ (S^2 + 2) \mathrm{e}^{-(S\cos\theta)^2} + \sqrt{\pi} \left(S^2 + \frac{5}{2} \right) (S\cos\theta) [1 + \mathrm{erf}(S\cos\theta)] \right\}$$

　　其中，S 为物体运动速度与分子最可几运动速度比

$$S = U\beta = \frac{U}{\sqrt{2RT}} = \sqrt{\frac{\gamma}{2Ma}}$$

θ 为物面外法矢量与来流速度夹角，$\mathrm{erf}(a)$ 为误差函数

$$\mathrm{erf}(a) = \frac{2}{\sqrt{\pi}} \int_0^a \mathrm{e}^{-y^2} \mathrm{d}y$$

入射分子内能流为

$$q_{i,\,\text{int}} = \frac{5-3\gamma}{\gamma-1}\frac{mRT}{2}N_i = \frac{\rho RT}{2}\sqrt{\frac{RT}{2\pi}}\left(\frac{5-3\gamma}{\gamma-1}\right)\{e^{-(S\cos\theta)^2}+\sqrt{\pi}\,(S\cos\theta)[1+\text{erf}(S\cos\theta)]\}$$

分子反射平动能流

$$q_{w,\,\text{tr}} = 2mRT_w n_w\sqrt{\frac{RT_w}{2\pi}} = 2mRT_w N_w = 2mRT_w N_i$$

壁温 T_w 的麦克斯韦分布散射内能流

$$q_{w,\,\text{int}} = \frac{\zeta}{2}mRT_w N_w = \frac{\zeta}{2}mRT_w N_i$$

其中

$$\zeta = \frac{5-3\gamma}{\gamma-1}$$

式中　ζ——参与表面能量交换的内自由度。

则物体表面总加热率

$$q_{FM} = q_i - q_r \tag{2-59}$$

2.2　热环境数值模拟技术

数值模拟是指利用数值方法，通过计算机求解描述气体运动的数学方程，揭示气体运动物理规律的学科。

数值模拟技术的发展紧密依赖于计算机技术的进步，20 世纪 50 年代前，虽然有先驱者探讨过用数值模拟方法求解流动问题，但受计算机内存和运算速度的限制，更多的开拓性工作是在计算方法方面，如松弛法由理查森（Richardson）在 1910 年提出，随后利布曼（Liebmann）、索斯韦尔（Southwell）将它进行了改进，使之于 40～50 年代在流体力学领域得到广泛应用。这一时期另一重要成就是 1928 年由库朗（Courant）、弗里德里克斯（Friedrichs）和莱维（Lewy）提出的偏微分方程数值解的存在和唯一性问题，它是偏微分方程稳定性问题研究的雏形，为数值模拟技术的发展奠定了重要基础。20 世纪 50 年代以来，随着计算机技术的发展，数值模拟求解流动问题的研究有了长足的进步，归纳起来大致分三个重要发展阶段。

（1）发展初期

20 世纪 50～60 年代的一阶和二阶显示格式，其中影响深远、且具有里程碑意义的工作是迎风格式[20-21]和时间推进方法[22-24]的出现，形成了数值模拟方法的雏形。

（2）重要发展期

20 世纪 70～90 年代数值方法得到了迅猛的发展，相继提出了比姆-沃明（Beam - Warming）[25]、ven - Leer[26]、矢通量分裂（Steger - Warming）[27]、Roe[28]、TVD[29-31]、NND[32]、ENO[33]、WENO[34] 以及 AUSM[35-37] 等著名格式。到目前为止，这些数值方法和格式一直用于气体流动的各个领域。在这一时期，数值模拟方法已逐渐被学术界和工程技术人员接受和认可，成为和理论分析、试验研究并列的气动力问题的三大研究手段之一。而在气动热问题的研究中，由于其数值结果的不确定度大而导致很难应用于工程实际中，为此，有学者开始关注气动热数值结果的影响因素[38-43]问题。

（3）发展成熟期

21 世纪以来，数值模拟方法继其在气动力领域的成功应用后，在气动热环境领域也得到长足的发展，逐渐成为气动热设计的重要工具，其技术进步主要体现在热环境模拟的数值方法、热流的后处理技术和计算网格准则等方面[44-54]。

热环境在数值模拟中的特殊性是由其物理本质决定的，气动加热是由流体粘性起主导作用的物理现象。热流密度是由于热传导，在单位时间内沿壁面法向通过壁面单位面积输运的热量。若假设气体局部各向同性，则根据 Fourier 热传导定律，壁面热流 q_w 为

$$q_w = -\kappa \frac{\partial T}{\partial n}\mid_w \qquad (2-60)$$

式中　κ——导热系数；

　　　T——温度；

　　　n——壁面法向；

　　　负号——热量沿温度减小的方向输运。

一般认为，由于壁面热流依赖于温度的壁面法向梯度，所以后者是影响前者数值计算精度的关键。而温度壁面法向梯度的影响因素要复杂得多，其中计算网格最为重要，其次是数值方法和热流的后处理技术，下面从这三方面进行详细介绍。

2.2.1　热环境预测中的数值计算方法

气体运动的基本方程是基于质量、动量和能量守恒的 NS 方程，求解方法包括有限差分、有限体积和有限元三种，对于气动热环境，有限体积和有限元方法具有天然优势，便于得到气动热环境的收敛结果。

数值计算方法的主要差别在对流项的处理，以无粘方程组为例

$$\frac{\partial \boldsymbol{Q}}{\partial t} + \frac{\partial \boldsymbol{F}(\boldsymbol{Q})}{\partial x} + \frac{\partial \boldsymbol{G}(\boldsymbol{Q})}{\partial y} + \frac{\partial \boldsymbol{H}(\boldsymbol{Q})}{\partial z} = 0 \qquad (2-61)$$

其中

$$\boldsymbol{Q} = \begin{pmatrix} \rho \\ \rho u \\ \rho v \\ \rho w \\ E_t \end{pmatrix} \quad \boldsymbol{F}(\boldsymbol{Q}) = \begin{pmatrix} \rho u \\ \rho u^2 + p \\ \rho uv \\ \rho uw \\ u(E_t + p) \end{pmatrix} \quad \boldsymbol{G}(\boldsymbol{Q}) = \begin{pmatrix} \rho v \\ \rho uv \\ \rho v^2 + p \\ \rho vw \\ v(E_t + p) \end{pmatrix} \quad \boldsymbol{H}(\boldsymbol{Q}) = \begin{pmatrix} \rho w \\ \rho uw \\ \rho vw \\ \rho w^2 + p \\ w(E_t + p) \end{pmatrix}$$

式中　ρ——气体密度；

　　　u、v、w——三方向速度；

　　　p——压强；

　　　E_t——总能量。

热环境的计算精度和稳定性首先需考虑空间离散格式和限制器影响。

（1）空间离散格式

以下面四种具有代表性的空间格式为例，即

1）Roe 格式，是通量差分分裂格式（FDS，Flux Difference Splitting）的代表；

2）van Leer 格式，是通量矢量分裂格式（FVS，Flux Vector Splitting）的代表；

3）$AUSM^+$、$AUSM^+-up$ 格式，属于 FVS 和 FDS 相结合的混合类格式。

其主要构成的区别在于耗散项的处理，下面分别进行介绍。

① Roe 格式

典型 FDS 格式的构造方法，有

$$\widetilde{\boldsymbol{F}}_{ij}=\frac{1}{2}\big[\boldsymbol{F}(\boldsymbol{Q}_R)+\boldsymbol{F}(\boldsymbol{Q}_L)-|\,\overline{\boldsymbol{A}}\,|\,(\boldsymbol{Q}_R-\boldsymbol{Q}_L)\big]$$

式中下标 L 和 R 表示左右矢量。定义 $\boldsymbol{A}=\partial\boldsymbol{F}/\partial\boldsymbol{Q}$，则 $\overline{\boldsymbol{A}}=\overline{\boldsymbol{A}}(\overline{\boldsymbol{Q}})$，$\overline{\boldsymbol{Q}}$ 表示对 $\boldsymbol{Q}_L$、$\boldsymbol{Q}_R$ 采用 Roe 平均方法进行计算得到的守恒变量。定义 $\boldsymbol{R}=\sqrt{\rho_R/\rho_L}$，有

$$\overline{\rho}=\sqrt{\rho_L\rho_R}$$

$$\overline{u}=u_L\left(\frac{1}{1+R}\right)+u_R\left(\frac{R}{1+R}\right)$$

$$\overline{v}=v_L\left(\frac{1}{1+R}\right)+v_R\left(\frac{R}{1+R}\right)$$

$$\overline{w}=w_L\left(\frac{1}{1+R}\right)+w_R\left(\frac{R}{1+R}\right)$$

$$\overline{h}=h_L\left(\frac{1}{1+R}\right)+h_R\left(\frac{R}{1+R}\right)$$

$$\overline{c}=\left[(\gamma-1)\left(\overline{h}-\frac{1}{2}(u^2+v^2+w^2)\right)\right]^{0.5}$$

其中

$$h=c_pT$$

式中　h——气体焓；

　　　c_p——定压比热；

　　　T——温度。

根据雅可比矩阵 $\overline{\boldsymbol{A}}$ 的三个不同特征值，可以将人工耗散项分裂为三组矢量之和

$$|\,\overline{\boldsymbol{A}}\,|\,(\boldsymbol{Q}_R-\boldsymbol{Q}_L)=|\,\Delta\boldsymbol{F}_1\,|+|\,\Delta\boldsymbol{F}_2\,|+|\,\Delta\boldsymbol{F}_3\,|$$

其中

$$|\,\Delta\boldsymbol{F}_1\,|=S_{ij}\,|\,\overline{U}-\overline{c}\,|\left(\frac{\Delta p-\overline{\rho}\,\overline{c}\,\Delta U}{2\overline{c}^2}\right)\begin{bmatrix}1\\\overline{u}-\overline{c}n_x\\\overline{v}-\overline{c}n_y\\\overline{w}-\overline{c}n_z\\\overline{h}-\overline{c}\,\overline{U}\end{bmatrix}$$

$$|\ \Delta \boldsymbol{F}_2\ | = S_{ij}\ |\ \overline{U}\ |\ \left\{ \left(\Delta \rho - \frac{\Delta p}{\overline{c}^2} \right) \begin{bmatrix} 1 \\ \overline{u} \\ \overline{v} \\ \overline{w} \\ \dfrac{\overline{u}^2 + \overline{v}^2 + \overline{w}^2}{2} \end{bmatrix} + \overline{\rho} \begin{bmatrix} 0 \\ \Delta u - n_x \Delta U \\ \Delta v - n_y \Delta U \\ \Delta w - n_z \Delta U \\ \overline{u} \Delta u + \overline{v} \Delta v + \overline{w} \Delta w - \overline{U} \Delta U \end{bmatrix} \right\}$$

$$|\ \Delta \boldsymbol{F}_3\ | = S_{ij}\ |\ \overline{U} + \overline{c}\ |\ \left(\frac{\Delta p + \overline{\rho}\ \overline{c} \Delta U}{2\overline{c}^2} \right) \begin{bmatrix} 1 \\ \overline{u} + \overline{c} n_x \\ \overline{v} + \overline{c} n_y \\ \overline{w} + \overline{c} n_z \\ \overline{h} + \overline{c}\ \overline{U} \end{bmatrix}$$

$$\overline{U} = \overline{u} n_x + \overline{v} n_y + \overline{w} n_z$$

$$\Delta( ) = ( )_R - ( )_L$$

式中　(n_x, n_y, n_z)——单位法向矢量。

Roe 的 FDS 格式是一种近似黎曼求解方法，它对间断问题有天然的高分辨率，因此非常适合求解边界层内粘性流体的类剪切运动。但由于 Roe 格式本质上是一种将非线性问题转化为线性黎曼问题的近似拟合，因此它很难完整而准确地描述出非线性问题的所有特征，有时甚至会产生错误的物理描述。例如在过声速膨胀时，Roe 格式会计算出膨胀激波。产生这种非物理现象的原因在于缺少熵条件的限制，在特征值趋于零的情况下，Roe格式难以正确判断出波的传播方向。为此，人为地引入熵修正，将非物理的膨胀激波耗散为膨胀扇区，使之满足熵条件。需要采用各向异性的熵修正，Muller 型格式为

$$\lambda = \begin{cases} \dfrac{\lambda^2 + \delta^2}{2\delta} & |\lambda| < \delta \\[2mm] \delta = \overline{\delta} \cdot \sigma_n \left\{ 1 + \left[\dfrac{\max(\sigma_{\tau 1}, \sigma_{\tau 2})}{\sigma_n} \right]^{2/3} \right\} \end{cases}$$

式中　σ_n——法向谱半径；

　　　$\sigma_{\tau 1}$，$\sigma_{\tau 2}$——切向谱半径；

　　　$\overline{\delta}$——经验常数，一般取 0.1~0.4。

② van Leer 格式

典型的 FVS 构造方式，将界面无粘通量分解为正负通量之和

$$\widetilde{\boldsymbol{F}}_{ij} = \boldsymbol{F}^+ + \boldsymbol{F}^-$$

van Leer 给出了一种光滑可微的马赫数分裂函数。但由于其能量分裂不能满足总焓守恒，从而对边界层内温度梯度产生较大影响，因此对能量方程的分裂采用了 Hane 等提出的修正。下面给出具体的马赫数分裂方式。

定义法向马赫数

$$Ma = U/c$$

式中　c——声速；

法向速度 $U = un_x + vn_y + wn_z$。

当 $Ma \geqslant 1$ 时

$$\boldsymbol{F}^+ = \boldsymbol{F}_L^+, \quad \boldsymbol{F}^- = 0$$

当 $Ma \leqslant -1$ 时

$$\boldsymbol{F}^+ = 0, \quad \boldsymbol{F}^- = \boldsymbol{F}_L^-$$

当 $|Ma| \leqslant 1$ 时

$$\boldsymbol{F}^\pm = \left\{ \begin{array}{l} f_{\text{mass}}^\pm \\ f_{\text{mass}}^\pm [n_x(-U \pm 2c)/\gamma + u] \\ f_{\text{mass}}^\pm [n_y(-U \pm 2c)/\gamma + v] \\ f_{\text{mass}}^\pm [n_z(-U \pm 2c)/\gamma + w] \\ f_{\text{energy}}^\pm \end{array} \right\}$$

其中

$$f_{\text{mass}}^\pm = \pm \rho c(Ma \pm 1)^2/4$$

$$f_{\text{energy}}^\pm = f_{\text{mass}}^\pm h_t = f_{\text{mass}}^\pm \left[\frac{c^2}{\gamma - 1} + \frac{u^2 + v^2 + w^2}{2} \right]$$

式中　γ——比热比。

③ AUSM$^+$ 格式

AUSM 类格式认为流场中对流项和压力项是两类不同的物理过程，因此在数值格式的构造中将其分别对待，数值通量可以写为以下形式

$$\widetilde{\boldsymbol{F}}_{ij} = m_{ij} \cdot \boldsymbol{\varPsi} + p_{ij} \cdot \boldsymbol{g}$$

其中

$$m_{ij} = \rho U$$

$$\boldsymbol{\psi} = [1, \ u, \ v, \ w, \ h_t]^T$$

$$\boldsymbol{g} = [0, \ n_x, \ n_y, \ n_z, \ 0]^T$$

定义单元界面马赫数、压力及声速

$$Ma_{ij} = Ma_{(4)}^+(Ma_L) + Ma_{(4)}^-(Ma_R)$$

$$p_{ij} = p_{(5)}^+(Ma_L)p_L + p_{(5)}^-(Ma_R)p_R$$

$$c_{ij} = \min(\tilde{c}_L - \tilde{c}_R)\tilde{c} = \frac{(c^*)^2}{\max(c^*, \ |U|)} \quad (c^*)^2 = \frac{2(\gamma - 1)}{\gamma + 1}h_t$$

其中

$$Ma_{L/R} = \frac{\overline{U}_{L/R}}{c_{ij}}$$

$$Ma_{(1)}^\pm(Ma) = \frac{1}{2}(Ma \pm |Ma|)$$

$$Ma_{(2)}^\pm(Ma) = \pm \frac{1}{4}(Ma \pm 1)^2$$

$$Ma^{\pm}_{(4)}(Ma) = \begin{cases} Ma^{\mp}_{(1)}(Ma), & |Ma| \geqslant 1 \\ Ma^{\pm}_{(2)}(Ma) \cdot [1 \mp 16\beta \cdot Ma^{\pm}_{(2)}(Ma)], & |Ma| < 1 \end{cases}$$

$$p^{\pm}_{(5)}(Ma) = \begin{cases} \dfrac{1}{Ma} Ma^{\pm}_{(1)}(Ma), & |Ma| \geqslant 1 \\ Ma^{\pm}_{(2)}(Ma) \cdot [(\pm 2 - Ma) \mp 16\alpha Ma \cdot Ma^{\pm}_{(2)}(Ma)], & |Ma| < 1 \end{cases}$$

则界面数值通量可表示为

$$\widetilde{\boldsymbol{F}}_{ij} = \begin{cases} c_{ij} Ma_{ij} \rho_{\mathrm{L}} \boldsymbol{\psi}_{\mathrm{L}} + p_{ij} \boldsymbol{g} & \text{如果 } Ma_{ij} \geqslant 0 \\ c_{ij} Ma_{ij} \rho_{\mathrm{R}} \boldsymbol{\psi}_{\mathrm{R}} + p_{ij} \boldsymbol{g} & \text{其他} \end{cases}$$

④ $\mathrm{AUSM}^{+} - \mathrm{up}$ 格式

$\mathrm{AUSM}^{+} - \mathrm{up}$ 格式是对 AUSM^{+} 格式的一种改进，具体表现为在构造界面马赫数时引入了压力耗散，构造界面压力时引入了速度耗散。这里仅给出改变后的界面马赫数、压力定义

$$Ma_{ij} = Ma_{ij}^{\mathrm{AUSM}^{+}} - \frac{K_p}{f_a} \max(1 - \sigma \overline{Ma}^2,\ 0) \frac{p_{\mathrm{R}} - p_{\mathrm{L}}}{p_{\mathrm{R}} + p_{\mathrm{L}}}$$

$$p_{ij} = p_{ij}^{\mathrm{AUSM}^{+}} - K_{ii} p^{+}_{(5)} p^{-}_{(5)} \cdot (\rho_{\mathrm{L}} + \rho_{\mathrm{R}})[f_a(Ma_0) c_{ij}](U_{\mathrm{R}} - U_{\mathrm{L}})$$

其中

$$\overline{Ma}^2 = \frac{(U_{\mathrm{L}}^2 + U_{\mathrm{R}}^2)}{2 c_{ij}^2}$$

$$Ma_0^2 = \min[1,\ \max(\overline{Ma}^2,\ Ma_\infty^2)] \in [0,\ 1]$$

$$f_a(Ma_0) = Ma_0(2 - Ma_0) \in [0,\ 1]$$

式中系数取为

$$K_p = 0.25,\ K_{ii} = 0.75,\ \sigma = 1.0,\ \beta = 0.125,\ \alpha = 3/16[-4 + 5 f_a(Ma_0)]$$

以 Roe 为代表的 FDS 格式具有很高的线性波分辨率，耗散适中；van Leer 为代表的 FVS 格式具有很强的非线性波的捕捉能力，耗散较大；而 AUSM 类格式将两者的优点结合起来，耗散较小。一般来说，相同网格密度情况下，低耗散格式能得到热环境预测精度更高的数值结果（如图 2 - 12 所示）。

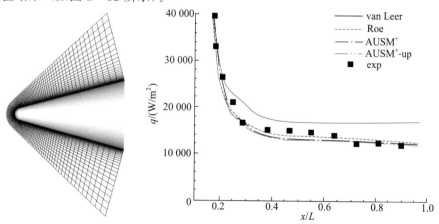

$Ma_\infty = 10.6$,　$Re_\infty = 3.937 \times 10^6/\mathrm{m}$,　$\alpha = 0°$,　$T_\infty = 47.3\ \mathrm{K}$,　$T_\mathrm{w} = 294.44\ \mathrm{K}$

图 2 - 12　钝锥不同数值格式热流计算结果

　　但事实上，高耗散数值格式并非不能得到较好的热环境数值结果（如图 2 - 13 所示），每一种数值格式都存在相应的热环境收敛的网格划分要求，只是高耗散的数值格式对计算网格的要求更高。如图 2 - 14 所示，5 套计算网格在拓扑上保持一致，壁面第一层网格尺度跨越两个量级。由计算结果可以明显看到，van Leer 格式由于耗散性较大，其热流结果受网格影响较大，同样的热环境计算精度要求与之相匹配的计算网格尺度更小。

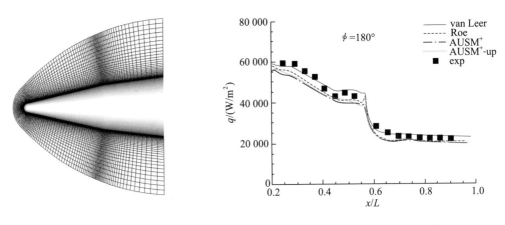

$Ma_\infty = 9.86$，$Re_\infty = 1.7302 \times 10^6 /\mathrm{m}$，$\alpha = 10°$，$T_\infty = 51.66\ \mathrm{K}$，$T_\mathrm{w} = 300\ \mathrm{K}$，$L = $ 模型长度

图 2 - 13　钝双锥不同数值格式热流计算结果

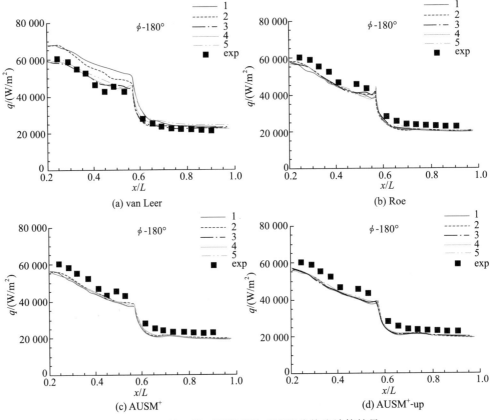

图 2 - 14　钝双锥不同数值格式迎风线热流计算结果

（2）限制器影响

限制器函数以引入耗散的机制而保证格式的单调性，对于传统数值模拟技术，为保证数值方法的单调性，避免数值求解过程中在激波等间断区域出现数值震荡，在二阶和二阶以上数值格式中均需引入限制器函数。

常用的五种限制器函数有

van Leer

$$\Psi(r) = \frac{r + |r|}{r + 1}$$

van Albada

$$\Psi(r) = \frac{r^2 + r}{r^2 + 1}$$

minmod

$$\Psi(r) = \begin{cases} \min(r, 1), & r \geqslant 0 \\ 0, & r \leqslant 0 \end{cases}$$

superbee

$$\Psi(r) = \max[\min(2r, 1), \min(r, 2)]$$

double minmod

$$\Psi(r) = \begin{cases} \min[2r, r, (1+r)/2], & r \geqslant 0 \\ 0, & r \leqslant 0 \end{cases}$$

图 2-15 给出了五种限制器函数的限制曲线。随着流场参数 r 值的增加，限制器函数值不同，限制器值越大表示耗散性越小，限制器值越小表示耗散性越大。五类限制器函数的耗散性由大到小依次为 minmod＞van Albada＞van Leer＞double minmod＞superbee。

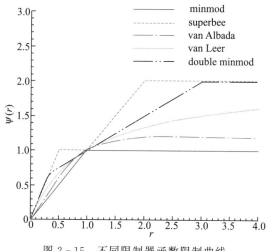

图 2-15　不同限制器函数限制曲线

当物面法向网格尺度满足网格准则时，不同限制器函数对热环境计算结果影响较小〔如图 2-16（a）所示〕；当不能完全满足网格准则时，限制器的耗散性需要在计算精度和稳定性中求取平衡，网格尺度较大时，耗散较高的限制器影响计算结果的准确性，网格过密时，耗散最低的 superbee 限制器会产生明显的数值震荡〔如图 2-16（b）所示〕。

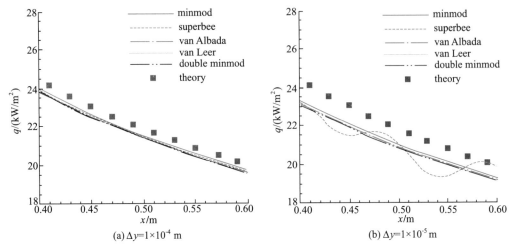

(a) $\Delta y = 1 \times 10^{-4}$ m　　　　　　　(b) $\Delta y = 1 \times 10^{-5}$ m

图 2-16　不同限制器函数平板热流计算结果（$Ma_\infty = 8$，$h = 35$ km，$T_w = 300$ K）

2.2.2　热环境数值预测的后处理技术

求解温度梯度计算热流时遇到的困难，与计算格式的粘性耗散大小和网格尺寸有关，而减小热流的网格依赖性，则与后处理技术有关。在傅里叶定律统计特性分析中，由壁面网格分布变化所引起的壁面附近温度的微小变化，经统计过程被放大，将会导致热流值的剧烈变化。针对这一现象，基于积分法的热流计算后处理方法，可降低傅里叶定律热流项在热流统计中的权重，减弱扰动放大机制的作用，使计算结果的网格依赖性明显降低，收敛速度加快。

（1）傅里叶定律统计特性分析

傅里叶定律统计壁面热流的公式为

$$q_w = k\partial T/\partial y \mid_w = k(T_1 - T_w)/\Delta y = k\Delta T/\Delta y$$

式中　T_1——离开壁面 Δy 处的温度值；

　　　T_w——壁面温度。

ΔT 由大小处于同一量级的物理量相减得到，属于小量，一般比温度绝对量小 2 个量级左右。

由于壁面处速度为零，计算气动力时所用速度梯度量 $\Delta u/\Delta y$ 中的 Δu 等于 Δy 处的速度值 u_1，Δu 和宏观量 u 属于同一量级。假设温度和速度有同样的扰动率 ε，即扰动量分别为 εT 和 εu，引起热流和速度梯度的相对变化分别为 $\varepsilon T_1/\Delta T$ 和 ε。

热流统计相当于将温度的扰动率 ε 放大 $T_1/\Delta T$ 倍，约 1~2 个量级，壁面附近网格越密，$T_1/\Delta T$ 越大，扰动放大率越大。以平板为例，不同网格雷诺数沿流向的温度分布（如图 2-17 所示）表明，虽然不同网格下计算得到的流场宏观参数差别不大，即壁面温度为 221.4 K 时，网格雷诺数为 16.5、82.5 下的第一层网格流场温度分别为 225.2 K、224.8 K，温差分别为 3.6 K、3.2 K，而扰动的放大率约为 70 倍，则 0.4 K 的温度差别使得计算热流值相差 224 W/m²，理论值为 1 244 W/m²，相对误差达 18%。而壁面速度梯度统计中并未放大速度的扰动率，因而误差较小。

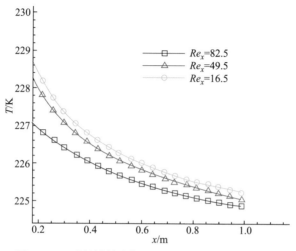

图 2-17　平板计算流场 $y=5\times10^{-5}$ m 处温度对比

综上所述，热流数值计算过程中，计算格式的粘性耗散大小和网格尺寸有关，不同壁面网格下格式的粘性耗散不同，计算结果中温度会有微小差别。傅里叶定律的热流计算方法将这微小差别放大，造成了数值计算热流时的网格依赖性。另外，由于热流统计中将误差放大，使得热流收敛的条件比气动力参数的收敛更加苛刻，它要求两次迭代过程中温度的误差较气动力参数的误差小 1~2 个量级，致使收敛速度变慢，计算时间增加。

对此，基于积分法的热流计算后处理方法，将速度、粘性功等网格依赖性弱的物理项纳入热流的统计中，以便尽量减弱傅里叶定律计算方法扰动放大机制的影响。

（2）基于积分法的热流计算方法

定常状态下，二维可压缩能量守恒方程为

$$\frac{\partial(E_t u)}{\partial x}+\frac{\partial(E_t v)}{\partial y}+u\frac{\partial p}{\partial x}+v\frac{\partial p}{\partial y}=k\left(\frac{\partial^2 T}{\partial x^2}+\frac{\partial^2 T}{\partial y^2}\right)+\frac{\partial f}{\partial x}+\frac{\partial g}{\partial y}$$

$$f=u\tau_{xx}+v\tau_{xy},\ g=u\tau_{xy}+v\tau_{yy} \tag{2-62}$$

式中　k——导热系数；

　　　τ_{xx}，τ_{xy}，τ_{yy}——粘性应力项。

壁面处流动由粘性项主导，可以忽略对流项的作用，当法向、流向压力梯度都很小时，可以忽略附面层内法向、流向压力梯度。于是得到如下方程

$$k\left(\frac{\partial^2 T}{\partial x^2}+\frac{\partial^2 T}{\partial y^2}\right)=-\frac{\partial f}{\partial x}-\frac{\partial g}{\partial y}$$

式中壁面处各物理量的法向梯度远大于流向梯度，因此可在壁面处忽略流向的热传导梯度项和粘性功梯度项，进而得到如下方程

$$\left[\frac{\partial q}{\partial y}\right]_{w} = -\left[\frac{\partial}{\partial y}(u\tau_{xy} + v\tau_{yy})\right]_{w} \qquad (2-63)$$

令

$$\tau = u\tau_{xy} + v\tau_{yy}$$

以壁面处的热流梯度 q_{wy} 和粘性功梯度 τ_{wy} 为变量，则有壁面相容性条件

$$q_{wy} = -\tau_{wy}$$

假设垂直壁面方向为 J，对上式沿 J 方向积分，得下式

$$\int_{0}^{J} q_{wy}\mathrm{d}y = \int_{0}^{J} -\tau_{wy}\mathrm{d}y$$

即

$$q_J - q_w = -\tau_J + \tau_w$$

壁面处粘性功 $\tau_w = 0$，则基于积分法的热流计算公式有

$$q_w = q_J + \tau_J \qquad (2-64)$$

式中，q_J 由离开壁面的第 J 个、第 $J+1$ 个网格点中心差分求得，定义 τ_J/q_w 为粘性功在热流统计项里面的权重。上式适用条件是在边界层内，因此 J 的取值范围应在沿垂直壁面方向的边界层内。式（2-64）热流的统计包括由温度梯度统计得到的热流项 q_J 和粘性功项 τ_J，通过增加网格节点 J 的大小，可以增加式中粘性功项的权重。粘性功中涉及的速度、速度梯度都随网格变化较小，因此计算结果对网格的依赖性会下降（如图 2-18 所示），即粘性功梯度量对网格尺度的依赖性相比热流梯度量明显要弱。极限情况下，式中的热流项 $q_J = 0$，完全避免了通过求温度梯度项来计算热流，理论上可以消除热流计算的网格敏感性。另外，采用傅里叶定律直接统计壁面热流时实际得到的热流计算精度是一阶，而流场内点的热流项 q_J 的计算，由于采用了中心格式，可以达到二阶精度，这样 q_J 本身的计算精度也提高了。

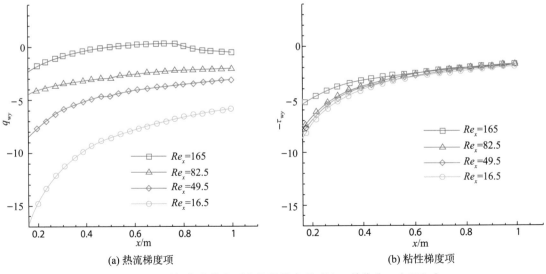

(a) 热流梯度项   (b) 粘性梯度项

图 2-18 平板热流梯度项和粘性梯度项对比，单位为 10^6 W/m³

　　图 2 - 19 为统计热流与理论值的对比，在不同的网格雷诺数下，壁面热流差异明显，热流的网格依赖性较强。而粘性功项权重大于 0.7 时不同网格雷诺数下基于积分法的统计热流，网格依赖性明显减弱，并且基本都靠近理论值。同时积分法的热流计算方法还可以加快热流的收敛速度，如图 2 - 20 所示。钝锥的对比计算结果也表明，基于积分法的统计热流的网格依赖性明显减弱，且和试验值接近（如图 2 - 21 所示）。

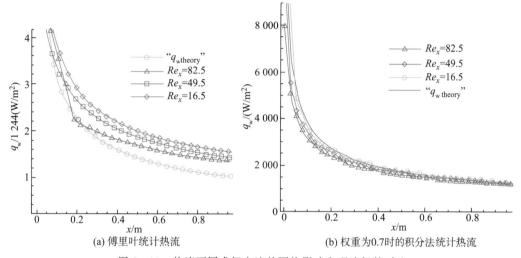

(a) 傅里叶统计热流　　　　　　　　　　(b) 权重为0.7时的积分法统计热流

图 2 - 19　热流不同求解方法的网格影响和理论解的对比

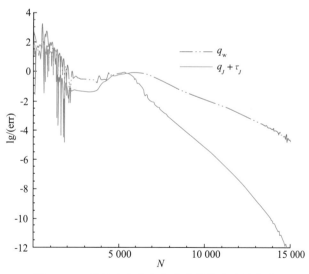

图 2 - 20　傅里叶定律和积分法的热流残差变化

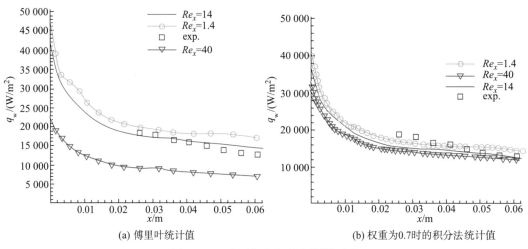

(a) 傅里叶统计值　　　　　　　　　　　(b) 权重为0.7时的积分法统计值

图 2-21　壁面热流和试验值[55]对比

2.2.3　网格尺度的准则

如前所述，无论是热环境的数值方法，还是热流的后处理技术都是在确定网格密度的前提下讨论的，可见网格尺度在热环境数值模拟中占有重要地位，其中对热环境影响最大的是法向网格尺度。目前的研究结果表明，热环境的数值精度及收敛性，与网格分辨率和网格分布密切相关，也就是说由于数值方法固有的耗散特性，导致热环境数值结果强依赖于计算网格。

早期的热流计算需经过反复尝试，直到网格加密到热环境结果收敛。如克洛普弗（Klopfer）为了得到特定来流条件下驻点热流，通过多次试算，确定壁面法向网格尺度为 1.1×10^{-6} ft，即 3.0×10^{-7} m。显然，这样做不但十分费时，且因为所针对问题的个性特征明显，不具有普适性。之后，通过对大量热环境算例的网格准则研究，发现雷诺数可作为法向网格尺度的依赖变量之一。到目前为止，具有普适性的物面法向网格准则可分为两类。

一类是间接法，通常由最小网格雷诺数间接给出，即

$$Re_h = \frac{\rho c \Delta n_w}{\mu} = 1$$

另一类是直接法，通常直接给出物面法向最小网格尺度 Δn_w，即

$$\Delta n_w = \lambda$$

当粘性系数 μ 由气体分子运动论给出时，上述两个方程可以互相导出。

用气体分子平均自由程（MFP，mean free path）λ 作为壁面热流数值计算的壁面法向网格尺度准则，来源于气体分子物理学的微观统计分析方法，具有清晰的热力学物理意义，且该准则只依赖于壁面局部参数，在其准确性、适用性和与其他理论的兼容性等方面都具有不错的表现。

（1）壁面热流微观统计分析

首先对热传导系数 κ 进行微观统计分析。采用气体分子硬球（hard sphere）模型，气

体分子彼此既无引力，也无斥力，并假设它们之间的碰撞以二体碰撞为主，且为完全弹性碰撞。经过简单的推导，可得

$$\kappa = \frac{1}{3} n m \bar{v} \lambda c_v$$

式中　n——气体分子数密度；

　　　m——气体分子质量；

　　　$\bar{v}$——气体分子热运动平均速率；

　　　c_v——气体定容比热。

上式表明，导热系数是一个与气体分子平均自由程相关的宏观物理量。所以，考虑到气体分子热运动的随机性，当一个热力学系统存在某个方向空间尺度小于气体分子平均自由程时，其导热系数是不确定的。也就是说，对一个有确定导热系数的热力学系统，它的各向空间尺度至少应不小于气体分子平均自由程。

同样按照气体分子物理学的观点，壁面热流是大量微观气体分子通过热运动与壁面碰撞，进行热传导的宏观反映。近似地说，一方面，气体分子只有与壁面距离不大于一个平均自由程时才可能与壁面碰撞；另一方面，只有不小于一个平均自由程的壁面距离才可能包含所有与壁面碰撞的气体分子。这也表明，壁面热流与气体分子平均自由程之间存在着内在联系。

（2）壁面法向网格尺度 MFP 准则的表述

记壁面法向网格尺度为 Δn_w，若将壁面气体分子平均自由程近似看作最优下限，则可得约束条件

$$\Delta n_w = O(\lambda_w)$$

式中，λ_w 为壁面气体分子平均自由程，O 表示括号内的物理量与等号左边的量同量级，则得壁面法向网格尺度准则，称作 MFP 准则（mean free path criterion）。

为了便于应用，写成

$$\Delta n_w = c_w \cdot \lambda_w \qquad (2-65)$$

式中，正参数 $c_w = O(1)$，壁面气体分子平均自由程

$$\lambda_w = \frac{m}{\sqrt{2}\pi d^2} \cdot \frac{1}{\rho_w}$$

式中　ρ_w——壁面处气体密度；

　　　d——气体分子有效直径；

　　　m——气体分子质量。

令 $c_w = 1$，则壁面法向网格尺度 MFP 准则还可进一步简化为

$$\Delta n_w = c_{MFP} \cdot \frac{1}{\rho_w} \qquad (2-66)$$

对于空气

$$c_{MFP} \approx 0.88 \times 10^{-7} \text{ kg} \cdot \text{m}^{-2}$$

（3）数值验证

不管怎样，上述所有的网格准则没有经过严格的数学推导，都是试验性的，需要更广

泛的验证。验证内容主要包括网格及算法无关性、驻点热流准确性、复杂外形适用性以及其与热流后处理方法的相容性。

① 网格及算法无关性

算例取自参考文献 [56] 的试验条件，为 0°攻角高超声速球钝锥绕流，球头半径为 6.35 mm，半锥角为 25°。来流条件为：马赫数 $Ma_\infty = 11.3$，静压 $P_\infty = 21.99$ Pa，静温 $T_\infty = 244.44$ K，壁面温度 $T_w = 297.22$ K。取球头顶点为坐标原点，x 轴为流向。

关于网格无关性，考虑 5 种由代数方法生成的网格，网格总数均为 121（流向）×46（法向）×37（周向），它们之间的唯一差别是壁面法向网格尺度不同，由大到小依次记作网格 1～5（如图 2-22 所示），其中，网格 4 的壁面法向网格尺度由式（2-66）的 MFP 准则确定，另 4 种网格的壁面法向网格尺度由不同的指数分布函数伸缩因子确定。在 MFP 准则中关键参数是当地的流场密度，在壁面法向网格尺度最大相差约 2 个量级情况下，所得到的流场密度相差很小，表明 MFP 准则受计算网格影响较弱（如图 2-23 所

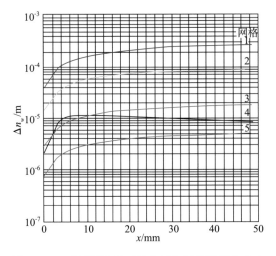

图 2-22　不同网格壁面法向网格尺度沿流向分布

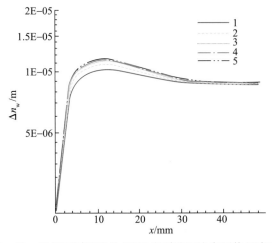

图 2-23　基于不同网格的 MFP 准则壁面法向网格尺度对比

示），可实现性较强。因此，在壁面热流 NS 方程准确预测前，以粗网格预先试算快速确定满足 MFP 准则的数值计算网格是可行的。

关于算法无关性，考虑 2 种离散方法，即有限差分、有限体积；以及 4 种常见数值格式，即 TVD、WENO、NND、AUSM$^+$－up。

不同网格及不同算法的壁面热流数值计算结果表明（如图 2 - 24 所示），满足 MFP 准则的网格 4 的计算结果与试验结果十分吻合。特别地，当网格满足 MFP 准则时，离散方法和数值格式的影响显著减弱。而当网格不满足 MFP 准则时，不管其壁面法向网格尺度相对较大还是较小，离散方法和数值格式的影响都十分突出。

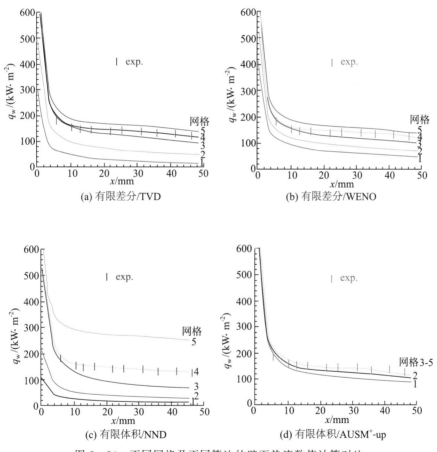

图 2 - 24　不同网格及不同算法的壁面热流数值计算对比

② 驻点热流准确性

驻点热流是气动热环境准确预测的重点之一。从数值计算的角度来看，壁面热流与驻点热流之间相对值的精度较易获得。所以，驻点热流是验证 MFP 准则准确性的理想参数。

验证算例取自参考文献 [55] 的高超声速钝双锥绕流试验。球头半径为 3.835 mm，前锥半锥角为 12.84°，后锥半锥角为 7°，前锥总长为 69.55 mm，全锥总长为 122.24 mm，

攻角 $\alpha=0°$、$4°$。来流条件为：马赫数 $Ma_\infty=9.86$，密度 $\rho_\infty=4.27\times10^{-3}\ kg\cdot m^{-3}$，静压 $P_\infty=59.9\ Pa$，静温 $T_\infty=48.8\ K$，壁面温度 $T_w=300\ K$。对于驻点热流，当 $\alpha=0°$ 时，计算值为 $411.0\ kW\cdot m^{-2}$，试验值为 $443.2\ kW\cdot m^{-2}$；当 $\alpha=4°$ 时，计算值为 $463.7\ kW\cdot m^{-2}$，试验值为 $458.1\ kW\cdot m^{-2}$。计算值与试验值十分吻合（如图 2 - 25 所示），背风面、迎风面及侧面，计算值也与试验值符合得较好。因此，由 MFP 准则确定数值计算网格是合适的。

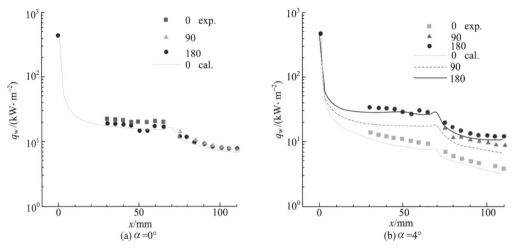

图 2 - 25　不同攻角壁面热流沿子午线分布

③ 复杂外形适用性

以高超声速双椭球绕流为例[57]。该流动的典型特点是，下椭球前缘钝头区为高热流区，上下椭球前部相交区存在激波/边界层干扰，可诱导边界层分离，影响壁面热流。来流条件为：攻角 $\alpha=0°$，$Ma_\infty=8.04$，单位雷诺数 $Re=1.13\times10^7$。

考虑 $\phi=0°$、$180°$ 子午线和 $x=78\ mm$、$120\ mm$ 截面，壁面热流的计算值（实线）与试验值（符号）符合得较好，如图 2 - 26 所示。对比结果表明，按照 MFP 准则确定壁面法向网格尺度，进而生成相应的网格，对于三维复杂外形的壁面热流数值计算是适用的。

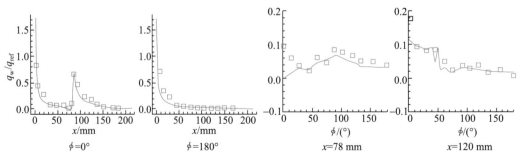

图 2 - 26　壁面热流的计算值与试验值对比

④ 与壁面相容性条件的关系

上述的数值试验验证了 MFP 准则对各类典型外形的适用性，下面分析了其与壁面相容性条件的关系，并指出当网格满足 MFP 准则时，可以达到热环境数值预测后处理技术相同的效果。对比分析热流后处理技术在不同物面法向网格中的表现，发现当物面最小法向网格尺度（$Re_x=40$）大于基于局部流场参数的网格标准时，计算值较试验值小，理论修正值变大，向误差减小方向靠近；当最小法向网格尺度（$Re_x=1.4$）小于基于局部流场参数的网格标准时，计算值较试验值大，理论修正值变小，也向误差减小方向靠近（如图 2 - 27 所示）。计算网格越接近网格标准，理论修正也越小，因此基于局部流场参数的 MFP 网格标准是满足壁面相容性条件的。

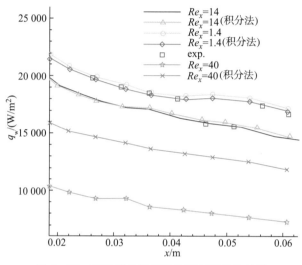

图 2 - 27　不同网格傅里叶计算与积分法结果

2.2.4　应用实例及展望

对于复杂外形的热环境，在达到计算精度的前提下，为提高计算效率，需要综合考虑数值方法、网格准则和热流后处理技术的协调应用，数值计算与试验结果的对比表明数值模拟技术能够可靠地预测复杂外形的热环境（如图 2 - 28 所示）。

其中试验模型的测点分布如图 2 - 29 所示。测线 1 为前锥体迎风对称线（负攻角）。测线 2、测线 6 和测线 7 为翼面后部轴向测点，其中测线 6 和测线 7 在对称翼面处也布置了相应测点以验证所测热流的对称性。测线 3 为前锥体上接近翼体交界处的轴向测点。测线 4 和测线 5 为沿翼面激波边界层干扰区域的测点。为保证测线位置覆盖翼面热流干扰区，这里测线 4 和测线 5 采用了不同的轴向夹角，其中测线 5 大于测线 4。测线 8 和测线 9 为沿模型周向测点分布，其中测线 8 位于前锥体，测线 9 位于后柱体，以验证膨胀流动现象。

对比计算前，为更好地确定来流参数及其均匀性，需要对缩比模型所在试验段的来流流场进行考核（如图 2 - 30 所示）。

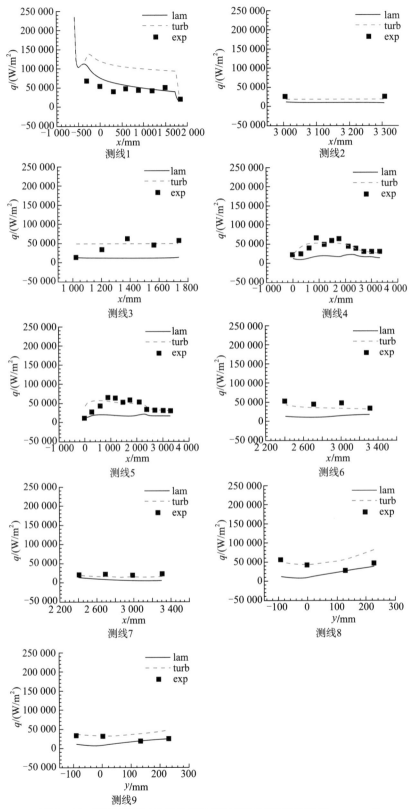

图 2-28　飞行器表面热流分布数值计算与试验数据对比，$\alpha=-4°$

图 2 - 29　试验飞行器热流测点分布

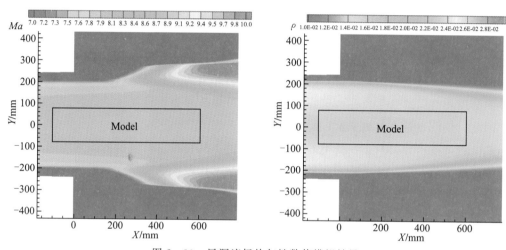

图 2 - 30　风洞流场均匀性数值模拟结果

值得注意的是,基于二阶空间格式的热环境数值预测技术虽然得到了长足的发展,但是其在干扰区的应用存在局限性,针对其低耗散和高耗散数值格式在热环境计算的精度及稳定性中的不同表现,需要发展混合数值格式或多维迎风格式;对于流动分离的复杂问题,需要发展高阶精度的非定常数值方法。

2.3　风洞热环境试验技术

风洞热环境试验是高超声速飞行器热环境精确预测的一个重要手段,其原理是利用高超声速风洞来流总温与试验模型表面的温度差,采用专门的仪器测量出气流对模型表面各部位传递的热量分布。

受风洞气流总焓和试验模型尺寸的限制,地面不能完全模拟飞行器空中真实的飞行状态。因此模型表面热环境试验结果用于飞行器的热防护设计和热强度计算前,需要通过特定的经验比拟换算到真实飞行状态,俗称天地换算。目前常用的换算方法为比热流法,即在头部区域,用驻点热流作参考值,在相同流态下,其他各部位热流密度和驻点值作比较;在复杂干扰区,用飞行器复杂外形前部无干扰区的热流作参考值,将复杂外形区域各部位的热流密度和前部无干扰区域热流值作比较。

风洞热环境试验的先决条件是，风洞来流的滞止温度必须高于风洞试验模型的本体温度。用于测热试验的风洞包括常规高超声速风洞和各类高超脉冲风洞（包括激波风洞、炮风洞、高焓激波风洞等）。常规高超声速风洞运行时间长，便于稳定热环境结果的获取，缺点是启动需要一定时间，启动过程的复杂气流就会对试验模型进行不规则传热，导致正式测量之前模型的本体温度发生变化，甚至在某些区域达到平衡温度，气流和模型之间无热量传递，因而无法进行有效的传热测量试验[58-59]。解决这个问题有两种办法：一是在风洞启动过程中，对模型进行防护，待风洞流场稳定后把防护罩快速打开；另外一种是在风洞启动后，再利用插入机构将模型快速放入流场中。相对而言，高超脉冲风洞自由来流总温较高，风洞流场建立快，没有风洞启动干扰，用它进行热环境试验较为方便。但是由于这类设备运行时间短，一般只有几毫秒到几十毫秒，要求热环境测试系统有更快的频率响应。

热环境测试技术虽然是根据不同风洞特点发展起来的，但其原理都是通过测量测点部位表面温度随时间的变化，在一定假设条件下经过热传导方程计算才能得到该点的热流密度。因此，热流不是直接测量量，而是导出量。

热流测量技术分为两类：一类是采用传感器的点测量技术，包括薄膜热电阻、同轴热电偶、薄壁量热计等。这类技术发展历史较长，技术比较成熟。缺点是需要在模型上安装传感器，可能破坏模型的整体性，传感器与模型表面的不平整度也会影响数据的测量精度，甚至模型某些复杂部位由于无法安装传感器而导致无法进行热环境测量。另一类是采用与光学方法相结合的面测量技术，包括磷光热图、红外热图、液晶相变热图、温敏漆等，这类技术在一次试验中可以得到模型大面积整体的热流分布，其优点是不需要在模型表面打孔，不会破坏模型的外形，测量结果显示直观，能够给出整个飞行器表面全局的热流分布结果。但是这类技术比较复杂，其试验模型需采用特殊的材料制作，或者在金属模型表面喷涂特殊的温敏材料。近年来，随着热环境测试技术的发展，基于光学方法的面测量技术取得了长足的进步，已越来越多地应用于复杂外形热环境的地面试验测试中。

每种测量技术都有它的局限性和适用范围，具体试验要根据使用的风洞以及试验要求采用不同的测量方法。下面对目前最常用的几种热流测量技术进行较详细的介绍。

2.3.1　薄膜热电阻热流测量方法

（1）测量原理

具有一定初始温度的试验模型，瞬时进入高速流场时，模型与流场构成一个非稳态传热系统，这个系统包含两个传热环节：一个是流场热气流向模型的表面传热，另一个是从模型表面到体内传热。采用厚壁外壳的模型使模型的内部传热满足一维半无限长假设[60]，即只有模型的内部传热，其假设前提是：

1）流场热气流对模型热量传递的影响深度同模型厚度相比是个小量；

2）模型表面的横向温度梯度也不大。

脉冲风洞试验时间一般只有几十毫秒，气流对模型表面的热扩散层很薄，通常不超过

0.2 mm，半无限长假设是适用的。由于常规高超风洞试验时间比较长，气流对模型的热扩散深度较脉冲风洞要大得多，因此必须选择合适的试验特征时间和模型的壁面厚度，进一步地推导可以得到模型的壁厚满足下面的条件时，由半无限长假定引起的热流测量误差不会超过百分之一。

$$x \geqslant 4\sqrt{\alpha t}$$

式中　α——基体材料的热扩散系数；

　　　t——试验时间。

（2）薄膜热电阻

典型的薄膜热电阻为一个圆柱体结构（如图 2 - 31 所示），由玻璃基底和一端表面上一层金属膜丝构成，金属膜一般采用铂金膜。基底多用直径 2～4 mm 的圆柱玻璃制作，在玻璃柱的一端溅射一条铂丝，铂丝厚度在微米量级。铂丝温度计的初始电阻值一般为 50 Ω左右，为了提高铂电阻的阻值，铂丝也可以做成弯曲的形状，用银浆通过玻璃两侧再通过导线引出，玻璃柱长度 5～20 mm，根据试验需要加工。

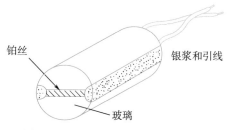

图 2 - 31　薄膜电阻温度计典型结构

薄膜热电阻的安装要求：

1）根据薄膜热电阻的直径在模型的测热位置加工传感器安装孔，并在薄膜热电阻玻璃柱侧面包一层绝缘膜以确保热电阻与模型绝缘；

2）要求镀有铂丝的端面和模型表面平齐（如图 2 - 32 所示）。

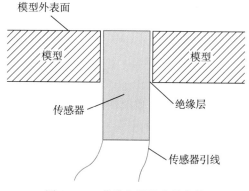

图 2 - 32　薄膜电阻温度计安装

因此，薄膜热电阻适用于模型表面比较平坦部位的热流测量。当模型表面曲率变化比较大时，为提高测量精度，基于薄膜热电阻测量原理，开发了模型和传感器一体化测试技术。用和薄膜热电阻基底材料一样的玻璃制作模型局部，在需要测热流的部位直接镀上铂丝，把引线从模型表面引出，将玻璃局部模型和整个模型安装到一起，既不会破坏模型的外形，也提高了热流的测量精度。图 2 - 33 所示为舵前缘镀有薄膜热电阻的玻璃整体舵。

图 2 - 33　整体舵面集成式热流传感器

（3）数据处理

金属铂丝的电阻值随着温度的变化而改变，薄膜热电阻测量模型表面热流的原理，就是利用薄膜热电阻阻值随温度变化的特性，测量出试验过程中模型表面各测点的温度变化过程，按一维热传导理论计算出表面热流。金属膜的平均温度可以代表模型表面（玻璃基底表面）的温度。测热试验中模型表面测点的温升可由铂电阻的阻值变化计算得到，根据电阻随温度的变化规律

$$\Delta R = R_0 \alpha \Delta T \qquad (2-67)$$

式中　R_0——温度计的初始电阻；

　　　α——温度计的电阻温度系数。

对薄膜热电阻，通过某一恒定的电流可以得到电压输出与温升的关系

$$T_s(t) = \frac{1}{\alpha} \frac{\Delta U(t)}{E_0} \qquad (2-68)$$

式中　E_0——初始电压；

　　　$\Delta U(t)$——t 时刻的电压增量。

这样就可以测出铂丝的温升，也就是玻璃端面的温升，得到测点的热流计算公式

$$q_s(t) = \frac{1}{\alpha E_0} \sqrt{\frac{k\rho c}{\pi}} \left[\frac{\Delta U(t)}{\sqrt{t}} + \frac{1}{2} \int_0^t \frac{\Delta U(t) - \Delta U(\tau)}{(t-\tau)^{3/2}} d\tau \right] \qquad (2-69)$$

利用薄膜电阻温度计测量模型表面热流率时，假定薄膜电阻温度计的电阻温度系数 α 和基底材料的热物性参数 $\sqrt{k\rho c}$ 值为常量（这两个参数需要在试验前进行标定）。

从热流计算公式可以看出，需要根据电压变化数据进行大量数值积分才能求出热流

率。如果吹风次数较多，数据处理工作将很繁重。比较一维热传导基本方程和电系统中具有分布电阻和电容的电传输基本方程发现两者十分相似，只要选取的两系统有相同的初始状态和边界条件，就可以用电参量代替相应的导热系数，因此通常将一种模拟积分网络应用于脉冲风洞薄膜温度计的传热测量中[61]，在模拟网络的输入端输入 $\Delta U(t)$，在模拟网络的输出端就可以得到 $q_s(t)$ 的值。图 2-34 为根据上述原理设计的热电模拟网络，R 是模拟网络节上的电阻，C 为模拟网络节上的电容。在实际的热电模拟网络的制作中，进行了两次近似，一是以集中参数的网络代替分布参数的传输线，二是以有限节数的网络代替无限节数的网络。在模拟网络设计时应考虑响应时间和运行时间这两个特征量，对运行时间 20 ms 左右的脉冲风洞，一个应用例子是选择 0.01 μF 的电容和 5 kΩ 的电阻，采用 20 节的网络。由于现在计算机技术的快速发展，实际应用中可以不用电路模拟网络，而用数值积分来完成相关公式中的积分[62]。

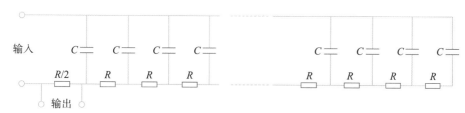

图 2-34　热电模拟网络示意图

试验中只要测量输出端的电位差 $U_0(t)-U_1(t)$，就可以由下式求出模型表面测点的热流密度

$$q_s(t)=\frac{2}{\alpha E_0}\frac{\sqrt{k\rho c}}{\sqrt{RC}}[U_0(t)-U_1(t)] \tag{2-70}$$

试验时一般把恒流源提供的恒定电流加在铂电阻上，把铂电阻两端的电压接入模拟网络输入端，模拟网络的输出信号经过放大器接入数据采集器，然后到计算机进行数据处理，实际应用中一般会把恒流源、积分网络与放大器集成在一起，测量框图如图 2-35 所示。

图 2-35　铂电阻热流测量方法框图

（4）试验举例

图 2-36 所示为在炮风洞进行的一个双椭球外形的航天飞机头部测热模型的测点分布[57]，试验状态马赫数为 8.04，总温为 1 066 K，$Re=8.2\times10^6$/m。图 2-37 所示为试验中一个测点得到的热流曲线，图 2-38 给出了模型中心线上热流分布随流向位置的变化规律。从模型表面热流密度分布可看出，头部驻点是模型受热最严重的部位，可以超过机身部位数十倍甚至上百倍。

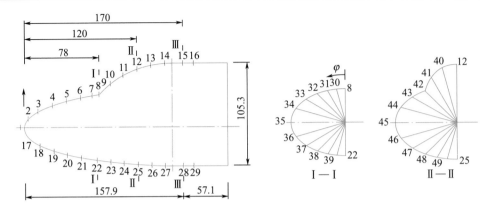

图 2 - 36　模型及其表面测点示意

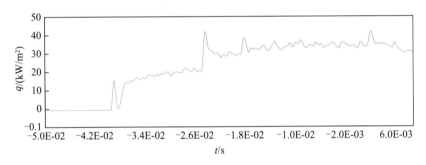

图 2 - 37　模型上测点的热流曲线

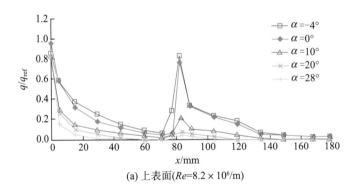

图 2 - 38　模型中心线上热流分布

2.3.2　磷光热图热流测量方法

（1）测量原理

磷光热图测热试验通过光学方式测量试验过程中模型表面的温度变化，进而得到模型整体热流的分布。模型一般采用非金属材料制作，在模型表面喷涂一层磷光材料，在外界激发光源的照射下，磷光材料向外辐射强度随温度呈一定规律变化的可见光，利用这一特性将模型所受气动加热的热信号转化为光信号[63]。其假设条件是：

1）温敏涂层的温度就是模型的表面温度，因为涂层厚度一般只有几十微米，热容很小；

2）模型的内部传热满足一维单层介质半无限长假设。

磷光材料是在特定能量激发下辐射可见光的一种有机晶体材料，其中的感温发光探针通常为无机材料，纯粹状态时不发光，加入少量的激活剂后，即可在外界激励下向外发射较强可见光[64]，其能量差符合光致发光斯托克斯（Stokes）位移规律。斯托克斯位移是指吸收能量与辐射能量的不同，即固体吸收的光子能量大于辐射光子能量，故发光光谱相比于吸收光谱会向能量较低的方向发生移动（简称红移）。

磷光发光材料中的感温探针在外界激励（通常为波长 365 nm 的紫外线）的作用下，其原子内部发生能级跃迁，跃迁过程以辐射某些波段可见光的方式释放能量，随着环境温度升高，原子间以碰撞方式释放能量的几率增大，会导致所释放的可见光强度降低。磷光发光材料具有以下特点：

1）原了跃迁过程可逆，因此在试验过程中，发光材料可以多次重复使用而不发生性能变化[65]；

2）感温探针的响应时间在微秒量级，感温探针测量范围很宽，可以到 1 000 K以上[66]。

因此，磷光热图技术既适用于常规风洞，也适用于毫秒级的脉冲风洞（炮风洞、激波风洞等）[67-68]。

风洞试验时，将磷光发光材料喷涂于模型表面形成薄涂层（10～20 μm），采用光强恒定的紫外光照射风洞中的模型，磷光发光涂层即辐射出可见光，可见光强度取决于激发源强度（即紫外光光强）和模型当地的表面温度。

磷光测量系统如图 2-39 所示，风洞试验过程中，模型表面受高超声速气流加热而迅速升温，此时模型表面光强随其所感受到的温度升高而变化，将光强的变化过程使用高速相机全程记录。最后，根据事先通过标定得到的磷光材料辐射光强与温度的换算关系，即可得到模型表面的温升过程，从而利用热传导方程计算出表面热流大小，其关键点是模型及磷光涂层参数标定和数据的后处理。

（2）模型及磷光涂层参数标定

试验模型采用绝热性能良好，导热性能、比热容、密度等特性稳定的非金属材料制作，一般采用陶瓷材料。这是因为陶瓷材料热物理性质稳定、一致，模型强度好，符合磷

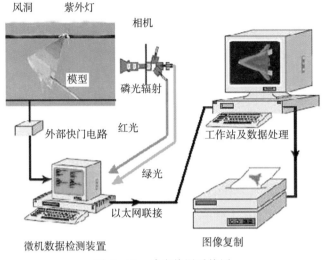

图 2-39　磷光热图系统图

光测热模型的性能要求。磷光涂层需具备坚固、耐冲刷等性质。同时，磷光涂层要求低热阻，以保证模型表面热流的测量精度，因此对其厚度也有严格限制，通常小于 $50~\mu m$。在磷光材料固化剂的选择方面，选择固化后粘接强度高、可见光吸收率低、耐高温、导热性能强的材料，确保热量顺利传导以及光强损失的降低。

磷光发光材料光强-温度可通过专门的标定装置获得（如图 2-40 所示）。在实际的标定过程中，采用控温装置实现对磷光涂层温度的控制，采集一个温度变化序列下对应的磷光涂层发光强度，将这一系列的光强-温度信息拟合，即可得到光强-温度换算关系（如图 2-41 所示）。标定过程需注意激发光源光强、标定涂层与相机的距离等标定参数与风洞试验时的状态尽量保持一致，建立温度反馈控制回路可有效提高标定系统精度。

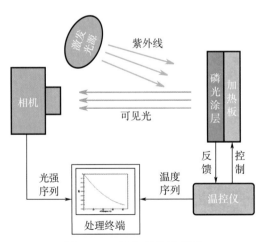

图 2-40　标定系统示意图

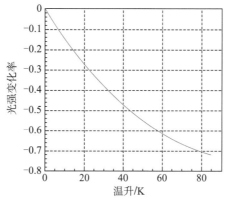

图 2 - 41　光强-温度曲线

标定环节同时需要考虑环境压力、拍摄角度、涂层厚度、激发光强等参数对涂层发光性能的影响。

① 环境压力

在脉冲风洞试验准备过程中，试验段需要抽真空，在吹风过程中，模型表面的压力将逐渐升高，因此在整个试验过程中，涂层所处的环境压力会发生大幅度的变化。磷光体涂层的发光在不断变化的环境压力下是否会受到影响是一个重要问题，它关系到温度分布测量的准确性，针对此问题，对磷光发光涂层必须进行环境压力影响的测试和标定。

压力影响标定可分两种情况：环境压力小于标准大气压以及环境压力大于标准大气压。表面喷有发光涂层试件置于压力标定容器内（如图 2 - 42 所示），容器外接高压钢瓶或真空泵，测试过程中激发光源持续为涂层提供能量输入。针对某发光材料的压力标定结果可以看出，随着压力的变化，这种发光材料的发光强度无明显变化，无论是负压还是正压状态，光强的波动值约为光强均值的 0.4%～0.5%，属于极微小的波动（如图 2 - 43 所示）。参考文献 ［64］ 也表明，大多数无机发光材料的发光性能在环境压力达到 1 000 MPa 量级时才会受到影响。

图 2 - 42　压力标定装置

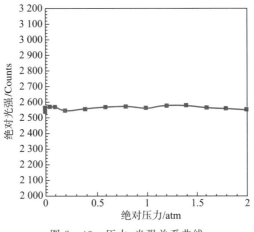

图 2 - 43　压力-光强关系曲线

② 相机拍摄角度

风洞试验的模型，外形一般有一定曲率，不同位置的曲率也并不一致，即模型不同位置的表面法线与相机镜头的轴线一般并不平行，甚至成很大角度。这就有必要对拍摄角度与光强分布的关系进行研究，并由此确定其对相机获取的模型表面光强分布影响程度的大小。在测试结果中必须考虑不同拍摄角度对测试数据的影响。图 2 - 44 给出某发光材料标定结果，拍摄角度小于 30°时，光强变化量约在 0°光强均值的 2.5% 以内，可以认为此区间以内拍摄角度对光强基本无影响；拍摄角度大于 30°而小于 40°时，角度所引起的光强变化量约为 5%，影响相对较小；而当拍摄角度大于 40°后，相机获取到的模型表面光强急剧下降，当拍摄角度达到 75°时，光强值相比于 0°角已下降一半。

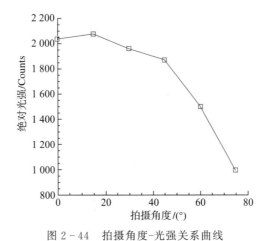

图 2 - 44　拍摄角度-光强关系曲线

③ 涂层厚度

磷光材料涂层的厚度通常为 20～30 μm，但不能保证涂层厚度的绝对一致，需进行涂层厚度对其发光强度影响的标定。标定过程以单位面积下正常喷涂剂量为一个参考单位，在标定片上分出数个区域，分别喷涂不同厚度的磷光发光材料，以此来模拟不同的涂层厚度，在保证其他环境条件一致的情况下，进行厚度影响的测定。图 2 - 45 给出某发光材料的不同厚度涂层标定结果（涂层厚度分别为 0.5、1.0、1.5 或 2.0 倍参考单位）。

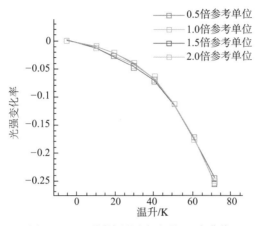

图 2 - 45　不同涂层厚度光强-温度曲线

④ 激发光强影响

激发光源的强度越高，涂层发光强度越高。在模型外形较复杂的情况下，紫外激发光源的照射强度有可能不均匀地分布于模型表面，导致向外辐射可见光光强不一致的现象，需针对紫外灯不均匀照射情况下涂层发光性能的变化进行标定。在激发光源强度和位置不变的情况下，调整涂有均匀磷光涂层的试件的位置，使其初始发光强度不均一，并在此条件下对试件加热，观察其光强随温度变化的情况。

针对某发光材料选取不同光照条件下的 4 个采样点，采样温度分别为 15 ℃、40 ℃、60 ℃、80 ℃。四个采样点的绝对光强随温度变化如图 2 - 46 所示，可以看出所选取的 4 个点因为激发光源不均匀照射的原因，向外辐射出不同强度的可见光，其初始辐射光强分别为 1 150、1 400、1 520、1 700，这也证明，涂层的发光强度确实与激发光源强度有关。

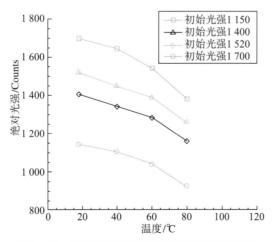

图 2 - 46　不同初始光强下绝对光强随温度变化

　　将其转换为数据处理所使用的光强变化率曲线后可以看出，不同初始光强的 4 个采样点光强变化率基本一致，可以认为，涂层光强变化率在测试范围内不受激发光源光强影响，但试验过程中应尽量保证采集区域内激发光的均匀照射（如图 2 - 47 所示）。

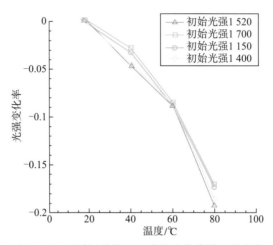

图 2 - 47　不同初始光强下光强变化率随温度变化

（3）数据处理

　　试验中通过图像采集实际得到的是模型表面各个部位光强随时间的变化，通过标定的光强–温度关系曲线，就能得到模型表面上各个部位的温度随时间的变化。覆盖有磷光涂层模型的结构如图 2 - 48 所示，第一层介质为磷光发光涂层，第二层为模型基体材料。磷光发光涂层的热容很小，假定厚度为零，假设热流沿模型厚度方向为一维传导，在 2.3.1 节中将电压与温度关系式代入热流表达式，则根据模型表面温度变化计算表面热流的公式如下

$$q_s(t) = \sqrt{\frac{\rho c k}{\pi}} \left[\frac{T_s(t)}{\sqrt{t}} + \frac{1}{2} \int_0^t \frac{T_s(t) - T_s(\tau)}{(t-\tau)^{3/2}} d\tau \right] \qquad (2-71)$$

式中　T——距离表面 x 处的温度；

　　　　k，ρ，c——分别是材料的导热系数、密度和比热容。

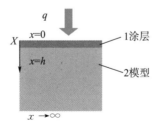

图 2 - 48　磷光热图模型的磷光涂层传热模型

　　实际试验受到图像采集设备采集频率的限制，在有限的试验时间内所得到的模型表面温度图像是有限的，并且每两张图像有时间间隔，因此上式不能直接用于试验，必须把其中的数学积分用数值积分代替。如果在试验时间内采集的图像总帧数为 m，第 i 帧的采集

时间为 t，可推导出数值积分算法公式

$$q(t) = 2\sqrt{\frac{\rho c k}{\pi}} \sum_{i=1}^{m} \frac{T_i - T_{i-1}}{(t_m - t_i)^{1/2} + (t_m - t_{i-1})^{1/2}} \qquad (2-72)$$

式中　i——离散帧时间序号；

　　　m——总帧数；

　　　T_i——i 时刻与初始时刻模型表面温差；

　　　t_i——第 i 帧与初始帧的时间差。

（4）应用举例

磷光热图技术可以有效用于复杂外形飞行器、复杂结构部件的热环境试验研究，以及转捩、流动结构显示等多个研究领域，图 2-49 所示为复杂外形飞行器模型在炮风洞中进行的磷光热图试验结果[69]。可以看到，由头部激波导致的翼面上激波/边界层相互作用引起的复杂热流分布 ［图 2-49（a）］，以及气动加热较为剧烈的翼根部前缘及其干扰区的热流分布 ［图 2-49（b）］。结果显示，头部、翼前缘、激波干扰区为加热最严重的部位。

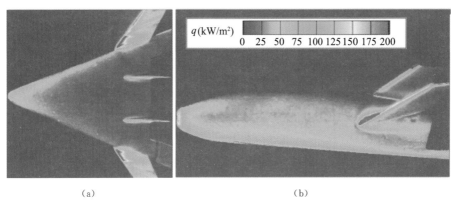

（a）　　　　　　　　　　　（b）

图 2-49　复杂外形飞行器表面热流分布

（马赫数为 8.04，总压为 18.18 MPa，总温 1 066 K，$Re = 2.21 \times 10^7/\text{m}$）

图 2-50 为平板-圆柱干扰区在炮风洞中的磷光热图试验结果[70]。平板上圆柱直径 20 mm，圆柱高 30 mm，风洞流场马赫数为 8.04，总压为 18.18 MPa，总温为 1 066 K。

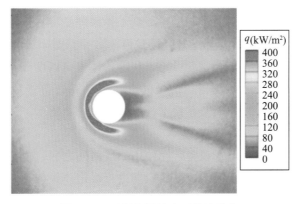

图 2-50　平板-圆柱表面热流分布

雷诺数为 $2.21 \times 10^7 / m$。可以明显观察到圆柱干扰区内受圆柱前方激波、尾迹涡影响而产生的高、低热流区以及前方平板边界层分离导致的热流变化，直观地获得气动加热剧烈区域的位置、形状信息以及热流值的大小。

2.3.3　红外热图热流测量试验方法

（1）测量原理

红外热图与磷光热图都属于光学测量技术，这类技术的测热原理基本一致，都是通过光学方式测量出试验过程中整个模型的表面温度变化，一次试验可以得到模型大面积整体的热流分布。红外热图技术使用红外热像仪采集模型红外光辐射强度实现表面温度分布的测量，通过数据处理可获得模型表面热流分布。

根据热辐射理论，任何温度高于热力学零度的物体都在以电磁波的形式向外辐射能量，其辐射能与波长密切相关。辐射强度与辐射波长、物体温度以及物体的发射率有关。单色辐射强度可用下列公式表示

$$E(\lambda, T) = \frac{\varepsilon(\lambda, T) C_1}{\lambda^5 (e^{C_2/\lambda T} - 1)} \qquad (2-73)$$

式中　$\varepsilon(\lambda, T)$——单色发射率；

　　　λ——辐射波长，μm；

　　　C_1、C_2——分别为第一和第二常数。

$$\begin{cases} C_1 = 3.741\ 3 \times 10^4\ W \cdot cm^{-2} \cdot \mu m^4 \\ C_2 = 1.438\ 8 \times 10^4\ \mu m \cdot K \end{cases}$$

辐射波长范围在 $0.76 \sim 1\ 000\ \mu m$ 之间的电磁波称为红外光，红外光具有很强的温度效应，利用红外热像仪探测一定波段范围内模型红外波长辐射强度分布，即可获得模型表面温度分布。辐射强度定义如下

$$E = \int_{\lambda_1}^{\lambda_2} E(\lambda, T) d\lambda = H(T) \varepsilon \sigma T^4$$

式中　λ_1，λ_2——红外热像仪工作波段范围；

　　　H——温度系数。

（2）红外热像仪

红外热像仪是红外热图技术的核心设备，其工作原理是将物体辐射进入探测器上的能量转换成电信号，通过 A/D 转换再将电信号转换为数字信号，经过计算机数据处理，形成物体表面红外热辐射图像，结合温度标定，获得物体表面温度分布图像。常用的红外热像仪由透镜系统、扫描系统、探测器、信号放大与处理系统等组成（如图 2-51 所示），风洞测热试验常用典型红外热像仪及其技术指标如图 2-52 所示。

（3）红外热像仪的标定

红外热像仪属于高精度的电子设备，在使用一段时间之后，由于电子元器件的老化等因素会出现信号漂移，造成测量误差，需要定期进行标定。黑体是一种标准温度源，其温度的准确性比热像仪更高，可以用它对热像仪进行标定。标定过程中，先把黑体温度稳定

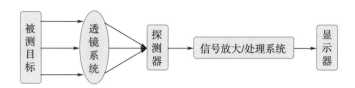

图 2-51　红外热像仪成像原理图

内容	技术指标
测温范围	-40～2 000 ℃
测温精度	±1%
工作范围	2～5 μm
帧频	100～2 000 fps
相机分辨率	640×480
温度分辨率	0.025 ℃

图 2-52　典型红外热像仪及其技术指标

在一个值，然后用红外热像仪测量黑体温度，同时记录下黑体和热像仪的温度。而后改变黑体温度，重复以上步骤，即可得到一系列黑体和红外热像仪测量的温度值对应表。在试验过程中所得到的模型表面的原始温度分布通过此温度对应表进行换算，即可得到模型表面的真实温度值。如果红外热像仪所测温度与黑体标准温度相差过大，则应将热像仪交由原始设备生产商进行重新分段标定，并将标定数据固化于热像仪内再行使用。

（4）红外测温影响因素分析

风洞试验过程中，用红外热像仪测量模型表面温度分布时，模型红外辐射传输路径如图 2-53 所示。辐射信号经过风洞内试验气体、洞体上的红外窗口、风洞外空气进入热像仪的成像系统，传输期间会受到多个因素影响，本节针对这些影响因素进行简要分析。

① 气体透过率

它主要是指风洞洞体外的大气透过率，其计算公式如下

$$\tau = X \cdot e^{[-\sqrt{d} \cdot (\alpha_1 + \beta_1 \sqrt{W})]} + (1 - X) \cdot e^{[-\sqrt{d} \cdot (\alpha_2 + \beta_2 \sqrt{W})]}$$

$$W = H_{um} \cdot e^{(k_0 + K_1 T + K_2 T^2 + K_3 T^3)}$$

式中　X，α_1，α_2，β_1，β_2，k_0，K_1，K_2，K_3——常数；

　　　d——物距；

　　　H_{um}——相对湿度；

　　　T——温度。

在 $d=5$ m 时，计算了 $H_{um}=10\%\sim90\%$、大气温度 10～40 ℃ 范围内的透过率值，计算结果表明洞外大气透过率都近似为 1。

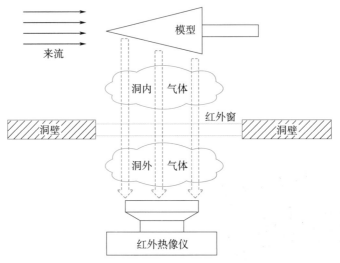

图 2-53　红外热图技术光路示意图

② 窗口透过率

红外窗口一般使用锗玻璃，其透过率会受波段和自身温度影响。但在 80 ℃以内，锗玻璃自身温度变化对透过率基本无影响，只受波段的影响。

一般在红外热像仪的探测波段内（8～14 μm），锗玻璃的透过率是一个恒定值，但受光学加工的影响，实际的透过率分布并非定值。在实际使用过程中，被测物体的温度发生变化时，其波段也发生变化，因而锗玻璃的透过率会因被测物体温度分布不同而有所不同。

设锗玻璃的透过率与波长的关系为 $\tau = f(\lambda)$，则根据黑体强度分布公式

$$M(\lambda,\ T) = \frac{c_1}{\lambda^5 \left[e^{c_2/\lambda T} - 1 \right]}$$

可以得到锗玻璃透过率为

$$\tau_w = \frac{\displaystyle\int_8^{14} M_{eo}(\lambda,\ T) \cdot f(\lambda) \cdot \mathrm{d}\lambda}{\displaystyle\int_8^{14} M_{eo}(\lambda,\ T) \cdot \mathrm{d}\lambda}$$

根据上式计算被测物体温度在 0～100 ℃之间变化时锗玻璃的透过率值，其变化量约为 1%，透过率变化引起的温度变化在 1 ℃以内，可以认为被测物体温度在 100 ℃以内时，锗玻璃透过率为一常数。

③ 模型发射系数

从公式 $E = \varepsilon\sigma T^4$ 可以看出，发射强度正比于模型材料的发射系数，为了提高灵敏度，选用 ε 值大的材料，同时在被测温度范围内，ε 值应保持不变。实际模型材料的发射系数一般在 0.9～1.0 之间。

④ 风洞洞壁

在马赫数<5 时，洞壁温度并不高，洞壁温度对模型温度的影响较小；在马赫数≥5

时，应考虑洞壁影响。洞壁影响一方面是洞壁本身的热辐射直接进入热像仪，另一方面是洞壁对模型的辐射加热，由于模型材料发射系数很大，反射很小，因此会影响模型测量精度。

⑤ 模型尺寸

红外热像仪显示的某一点温度值，实际是物体该点附近一定区域温度的平均值。这就意味着点温度的准确性是受热像仪的空间分辨率限制的。不同的热像仪镜头具有不同的空间分辨率，必须根据模型尺寸选择合适的镜头，以及它与模型之间的距离。若保持镜头与模型之间距离不变，则为保证空间分辨精度，需选用大角度镜头。

⑥ 拍摄角度

根据朗伯（Lambert）定律，物体表面任一面元向空间某方向发出的辐射能大小与该方向同面元法线方向夹角的余弦成正比。对非金属来说，当这个夹角 β 小于 60°时辐射能几乎不变，大于 60°时迅速减少。试验中要特别注意 β 角的大小，试验前必须计算出所关心区域的每一点都要满足这个条件，否则必须修正。

（5）红外热图试验方法

① 系统布置

试验开始前要准备好温度计和湿度计，用于记录试验过程中的外部环境条件。镜头的位置和角度要准确安置，使镜头轴线与红外窗平面尽量垂直。同时，应全程防止周围环境的热源经红外窗反射入镜头内。图 2-54 是一个典型的试验测量布置方案。实际测量中，如果关心的区域不在镜头的视野内，可适当添加反光镜，使关心的区域经反射后进入镜头。

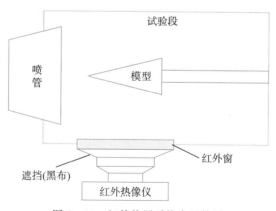

图 2-54　红外热图系统布置简图

② 系统运行

常规高超风洞试验扣除高温洞壁对测量的影响，采用同一试验状态吹风两次的方法。第一次吹风到建立稳定流场后停车，然后迅速投放和室温相同的同种姿态的模型，测量这时模型的温度，就可以反映各种环境对模型各个点测量的影响。第二次正常吹风，用第二次的测量值减去第一次的测量值即可扣除高温环境对测量结果的影响。

现场标定可在测试系统几何位置固定后，在风洞运行前进行。把黑体标准温度源置于模型所处位置进行标定，以确定窗玻璃、室温空气和杂散红外辐射的实际影响。

③ 数据处理

红外测热的数据处理同磷光测热的方法是相同的。测出模型表面温度变化后，根据式（2-71）或式（2-72）计算出模型表面的热流分布。图 2-55 所示为高超声速风洞开展的尖锥模型红外热图试验典型结果，模型由一种非金属材料加工而成，模型半锥角为 $7°$，头部半径 1.6 mm。试验状态：$Ma = 7.08$，$T_0 = 600$ K，$P_0 = 2\ 300$ kPa，$Re = 9.5 \times 10^6 / \text{m}$。由模型表面的温度分布可知，在 $0°$ 攻角下，圆锥模型尾部发生边界层转捩。在 $6°$ 攻角下，模型表面的边界层转捩位置和形态都发生了变化。

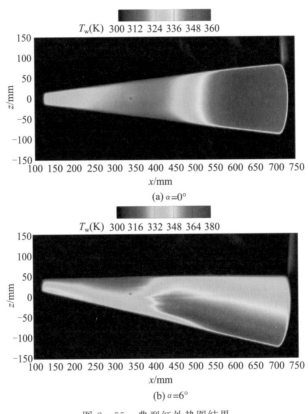

图 2-55　典型红外热图结果

2.3.4　薄壁模型热流测量试验方法

（1）测量原理

薄壁模型测热技术是常规高超风洞常用的一种模型表面热流密度的测量方法。所谓薄壁模型测热就是利用金属薄壁做成整个测热模型，或者把模型测热部位在一定范围做成薄壁，薄壁上嵌有热电偶，以感应壁内温度的变化，从而达到热流测量的目的。为了便于在 1 000 ℃ 以下的常规风洞环境中进行热流测量数据的处理，通常把模型的内部传热作如下假设：

　　1) 无辐射热交换存在；

　　2) 模型内表面绝热 (忽略内腔空气和热电偶丝导走的热量)；

　　3) 沿模型壁面无热传导产生；

　　4) 沿模型壁厚方向无温差存在。

　　在模型上取一微元体，气动加热完全变成它所贮存的热，导致微元体温度升高，其热平衡方程可表示为

$$q_s = \rho C \frac{\mathrm{d}V}{\mathrm{d}s} \cdot \frac{\mathrm{d}T_w}{\mathrm{d}t}$$

式中　　q_s——微元 $\mathrm{d}s$ 处单位时间通过单位面积的热量；

　　　　ρ——模型材料密度；

　　　　C——模型材料比热；

　　　　$\mathrm{d}V$——受热微元体积；

　　　　$\mathrm{d}s$——受热微元面积；

　　　　$\mathrm{d}T_w/\mathrm{d}t$——物面温度随时间的变化率；

　　　　T_w——物面温度：

　　　　t——测热时间；

　　　　$\mathrm{d}V/\mathrm{d}s$——微元体的厚度。

　　由于加工表面的不均匀以及存在三维热传导效应，通常将 $\mathrm{d}V/\mathrm{d}s$ 简化为等效厚度δ_e，它可以通过静态标定来确定。所以试验数据处理的常用公式为

$$q_s = \rho C \delta_e \frac{\mathrm{d}T_w}{\mathrm{d}t}$$

则热流q_s的测量，实质就是该点温度随时间的变化率 $\mathrm{d}T_w/\mathrm{d}t$ 的测量。

　　(2) 测量方法

　　要满足所述四项假设，模型必须做成薄壁，在模型壁上埋入热电偶，测量当地温度随时间的变化，在整个模型表面尚未因温差产生沿表面的热传导以前，就结束试验。这就是测量热流分布的薄壁技术。但是，制造壁厚 $\delta \leqslant 1$ mm 的薄壁模型是十分困难的，它既要保证壁厚均匀的精度要求，又要保证它在气动载荷下不发生变形或损坏，同时还必须使之具备无散热作用的内部结构。更实用的方法是在厚壁内安装冷壁量热计的坚固模型来代替冷壁模型。厚壁模型加工方便，在需要测量热流的厚壁处钻孔装入冷壁量热计。由于使用要求不同 (如温度高低、反应快慢、试验设备类型、模型外形等)，量热计也有很多种类。在此介绍应用最多的热电偶薄壁量热计，如图 2-56 所示。

　　热电偶薄壁量热计用厚度均匀的铜盘作为感受和存贮热量的元件，它的正面与热气流接触而产生热交换，背面焊有测量温度的热电偶。整个铜盘被嵌在隔热绝缘的衬套中，以减少热损失。根据被测温度的高低可选用不同材料的热电偶，如铜-康铜或铁-康铜等。量热计最外层以金属套包裹以作刚性固定。

　　影响传热的一个基本参数是被测物体温度与自由空气流滞止温度之差，因此，传热试

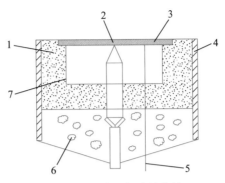

图 2-56　热电偶式量热计

1—绝对衬套；2—热电偶；3—薄铜感受圆盘；4—铜套；5—地线；6—填料；7—空腔

验研究时可以使用冷却的模型和中等温度的气流，也可以使用加热的空气流和常温模型。

　　由于常规高超风洞启动需要一定的时间，而薄壁模型和薄壁量热计的热容量又很小，如果气流稳定时间过长，模型和热流计同气流温度达到了平衡，它们之间就不会有传热发生。因此，风洞启动时应将模型与气流隔离，以避免在稳定气流建立过程中发生热交换。这样还可把实测时模型沿表面的温度梯度保持在最小，以保证沿壁面方向无热传导产生的假设更符合实际。如同时采用隔离和液氮冷却模型的措施，则能达到传热试验所希望的气流温度与模型表面温度之间的某种确定的比值。常用的模型防护方法有两种，即保护罩技术和快速插入机构。

参 考 文 献

［1］ LEES L. Laminar Heat Transfer Over Blunt – Nosed Bodies at Hypersonic Flight Speeds ［J］. Jet Propulsion, 1956, 26 (4): 259 – 269, 274.

［2］ FAY J A, RIDDELL F R. Theory of Stagnation Point Heat Transfer in Dissociated Air ［J］. Journal of Aerospace Science, 1958, 25 (2): 73 – 85, 121.

［3］ BECKWITH I E, COHEN N B. Application of Similar Solution to Calculation of Laminar Heat Transfer on Bodies with Yaw and Large Pressure Gradient in High – speed Flow ［R］. NASA TN D – 625, 1961.

［4］ MOECKEL W E, WESTON K C. Composition and Thermodynamic Properties of Air in Chemical Equilibrium ［R］. NACA TN – 4265, 1958.

［5］ HANSEN C F. Approximations for the Thermodynamic and Transport Properties of High – Temperature Air ［R］. NACA TN – 4150, 1958.

［6］ HANSEN C F. Approximations for the Thermodynamic and Transport Properties of High – Temperature Air ［R］. NASA – TR – R – 50, 1959.

［7］ ZOBY E V. Approximate Convective – Heating Equations for Hypersonic Flows ［R］. AIAA Paper 79 – 1078R, 1979.

［8］ COOKE J C. An Axially Symmetric Analogue for General Three – dimensional Boundary Layers ［R］. R&M No. 3200, 1961.

［9］ DEJARNETTE F R. Aerodynamic Heating on Complex Configurations ［R］. AIAA Paper 79 – 0891, 1979.

［10］ SUTTON K, GRAVES R A. A General Stagnation – point Convective Heating Equation for Arbitrary Gas Mixtures ［R］. NASA – TR – R – 376, 1972.

［11］ RESHOTKO E. Heat Transfer to a General Three – dimensional Stagnation Point ［J］. Jet Propulsion, 1958, 28 (1).

［12］ HAMILTON H H. Approximate Method of Calculating Heating Rates at General Three – Dimensional Stagnation Points During Atmospheric Entry ［R］. NASA TM – 84580, 1982.

［13］ RUBESIN M W, JOHNSON H A. A Critical Review of Skin – friction and Heat Transfer Solution of the Laminar Boundary Layer of a Flat Plate ［R］. Transactions of the ASME, 1949, 71: 383 – 388.

［14］ ECKERT E R G. Engineering Relations for Heat Transfer and Friction in High – velocity Laminar and Turbulent Boundary – layer Flow over Surfaces with Constant Pressure and Temperature ［R］. Transactions of the ASME, 1956, 78: 1273 – 1283.

［15］ MEADOR W E, SMART M K. Reference Enthalpy Method Developed from Solutions of the Boundary – layer Equations ［J］. AIAA Journal, 2005, 43: 135 – 139.

［16］ HAYES, WALLACE D. The Three – Dimensional Boundary Layer ［R］. NAVORD Rep. 1313 U. S. Naval Ord. test station, 1951.

［17］ VAGLIO‐LAURIN，ROBERTO. Laminar Heat Transfer on Three‐dimensional Blunt Nosed Bodies in Hypersonic Flow ［J］. ARS Journal，1959，29：123‐129.

［18］ CHENG H K. The Blunt‐Body Problem in Hypersonic Flow at Low Reynolds Number ［R］. Cornell Aeronautical Laboratory，CAL Report AF‐1285‐A‐10，1963.

［19］ 王智慧，鲍麟，童秉纲. 高超声速尖头体驻点热流从连续态过渡到稀薄态的变化特征和桥函数研究 ［J］. 中国科学 G 辑：物理学力学天文学，2009，39（8）：1134‐1140.

［20］ GODUNOV S K. A Difference Method for the Numerical Calculation of Discontinuous Solutions of Hydrodynamic Equations ［J］. Mat. Sb.，1959，47：271‐306.

［21］ COURANT R，ISAACSON E，REEVES M. On the Solution of Nonlinear Hyperbolic Differential Equations by Finite Differences ［J］. Communications Pure and Applied Mathematics，1952，5：243‐255.

［22］ LAX P D. Hyperbolic Systems of Conservation Laws II ［J］. Communications Pure and Applied Mathematics，1957，10：537‐566.

［23］ LAX P D，WENDROFF B. Systems of Conservation Laws ［J］. Communications Pure and Applied Mathematics，1960，13：217‐237.

［24］ LAX P D，Wendroff B. Difference Schemes for Hypersonic Equations with High Order of Accuracy ［J］. Communications Pure and Applied Mathematics，1964，17：381‐398.

［25］ BEAM R M，WARMING R F. An Implicit Finite‐difference Algorithm for Hypersonic System in Conservation Law Form ［J］. Journal of Computational Physics，1976，22：87‐109.

［26］ VAN L B. Towards the Ultimate Conservative Difference Scheme I：the Quest of Monotonicity ［J］. Lecture Notes in Physics，1973，18：163‐168.

［27］ STEGER J L，WARMING R F. Flux Vector Splitting of the Inviscid Gas‐dynamics Equations with Application to Finite Difference Methods ［J］. Journal of Computational Physics，1981，40（2）.

［28］ ROE P L. Approximate Riemann Solvers，Parameter Vectors and Difference Schemes ［J］. Journal of Computational Physics，1981，43：357‐372.

［29］ HARTEN A. High Resolution Schemes for Hypersonic Conservation Laws ［J］. Journal of Computational Physics，1983，49：357‐393.

［30］ YEE H C，SWEBY P K. Aspects of Numerical Uncertainties in Time Marching to Steady‐state Numerical Solutions ［J］. AIAA Journal，1998，36（5）：713‐724.

［31］ YEE H C，KLOPFER G H，MONTAGNE J L. High‐resolution Shock‐capturing Schemes for Inviscid and Viscous Hypersonic Flows ［J］. Journal of Computational Physics，1990，88：31‐61.

［32］ 张涵信. 无波动、无自由参数的耗散差分格式 ［J］. 空气动力学学报，1988，6（2）：143‐165.

［33］ HARTEN A，ENGQUIST B，OSHER S，et al. Uniformly High Order Essentially Non‐oscillatory Schemes ［J］. Journal of Computational Physics，1987，71：231‐303.

［34］ LIU X D，OSHER S，Chan T. Weighted Essentially Non‐oscillatory Schemes ［J］. Journal of Computational Physics，1994，115：217‐237.

［35］ LIOU M S，STEFFEN J C J. A New Flux Splitting Scheme ［J］. Journal of Computational Physics，1993，107：23‐39.

［36］ LIOU M S. Mass Flux Schemes and Connection to Shock Instability ［J］. Journal of Computational Physics，2000，160：623‐648.

[37] LIOU M S. Ten Years in the Making – AUSM – family [R] . AIAA Paper 2001 – 2521，2001.

[38] KLOPFER G H，YEE H C. Viscous Hypersonic Shock – on – Shock Interaction on Blunt Cowl Lips [R] . AIAA 88 – 0233，1988.

[39] HOFFMANN K A，SIDDIQUI M S，CHIANG S T. Difficulties Associated with the Heat Flux Computations of High Speed Flows by the Navier – stokes Equations [R] . AIAA Paper 91 – 0467，1991.

[40] SIDDIQUI M S，HOFFMANN K A，CHIANG S T. A Comparative Study of the Navier – stokes Solvers with Emphasis on the Heat Transfer Computations of High Speed Flows [R] . AIAA Paper 92 – 0835，1992.

[41] DAVID R O，HENLINE W D. Numerical Benchmarks for Navier – Stokes Heating Calculations on Access to Space Vehicles [R] . AIAA Paper 95 – 2078，1995.

[42] 段占元，童秉纲，姜贵庆 . 高分辨率有限差分——有限元混合方法及其在气动热计算中的应用 [J]. 空气动力学学报，1997，15（4）：462 – 467.

[43] 贺国宏，张函信 . 高超声速钝头体热流数值计算研究 [C]. 第九届全国计算流体力学会议论文集，云南景洪，1998.

[44] 王发民，沈月阳，姚文秀，等 . 高超声速升力体气动力气动热数值计算 [J]. 空气动力学学报，2001，19（4）：439 – 445.

[45] 王浩，高超声速流动数值模拟与热流数值计算 [D]. 北京：北京航空航天大学，2002.

[46] 李君哲 . 气动热 CFD 计算格式及网格影响研究 [D]. 北京：北京航空航天大学，2004.

[47] DORSEY J T，POTEET C C，CHEN R R，WURSTER K E. Metallic Thermal Protection System Technology Development：Concepts，Requirements and Assessment Overview [R] . AIAA Paper 2002 -0502，2002.

[48] 谢锦睿，吴颂平，王浩 . 高超声速热流数值计算中的误差匹配原则 [J]. 北京航空航天大学学报，2005，31（3）：274 – 277.

[49] 阎超，禹建军，李君哲 . 热流 CFD 计算中格式和网格效应若干问题研究 [J]. 空气动力学学报，2006，24（1）：125 – 130.

[50] 张亮，姜贵庆 . 数值格式对 CFD 热流计算精度的影响 [C]. 第十四届全国计算流体力学会议论文集，贵阳，2009.

[51] 陈思员，姜贵庆，张亮 . 基于积分法的热流后处理方法 [J]. 空气动力学学报，2010，28（5）：591 – 595.

[52] 程晓丽，艾邦成，王强 . 基于分子平均自由程的热流计算壁面网格准则 [J]. 力学学报，2010，42（6）：1083 – 1089.

[53] 潘沙，冯定华，丁国昊，等 . 气动热数值模拟中的网格相关性及收敛 [J]. 航空学报，2010，31（3）：493 – 499.

[54] 王超，吴颂平 . 一种适用于热流计算的改进 WENO 格式 [J]. 航空动力学报，2012，27（11）：2499 – 2504.

[55] MILLER C G. Experimental and Predicted Heating Distributions for Biconics at Incidence in Air at Mach 10 [R] . NASA TP2334，1984.

[56] HOLDEN M S，et al. Code Validation Study of Laminar Shock / Boundary Layer and Shock / Shock Interactions in Hypersonic Flow. Part A：Experimental Measurements [R] . AIAA Paper 2001 -

　　　　　　1031A，2001.

[57]　李素循.典型外形高超声速流动特性［M］.北京：国防工业出版社，2006.

[58]　任思根.实验空气动力学［M］.北京：宇航出版社，1996.

[58]　黄志澄.航天空气动力学［M］.北京：宇航出版社，1994.

[60]　曹玉璋.实验传热学［M］.北京：国防工业出版社，1999.

[61]　张志成.高超声速气动热和热防护［M］.北京：国防工业出版社，2003.

[62]　唐贵明.狭窄缝隙内的热流分布实验研究［J］.流体力学实验与测量，2000，14（4）：1－6.

[63]　SANT Y L，EDY J L. Phosphor Thermography Technique in Hypersonic Wind Tunnels：First Re-
　　　sults［C］. ORENA，ICIASF，1993.

[64]　ALLISON S W，GILLIES G T. Remote Thermometry With Thermographic Phosphors：Instrumen-
　　　tation and Applications［J］. Rev. Sci. Instrum. ，1997，68（7）：2615－2650.

[65]　YAMADA J，KUROSAKI Y. Thermal Imaging System Applying Two－color Thermometry［R］.
　　　AIAA paper 98－2462，1998.

[66]　HAN S G，Bi Z X，WU C H，et al. Phosphor Thermography Technology in Hypersonic Gun
　　　Tunnel［C］. PSP ＆ TSP Workshop，2010.

[67]　WU C H，HAN S G，BI Z X，et al. Heat－Transfer Measurements on a Flat－Plate－Wedge Using
　　　Phosphor Thermography Technique［C］. Sino－Italian Conference on Space Aerothermodynamics
　　　and Hot Structures，Shanghai，2011.

[68]　HAN S，WU C，et al. Phosphor Thermography for Global Heat Transfer Measurement in Gun
　　　Tunnel［R］. AIAA Paper 2013－0486，2013.

[69]　毕志献.磷光测热技术进展［C］.中国力学大会，CSTAM2011－E03－0208，哈尔滨，2011.

[70]　毕志献，韩曙光，伍超华，等. 磷光热图测热技术研究［J］.实验流体力学，2013，27（3）：
　　　87－92.

第 3 章 疏导式防热的物理机制

适应高超声速飞行器在大气层中长程飞行保持外形不变的需要，摈弃将外加热量就地"消化"的烧蚀防热传统思维，疏导式热防护旨在飞行器防热层中建立可控的热量定向流动机制：一方面将强加热部位的热量快速传送到低温区，使高温区温度降低，温度梯度减小，以避免防热结构烧穿或受热应力破坏；同时提高低温区的温度，以增加辐射散热。另一方面在飞行器防热层内设计高效隔热层，尽量减少向飞行器内部传输的热量，以确保有效载荷处于安全温度范围。据此建立一种以热量疏导为特征的整体型热防护系统[1-2]。

疏导式热防护包含四个物理机制，即快速传热机制、高效隔热机制、辐射散热控制机制和表面抗氧化机制。如图 3-1 所示，在表面层（A）内侧，用高效导热材料或器件制成疏导层（B），将高温区的热量快速传送到低温区；在疏导层内侧设计高效隔热层（C），以限制飞行器内部的温度升高；在低温区的更大面积上通过表面升温和辐射特性控制，以有效地提高辐射散热；通过表面处理建立抗氧化层，保证高温空气作用下的飞行器表面不被氧化。这四种物理机制一方面可以独立起作用，完成各自担负或通或堵的热量疏导任务；另一方面它们又互相配合，共同完成疏导式热防护的整体功能。

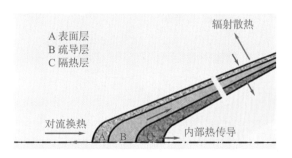

图 3-1 疏导式热防护概念示意图

疏导式热防护突破了传统热防护思路，通过对进入防热结构内部的热量进行主动热管理，区别于热沉式热防护的储存热量特征、烧蚀式热防护的消耗热量特征，以疏导热量为特征，根据总体目标，对热量进行科学有效的管理，是一种综合采用快速传热、高效隔热、辐射散热及表面抗氧化机制的整体式的热防护技术。以下具体介绍各物理机制的工作原理、数学表征、技术实现和应用功效。

3.1 快速传热机制

传热是因温差而产生的热能转移，不论一种介质之内还是两种介质之间，只要存在温差，就必然会发生传热。热转移的载体可以是分子，也可以是电磁波或光子。传热有三种基本形式：热传导、对流和辐射。热传导与对流传热机理相似，都是以分子作为热转移的载体，而辐射则是以电磁波或光子为热转移的载体。

固体的热传导源于晶格振动形式的原子活动，近代的观点将这种传热归结于是由原子运动所导致的晶格波造成的。在非导体中，能量传输只依靠晶格波进行；在导体中，除了晶格波还有自由电子平移运动。液体和气体的热传导是由于分子的运动产生的，高速运动分子的动能通过碰撞传给低速运动的分子。热传导的能量通量由傅里叶公式表示

$$q_\lambda = -k\,\nabla T \qquad\qquad (3-1)$$

式中　k——导热系数，是介质传热性能参数。

3.1.1　快速传热的概念和表征

高超声速飞行器防热结构的传热分为两部分，一是发生在外表面同热环境有关的气动加热和辐射散热；二是发生在防热层内部同防热有关的热量传递和控制。飞行器防热结构的传热特性对其表面气动加热和防热结构表面温度均有直接的影响。

在非烧蚀防热、无化学反应的条件下，由外表面传入防热层内部的热量等于气动加热减去表面辐射散热，写成能量平衡方程为[3]

$$k\frac{\partial T}{\partial n} = q_{or}\left(1 - \frac{h_w}{h_r}\right) - \varepsilon\sigma T_w^4 \qquad\qquad (3-2)$$

式中　k——防热结构材料的导热系数；

$\dfrac{\partial T}{\partial n}$——防热结构表面法向温度梯度；

$q_{or}\left(1 - \dfrac{h_w}{h_r}\right)$——热壁热流密度；

h_w——壁焓；

h_r——恢复焓。

为引出快速传热概念，首先考虑两种热传导的极限。

一个极限是：当 $k\sim0$，即防热结构绝热，气动加热不向防热层内部传递，全部在表面辐射散去，则有下式

$$q_{or}\left(1 - \frac{h_w}{h_r}\right) - \varepsilon\sigma T_{rw}^4 = 0 \qquad\qquad (3-3)$$

式中，T_{rw} 表示防热层表面绝热时，辐射散热同气动加热达到平衡时的表面温度，称为辐射平衡温度。T_{rw} 可以由式（3-3）迭代求解获得。

另一个极限是：当 $k\sim\infty$，即防热结构的传热能力无限大。由于进入材料内部的净热流是有限的，此时必需满足

$$\frac{\partial T}{\partial n} = 0 \qquad\qquad (3-4)$$

即防热结构接近一等温体，此时，防热结构达到动态的能量平衡，即热量由高温区快速传

至低温区，高温区与低温区的总辐射能量与气动加热平衡，这一原理的物理表达式为[4]

$$\iint q_s\left(1-\frac{h_w}{h_r}\right)\mathrm{d}s=\iint \varepsilon\sigma T_1^4\,\mathrm{d}s \qquad (3-5)$$

式中　q_s——高热流区和低热流区的气动加热；

　　　s——高、低热流区的面积；

　　　T_1——高、低热流区的表面温度。

高超声速飞行器的气动加热分布不均匀，头部和前缘部位的面积小，气动加热严重，大面积区的气动加热较小但面积大。由于防热结构的传热能力无限大，由式（3-4）知防热结构的温度接近一等温体，式（3-5）可近似为

$$\iint q_s\left(1-\frac{h_w}{h_r}\right)\mathrm{d}s=\varepsilon\sigma T_1^4 S \qquad (3-6)$$

式中　S——防热结构的外表面总面积。

由式（3-6）可以迭代求解出 T_1。

令

$$T_{eq}=T_1 \qquad (3-7)$$

式中　T_{eq}——防热层内的平衡温度。

比较式（3-3）与式（3-6）可以看出，对高温区，T_{rw} 明显大于 T_{eq}，T_{rw}、T_{eq} 分别为防热层表面的极限最高、最低温度。

实际情况的 k 是个有限值，对高温区，防热层表面温度既达不到辐射平衡温度 T_{rw}，也不可能降至内部平衡温度 T_{eq}。由于飞行器各部位受热不均，而常用防热材料的 k 值都不大，因此就出现了由加热强弱不均而导致的各部位温度的差异。高温区的表面温度可能超过材料的烧蚀温度，引起烧蚀破坏；低温区的表面温度很低，至使辐射散热量很小。如果将防热层（或它的一部分）设计成一种具有特殊性能的介质材料或器件，使它的 k 值各向异性，即在垂直表面的方向 k 值小，传热慢；而在平行表面方向 k 值大，传热快。这就可以在限制向飞行器内部传热的前提下，将高温区热量快速传到低温区，以降低前者的温度避免烧坏；同时提高后者的温度，以增加辐射散热。这就是疏导式热防护快速传热机制的基本含义。这里的快速是个相对的概念，即热量由高温区向低温区的传递速度足以保证强加热区的温度始终低于它的烧蚀温度。显然这一速度的大小同高温区的加热强度（热流密度）有关。

按照上述思想进行快速传热的结构设计，至少应该考虑三个环节：表面能使飞行器外形保持不变的防热层外壳体；具有各向异性能使热量沿表面平行方向快速传递的介质材料或器件；防热外壳体同快速传热层之间有足够小的界面热阻。综合这几方面因素，对快速传热性能的优劣做定量评价，仅用介质导热系数就不够了。考虑到强加热区温度的降低是快速传热的主要指标，对确定的加热环境，该区域的辐射平衡温度 T_{rw} 可以算出，而通过快速传热后得到的实际表面温度又是一个可以直接测量的确定值。

定义降温系数 η 为

$$\eta = \frac{(T_{\mathrm{rw}} - T_{\mathrm{w}})}{T_{\mathrm{rw}}} \qquad (3-8)$$

它表示一定热环境下快速传热结构对强加热区域产生的相对降温幅度。用它来表征快速传热机制，既简单方便，又合理。

3.1.2　快速传热的材料和元件

快速传热是疏导式热防护内部热量管理的一个主要物理机制，其目的是将前缘高温区的热量快速地转移至大面积低温区，以降低高温区表面温度，提高低温区表面温度。快速传热机制的实现需要高效快速的传导介质，高导碳基材料和高温热管是两类典型的可以在飞行器热防护结构内使用的快速传热介质。

3.1.2.1　高导碳基材料

常用金属和合金材料的导热系数，均在 500 W/（m·K）以下。高超声速飞行器的防热材料一般采用非金属复合材料，从热结构相容性的角度考虑，内部热疏导介质优先考虑非金属材料。高导碳基材料是一种具有定向高导热能力的非金属材料，目前已有导热系数 600 W/（m·K）的高导碳基材料，同时具有优异的耐高温能力。

高导石墨是一种典型的各向异性高导碳基材料，可以实现控制热量传输方向的目的。高导（热）石墨材料沿 $X-Y$ 方向的理论热导率可以达到 2 400 W/（m·K）。图 3-2 所示为高导石墨材料的原子结构图。

图 3-2　高导石墨材料定向热传导原子结构图

传导是由能量较低的粒子和能量较高的粒子直接接触碰撞来传递能量的方式，一般散热片之间的热量传递主要是采用这种方式，这也是最普遍的一种热传递方式。高导石墨材料依靠量子化的弹性晶格振动（声子）传递热量，热导率与晶界散射声子平均自由程成正比，声子平均自由程近似等于 La（六角网面直径），La 大即晶格尺寸大，导热性好。高导石墨材料传热与石墨微晶的取向度、晶格尺寸和晶格缺陷有关。高导热碳材料的导热系数计算采用德拜公式，即

$$k = 1/3cvl \qquad (3-9)$$

式中　k——导热系数；

c——单位体积的热容；

v——声子的传播速度；

l——声子的平均自由程。

图 3 - 3 所示为沿径向导热系数为 600 W/（m · K）的高导石墨。

图 3 - 3　高导热块体石墨

3.1.2.2　高温热管

高温热管是一种具有极强传热能力的热疏导器件，一般采用金属壳体。热管通常由壳体、毛细芯、工作介质三个部分组成，部分特殊形状的热管内部还存在支撑结构。热管工作原理如图 3 - 4 所示，它的两端分别为蒸发端和冷凝端。当蒸发端受热时，毛细管中的液体介质迅速蒸发，吸收热量，蒸汽在微小的压力差作用下流向另外一端，重新凝结成液体，释放出热量，液体在毛细力的作用下沿多孔材料流回蒸发段。这样，通过工质的相变循环将热量由热管热端疏导至冷端。高温热管具有优异的传热性能，在稳态运行状态下整个热管接近等温体。

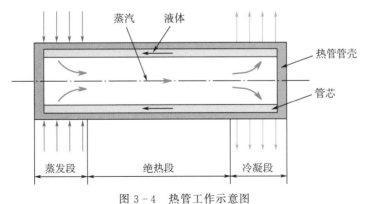

图 3 - 4　热管工作示意图

热管的等效导热能力超过任何现有金属，具有传热效率高、等温性好等特点。按照使用温度可将热管分为低温热管（－73～250 ℃）、中温热管（250～500 ℃）和高温热管（500 ℃以上）等，根据不同的使用环境需求所采用的热管类型也有所差别。

在高温热管应用于高超声速飞行器的热防护设计时，从热结构相容性的角度考虑，热管可以焊接于金属防热面板内壁进行快速传热，也可以独立设计为一体化防热结构，高温热管的壳体与防热结构的外表面应统一设计。

3.1.3　接触热阻

快速传热介质虽有快速传导热量的功能，但一般不能作为防热材料直接使用，需要将它和防热结构材料进行耦合设计，这就涉及到热结构匹配问题。快速传热介质和防热结构材料之间的热阻对传热有明显的影响。高热流区的热量快速进入疏导层，低热流区疏导层内的热量传导至大面积散热区，都需要表面防热层和疏导层之间具有良好的热结构相容性，界面接触热阻越小，热量的疏导机制越畅通，越有利于疏导作用的发挥。如果防热层和疏导层之间有较大的界面接触热阻，高热流区防热层内的热量无法畅通进入疏导层，大面积区疏导层内的热量也无法传导至防热层进行散热，整个疏导热防护系统面临失效的危险。因此，尽可能地降低或消除界面接触热阻是疏导式热防护的一个关键技术，接触热阻是疏导式热防护设计时需要重点关注的问题。

3.1.3.1　热阻的定义

考虑平板一维定常热传导，此时进入平板的热流为

$$q = -k \frac{\partial T}{\partial y} = -k \frac{(T_2 - T_1)}{(y_2 - y_1)} \tag{3-10}$$

式中　T_1，T_2，y_1，y_2——分别为平板两侧的温度和几何坐标。

式（3-10）又可写成

$$q = h_c (T_1 - T_2) \tag{3-11}$$

其中

$$h_c = \frac{k}{\delta}, \quad \delta = y_2 - y_1$$

式中　q——固体传导热流；

　　　h_c——传导系数。

热阻定义为传导系数的倒数，即：$R_c = \frac{1}{h_c} = \frac{\delta}{k}$，则有

$$q = \frac{1}{R_c}(T_1 - T_2) \tag{3-12}$$

上式表明热阻与传导系数成反比，与几何参数厚度 δ 成正比。

3.1.3.2　理想接触热阻及其预测

现在考虑两个具有不同导热系数平板的内部传导特性，假定两平板之间为理想接触（即完全接触），此时进入平板的热流为

$$q = \frac{T_1 - T_3}{\frac{\delta_1}{k_1} + \frac{\delta_2}{k_2}} \tag{3-13}$$

令

$$\delta_1 = y_2 - y_1$$
$$\delta_2 = y_3 - y_2$$

式（3-13）又可写成

$$q = h_c(T_1 - T_3) = \frac{1}{R_c}(T_1 - T_3) \tag{3-14}$$

式中　T_1，T_3——分别为接触平板内外表面温度；

　　　T_2——交界面温度；

　　　y_1，y_2，y_3——分别为相应面的几何坐标。

$$R_c = \frac{\delta_1}{k_1} + \frac{\delta_2}{k_2} \tag{3-15}$$

若 $\delta_1 = \delta_2$，并令 $\delta = \delta_1 + \delta_2$，则

$$R_c = \frac{1}{2}\left(\frac{1}{k_1} + \frac{1}{k_2}\right)\delta = \frac{(k_1 + k_2)\delta}{2k_1 k_2} \tag{3-16}$$

$$k_c = \frac{2k_1 k_2}{k_1 + k_2} \tag{3-17}$$

式（3-16）、式（3-17）分别为两平板间理想接触热阻和传导系数的计算公式。

综上所述，可知两种不同介质的理想接触热阻与二个不同介质的等效导热系数成反比，与合成厚度成正比。

接触热传导的理论工作最早由库珀（Cooper）[5]提出。他的物理模型为二个不同介质圆柱体之间的单孔接触，引进热流通道，用解析方法给出接触传导系数的关联式。

两圆柱体单孔接触的接触热阻的物理模型如图 3-5 所示，左图为物理模型，右图为温度分布。圆柱体的半径为 b，圆孔的半径为 c，不考虑接触孔形状的变化。获得的接触传导系数表达式为

$$h_c = \frac{Q/A}{\Delta T} = \frac{2k_c}{\pi b^2 \psi(c/b)} = \frac{1}{R_c} \tag{3-18}$$

其中，ψ 的近似表达式为

$$\psi = (1 - c/b)^{1.5} \tag{3-19}$$

接触传导系数与接触热阻与以下 2 个因素有关：

1）两种介质的等效导热系数 k_c；

2）接触面的面积比 c/b。

3.1.3.3　接触热阻的工程预测

既然热阻定义为传导系数的倒数，则可使用接触传导系数来分析不同类型接触面之间的接触热阻。接触传导是一个很复杂的物理问题，它不仅与两接触介质的热物性参数有关，而且还与接触面贴合的紧密程度及其细观结构有关。由于在接触传导过程中的热/力耦合作用，接触面的细观结构会发生变化，从而影响它们之间的接触传导特性。由于影响因素较多，目前还没有一种成熟的接触传导系数预测方法。常用的处理方法是根据具体接

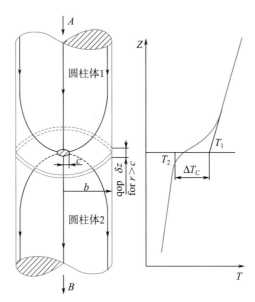

图 3-5　接触热阻的物理模型（单孔）

触材料和接触热环境，由地面测试结果给出不同的接触传导系数的关联式。

接触传导系数由两部分组成

$$h_c = \cfrac{1}{\cfrac{1}{h_{cg}} + \cfrac{1}{h_{cm}}} \tag{3-20}$$

式中　h_{cg}——宏观接触传导系数；

　　　h_{cm}——细观接触传导系数。

（1）宏观接触传导系数

马罗塔（Marotta）[6]给出

$$h_{cg} = \cfrac{k_c}{l_p\left(1 - \cfrac{P}{E_p}\right)} \tag{3-21}$$

式中　l_p——特征厚度；

　　　P——结构外部受的表面压力；

　　　E_p——弹性模量。

（2）细观接触传导系数

对弹性体米基奇（Mikic）给出

$$h_{cm} = \frac{1.25 k_c m}{\sigma}\left[\frac{P}{C_1}\left(1.617\,7\,\frac{10^6\sigma}{m}\right)^{C_2}\right]^{\frac{0.95}{1+0.071\,1C_2}} \tag{3-22}$$

式中　k_c——等效导热系数；

　　　m——表面绝对波峰斜率；

　　　σ——表面粗糙度的均方根；

P——结构外部受的表面压力；

C_1，C_2——分别为试验拟合的参数。

富勒（Fuller）[7]建议采用下面关系式

$$h_{cm} = \frac{1.25k_c m}{\sigma} \left[\frac{P}{C_1} \left(1.6177 \frac{10^6 \sigma}{m} \right)^{C_2} \right]^{0.935} \tag{3-23}$$

对金属与聚合物富勒又建议

$$h_{cm} = 1.49 \left(\frac{k_c}{\sigma} \right) \left(\frac{2.3P}{F_P} \right)^{0.915} \tag{3-24}$$

3.1.4　快速传热预测技术及电加试验验证

3.1.4.1　传热守恒方程与边界条件

快速传热预测采用的守恒方程为三维热传导方程，方程如下

$$\rho C_p \frac{\partial T}{\partial t} = k \left(\frac{\partial^2 T}{\partial x^2} + \frac{\partial^2 T}{\partial y^2} + \frac{\partial^2 T}{\partial z^2} \right) \tag{3-25}$$

式中　ρ，C_p——分别为材料的密度和比热容；

　　　k——材料的导热系数。

初始条件，当 $t=0$ 时，$T=300$ K。

边界条件分别为热流边界条件和绝热壁条件，热流边界条件为

$$k \frac{\partial T}{\partial n} = q_o \tag{3-26}$$

式中　n——边界的法向；

　　　q_o——材料外壁面的净热流。

内部绝热壁条件为

$$\frac{\partial T}{\partial n} = 0 \tag{3-27}$$

针对疏导模型两层结构的热传导方程与边界条件如下。

表面层

$$\rho_1 C_{p1} \frac{\partial T_1}{\partial t} = k_1 \left(\frac{\partial^2 T_1}{\partial x^2} + \frac{\partial^2 T_1}{\partial y^2} + \frac{\partial^2 T_1}{\partial z^2} \right) \tag{3-28}$$

疏导层

$$\rho_2 C_{p2} \frac{\partial T_2}{\partial t} = k_2 \left(\frac{\partial^2 T_2}{\partial x^2} + \frac{\partial^2 T_2}{\partial y^2} + \frac{\partial^2 T_2}{\partial z^2} \right) \tag{3-29}$$

式中　ρ_1，C_{p1}——分别为表面层材料的密度和比热；

　　　k_1——表面层材料的导热系数；

　　　ρ_2，C_{p2}——分别为内层疏导材料的密度和比热；

　　　k_2——疏导材料的导热系数。

表面层外表面和疏导层内表面的边界条件和式（3-26）、式（3-27）相同，表面层

内表面和疏导层外表面采用热流边界条件

$$k_1 \frac{\partial T_1}{\partial n} = k_2 \frac{\partial T_2}{\partial n} = h_c \Delta T = h_c(T_1^b - T_2^w) \qquad (3-30)$$

式中　　h_c——界面接触传导系数；

　　　　ΔT——表面层下表面温度T_1^b和疏导层上表面温度T_2^w的差。

3.1.4.2　快速传热的电加试验验证

本节给出了以高导碳基材料和高温热管为快速传导介质的两种典型实例，以高导碳基材料为疏导介质的球柱模型，以高温热管为疏导介质的金属翼前缘模型。

（1）高导碳基材料疏导介质模型

① 高导碳基材料球柱疏导模型地面试验

以高导碳基材料为快速传导介质的疏导模型试验采用对比法在电弧风洞中进行。试验模型为球头圆柱体，表面层采用抗氧化碳/碳材料，疏导层采用高导碳基材料，球头半径 17 mm，表面层厚度 4 mm，模型直径 ϕ34 mm，总长 180 mm，如图 3 - 6 所示。对比用的非疏导模型为同形状、大小的全抗氧化碳/碳实心模型。

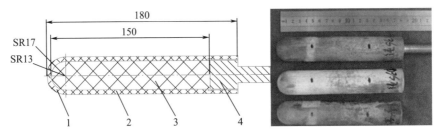

图 3 - 6　疏导模型结构示意图及模型照片

1—抗氧化碳/碳表面层-球头段；2—抗氧化碳/碳表面层-柱段；3—高导碳基疏导层；4—尾端支撑件

疏导模型在抗氧化碳/碳与高导碳基材料的接触界面做了特殊处理，以消除配合面缝隙，增加结合度，降低接触热阻。其连接状况的 X 光照片检测如图 3 - 7 所示。由图可见经界面处理后的抗氧化碳/碳与高导碳基材料连接很好，没有明显的缝隙。模型试验状态见表 3 - 1。

图 3 - 7　高导碳基材料＋抗氧化碳/碳 X 光照片

表 3 - 1　高导碳基材料疏导模型试验状态

总焓/（MJ/kg）	驻点热流/（kW/m²）	驻点压力/kPa
10	2 900	8.2

图 3-8 为驻点温度试验测试结果。可以看出没有采用疏导防热设计的非疏导模型在 180 s 左右被烧坏，相应的驻点表面温度约 1 897 ℃；而高导碳基材料疏导模型在 300 s 的全程试验时间内驻点温度基本保持在 1 597 ℃左右，降温约 300 ℃，保证了防热材料未产生烧蚀破坏。以上结果表明，以高导碳基材料为介质的快速传热机制，具有良好的非烧蚀防热效果。

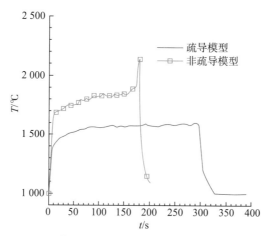

图 3-8　疏导模型与非疏导模型试验的驻点温度测试结果

表 3-2 为非疏导模型和以高导碳基材料为介质的疏导模型的降温系数，疏导模型的降温系数提高近 80%。

表 3-2　高导碳基材料疏导模型与非疏导模型的降温系数对比

模型	辐射平衡温度/K	试件表面温度/K	降温系数
非疏导模型	2 562	2 170	0.153
高导碳基材料疏导模型	2 562	1 870	0.270

② 疏导模型疏导过程能量耗散机制建模分析

针对表 3-1 中的试验状态对试验模型进行了三维传热分析。数值模拟的两种模型均为球头圆柱体，球头直径 φ34 mm，模型总长 180 mm，模型为双层结构，表面层同为厚度 4 mm 的抗氧化碳/碳，导热系数为 50 W/（m·K），表面辐射系数取 0.8。非疏导模型内部为普通碳/碳，导热系数为 50 W/（m·K），疏导模型内部疏导层为高导碳基材料，导热系数为 600 W/（m·K）。

计算热环境状态参数为：驻点总焓为 10 MJ/kg、驻点热流 2 900 kW/m²，驻点压力为 8.2 kPa，球头及柱段的热环境按照第 2 章中所述的工程计算方法给定，计算时间 300 s。

疏导模型的计算模型及边界条件如图 3-9 所示，非疏导模型的边界条件和疏导模型相同。

计算表明，加热 180 s 时非疏导模型的驻点表面温度为 2 199 K，疏导模型为 1 890 K，

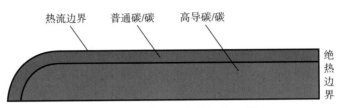

图 3-9　疏导模型及边界条件示意图

分别与试验加热 180 s 时试件表面温度值 2 170 K（非疏导模型）、1 870 K（疏导模型）很接近。由于界面处理较好地解决了界面接触热阻的问题，理论计算与试验值符合较好。

对辐射热流沿辐射面积进行积分得到辐射散热功率，图 3-10 所示为两种试验模型球头、圆柱段和总的辐射散热功率随时间的变化。使用高导碳基材料疏导之后，模型球头部分的辐射散射减少，圆柱段的辐射散热增加，总的辐射散热量并未发生明显变化。开始时刻未疏导模型总的散热功率较高，80 s 后疏导作用明显，疏导模型总的散热功率高于未疏导模型。

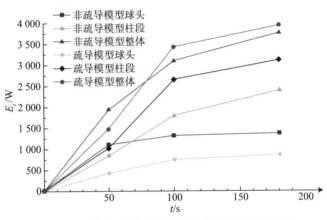

图 3-10　各个时刻两种计算模型的辐射散热功率

对结构内部的传导热流沿截面进行积分得到传导热流的功率。图 3-11 和图 3-12 分别给出了两种计算模型在 $X = 17$ mm、75 mm 处垂直于 X 方向的横截面上各个时刻（单

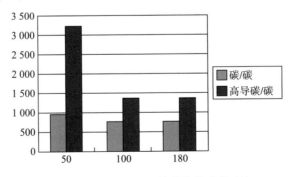

图 3-11　$X = 17$ mm 处的传热功率对比

位为 s）X 方向的传热功率（单位为 W）。从图中可以看到疏导模型各个时刻的传热功率都大于对比试验模型，随着时间的推移，疏导模型和非疏导模型各个截面上的传热功率都在下降。

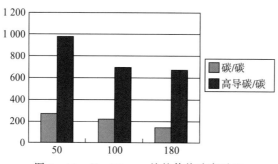

图 3 - 12　X ＝ 75 mm 处的传热功率对比

在 180 s 时刻，计算得到的非疏导模型球头的气动加热功率为 2 155 W，球头辐射散热功率为 1 351 W，X ＝ 17 mm 处垂直于 X 方向的横截面的传热功率为 728 W，气动加热功率近似等于辐射散热功率和球柱接合面的传热功率之和，说明球头部位在 180 s 时刻的温度分布接近平衡状态；同样，在 180 s 时刻，计算得到的疏导模型的气动加热功率为 2 291 W，球头辐射散热功率为 832 W，X ＝ 17 mm 处垂直于 X 方向的横截面的传热功率为 1 321 W，气动加热功率也近似等于辐射散热功率和球柱接合面的传热功率之和，说明球头部位在 180 s 时刻的温度分布也接近平衡状态。

相应的热流对加热面积和加热时间进行积分，非疏导模型加热 180 s 时，模型试件自身吸热量为 260 kJ，总的气动加热能量为 720 kJ，辐射散热总量为 460 kJ。疏导模型加热 180 s 时，模型试件总吸热量为 282 kJ，总的气动加热能量为 740 kJ，辐射散热总量为 458 kJ。

在 180 s 时刻，非疏导模型表面的辐射散热功率为 3 750 W，加热功率为 3 909 W，二者接近平衡。疏导模型表面的辐射散热功率为 3 942 W，加热功率为 4 024 W，二者同样接近平衡。

以上分析表明，长时间条件下，典型结构的模型试件的气动加热可以通过辐射散热的方式散发出去，采用高导介质材料可以把前部加热热量有效地疏导到模型的后部区域，同时增加后部的辐射量，把热量散发出去，从而实现热平衡的防热设计理念。

（2）高温热管疏导模型

① 高温热管翼前缘疏导模型地面试验

高温热管翼前缘模型热疏导试验也在电弧风洞中进行。模型由 0.8 mm 厚的镍基高温合金板弯成钝楔结构，前缘半径 R ＝ 33 mm，半楔角 3°，内壁钎焊 8 根 φ8 mm × 500 mm 高温热管，热管之间留有 3 mm 间隙，以检测焊接质量和安装热电偶。模型示意如图 3 - 13 和图 3 - 14 所示。对比模型为同形状大小、同材料的无热管模型。试验状态见表 3 - 3。

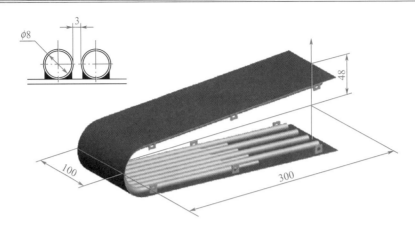

图 3 – 13　高温热管疏导模型外形示意图

图 3 – 14　高温热管疏导模型及对比模型

表 3 – 3　金属翼前缘模型疏导效率试验状态

总焓/（kJ/kg）	驻点热流/（kW/m²）	驻点压力/kPa
1 750	350	30

　　试验流程为非疏导模型直接送入气动加热流场（约 880 s 时刻），疏导模型先辐射加热至热管启动后送入流场（约 730 s 时刻），当各自驻点温度接近平衡后停车。图 3 – 15 所示为疏导模型与非疏导模型驻点温度测试结果对比，可见，在完全相同的气动加热条件下，高温热管疏导模型的驻点表面平衡温度约为 950 ℃，非疏导模型的驻点表面平衡温度约为 1 220 ℃，驻点温度降低 270 ℃左右。

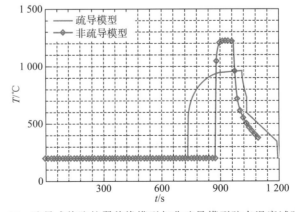

图 3 – 15　疏导式热防护翼前缘模型与非疏导模型驻点温度试验结果

② 高温热管翼前缘疏导模型传热计算

对图 3-13 中的金属翼前缘疏导模型进行了传热计算，金属翼和高温热管管壁均为镍基合金，内部传热工质为钠。采用等效导热系数为 100 kW/（m·K）的固体介质模拟高温热管的传热。由于金属翼和高温热管之间采用焊接的方式进行金属和金属的连接，因此不考虑接触热阻，热环境根据表 3-3 的试验状态给定。

计算物性参数选取如下：

镍铬合金：$\rho = 7\ 800\ kg/m^3$，$c_p = 0.502\ kJ/kg$，$k = 16\ W/（m·K）$

高温热管：$\rho = 1\ 800\ kg/m^3$，$c_p = 0.502\ kJ/kg$，$k = 100\ kW/（m·K）$

镍铬合金的表面辐射系数取 0.6。

图 3-16 所示为疏导模型的温度场分布图。可以看出，热管接近一等温体，说明通过高导热系数的固体介质可以近似地模拟热管的传热特性。且理论计算结果中，翼前缘通过热管冷却，温度降低了 358 K，与试验降低的 270 K 相近。计算中的温降较大，原因是计算中未考虑热管和金属翼之间的接触热阻。

图 3-16　金属翼模型的温度场分布图

3.1.5　快速传热效率的影响因素与分析

3.1.5.1　界面接触热阻的影响

接触热阻与接触传导是两种固体介质之间传导的基本特性。为了评估接触热阻对疏导传热的影响，数值模拟了接触传导系数（即热阻的倒数）对表面温度变化规律的影响。

计算模型、计算方法以及边界条件均采用 3.1.4 节中的球柱模型和计算方法，采用有限元方法离散三维温度场方程，数值模拟了非疏导模型和疏导模型的温度响应，图 3-17 给出接触传导系数对驻点表面温度的影响规律。

由图 3-17 可以看出，接触热阻对模型的传热有明显的影响，当接触热阻接近无穷大时（接触传导系数为 0），热量无法从界面处实现传递，疏导层的传热特性对驻点表面温度没有影响，对比试验模型和疏导模型的驻点表面温度相同，说明在明显存在界面接触热阻的情况下，疏导模型无法发挥疏导作用。接触热阻越小，内部疏导传热的效果越好，驻点表面温度越低，接触热阻接近 0 时，即理想接触情况下，驻点表面温度接近一平衡值。疏

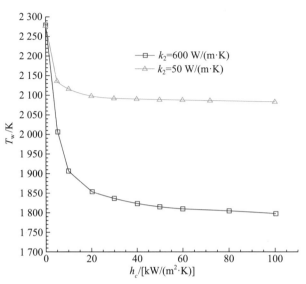

图 3 - 17　接触传导系数对驻点表面温度的影响

导效果的实现需要处理好界面接触热阻问题，疏导层导热系数越高，接触热阻对驻点表面温度的影响越大，疏导模型的接触热阻由无穷大变为理想接触后，驻点表面温度由 2 278 K 降至 1 799 K。

3.1.5.2　介质导热系数的影响

采用典型钝头楔前缘外形，分别针对非疏导模型和疏导模型进行稳态热响应的比对计算，可以分析影响疏导式热防护快速传热性能的主要因素。为简化计算，将疏导计算模型设定为表面层和疏导层组成的两层结构，如图 3 - 18 所示，暂不考虑两层之间的接触热阻等因素对模型传热性能的影响。

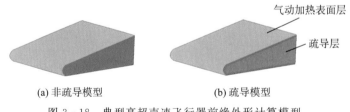

(a) 非疏导模型　　　　　　　　　(b) 疏导模型

图 3 - 18　典型高超声速飞行器前缘外形计算模型

模型相关计算参数选取见表 3 - 4。

表 3 - 4　模型计算参数

模型类型	非疏导模型	高导碳/碳疏导模型	高温热管疏导模型
前端半径/mm	5	5	5
扩张半角/（°）	7	7	7
展向宽度/mm	100	100	100

续表

模型类型	非疏导模型	高导碳/碳疏导模型	高温热管疏导模型
长度/mm	100～500	100～500	100～500
表面层材料（2 mm）	碳/碳	碳/碳	碳/碳
疏导层材料	—	高导碳/碳	高温热管
表面层等效热导率/［W/（m·K）］	40	40	40
疏导层等效热导率/［W/（m·K）］	—	600	20 000
表面发射率	0.7～0.9	0.7～0.9	0.7～0.9

图 3-19 给出了使用气动加热快速工程算法计算得到的前缘模型表面典型热环境分布，模型表面最高热流（6.83 MW/m²）与最低热流（75.0 kW/m²）相差近两个数量级，且高热流区集中在前缘圆弧段（<5 mm 的区域）。

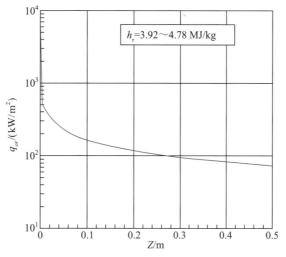

图 3-19　柱锥外形表面典型热环境分布

不同的疏导介质具有不同的热物性参数，特别是热导率会对材料表面的温度分布产生影响，进而影响模型表面不同区域的辐射散热性能。

针对长 200 mm、发射率 0.7 的模型，分别对非疏导模型以及采用两种典型疏导介质（高导碳/碳与高温热管）的疏导模型，在图 3-19 所示气动加热环境下的稳态温度响应进行了对比计算。图 3-20 给出了三种模型表面稳态温度分布的计算结果。

相比于非疏导模型，两种疏导模型尾端低热流区（距离驻点约 45 mm 之后）的温度明显升高。且高温热管模型相比高导碳/碳模型的尾端温升幅值更大，尾端温度梯度也更小。表 3-5 给出了 3 种计算模型驻点温度、尾端温度、辐射散热量及疏导降温系数的统计对比。

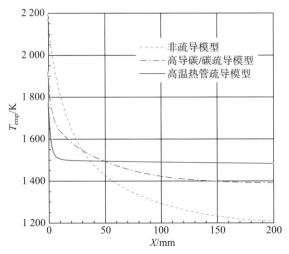

图 3-20 疏导介质对表面温度分布的影响

表 3-5 疏导介质对疏导模型表面温度及散热性能的影响

模型类型	辐射平衡温度/K	驻点温度/K	尾端温度/K	总辐射量/W	降温系数
非疏导模型	3 576	2 197	1 213	3 538	0.386
高导碳/碳疏导模型 1	3 576	1 927	1 393	3 905	0.461
高温热管疏导模型 2	3 576	1 774	1 483	4 071	0.504

相比非疏导模型，疏导模型 1 驻点温度由 2 197 K 降至 1 927 K，驻点温度下降 270 K，尾端温度由 1 213 K 升至 1 393 K，尾端温度上升 180 K；由于疏导模型 2 采用的疏导介质具有更高的热导率，其驻点温度下降 423 K，尾端温度上升 270 K，即疏导模型 1 和疏导模型 2 对驻点部位均有良好的疏导降温效果，但疏导模型 2 的快速传热效果要优于疏导模型 1。

另外，疏导模型 1 相比非疏导模型表面总辐射量由 3 538 W 增加至 3 905 W，增加幅值约 10%；疏导模型 2 表面总辐射散热量相比非疏导模型增加幅值达到了 15% 以上，对应的疏导防热驻点降温系数也更大。由此可见，采用具有更高热导率的疏导介质对于提升疏导式热防护的防热效果具有重要意义。

3.1.5.3 表面辐射系数的影响

发射率是表征物体辐射特性的重要参数，通常随温度变化而变化；因此发射率也是影响疏导式防热结构低热流区散热性能的重要因素：在同样温度和散热面积条件下，结构表面的辐射散热量与材料表面发射率成正比。

为了分析不同发射率对疏导模型低热流区域辐射散热性能的影响，针对长 300 mm 的非疏导模型及高导碳/碳疏导模型，分别考虑 0.7、0.8、0.9 三种表面发射率，对给定加热环境状态下的稳态温度响应进行了对比计算。图 3-21 给出了计算结果。

随着发射率的增加，模型表面温度均有下降。表 3-6 给出了 3 种发射率的计算模型

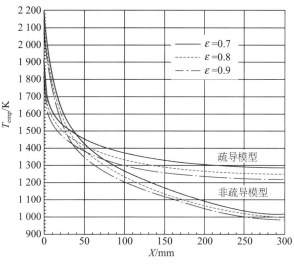

图 3 - 21　发射率对模型表面温度分布的影响

驻点温度、降温系数、辐射散热量的对比。防热材料表面发射率越高，表面温度越低，可对防热结构的抗氧化性能和结构可靠性产生有利的影响。

表 3 - 6　发射率对疏导模型表面温度及散热性能的影响

发射率	驻点温度/K		辐射平衡温度/K	降温系数	总辐射量/W	
	非疏导模型	疏导模型			非疏导模型	疏导模型
$\varepsilon = 0.7$	2 196	1 905	3 576	0.467	3 768	4 488
$\varepsilon = 0.8$	2 162	1 872	3 461	0.459	3 921	4 608
$\varepsilon = 0.9$	2 130	1 844	3 363	0.452	4 053	4 715

3.2　高效隔热机制

　　疏导式热防护是一种以结构内部热量定向传导为特征的热防护方式[1-2]。如 3.1 节所述，快速传热机制是利用具有高导热能力的传输介质或元器件将飞行器高热流区的热量传递到低热流区；而高效隔热机制则是一种阻滞热流传递的机制，通过低导热系数的结构设计阻止热量向飞行器内部传递，从而确保飞行器战斗部及仪器舱等内部关键部位的温度处于规定范围，以确保飞行安全。

　　传统的弹道导弹气动加热时间短（通常在再入段几十秒量级），隔热问题不突出。新型高超声速飞行器要求长时间在大气层内飞行，加热时间可达上千秒，甚至几千秒，使隔热成为制约飞行器设计的关键问题之一。如对 20 mm 厚的平板模型，在加热表面温度维持 1 100 K、背面绝热及初始 0 ℃的典型状态，常用结构防热材料的背面温度变化情况见表 3 - 7。结果表明现有常用防热材料的背面温度达到 100 ℃所用时间最长仅为 210 s，1 000 s 后的背面温度更是高达 700 K 以上[9]。在新型高超声速飞行器轻质薄层的防热设计要求下，需要探索更加高效的隔热设计方法。

表 3 - 7　常用材料的背面温度变化历程

材料	$t/s \mid 100\ ℃$	$T/K \mid 1\ 000\ s$
钛合金	20	1 054
高温合金	30	1 067
高硅氧/酚醛	190	738.8
玻璃布/酚醛	210	731.5
碳/酚醛	200	728.7
石棉/酚醛	150	835.0
低密度/有机硅	150	763.0

注：$t/s \mid 100\ ℃$为结构背面温度达到 100 ℃所用时间；$T/K \mid 1\ 000\ s$为时间 1 000 s 时的背面温度。

热量传播的途径包括热传导、热对流和热辐射，要实现高效的隔热，必须对这 3 种热量的传播途径都进行限制。限制的措施包括使固体的热传导的路径尽量延长，增加固体传导的路途效应；材料内部孔径的特征尺度尽量小，使气体分子失去宏观迁移能力，减小或消除材料内部气体的对流传热；增加气孔壁的表面积，在材料内部形成较多的气-固界面，增加材料内部反射、吸收、透射与再辐射的几率，控制和抑制材料内部辐射传热等。因而新型的高效隔热材料一般具有纳米微结构、高气孔率、低密度及高比表面积等特征。

3.2.1　典型隔热材料的制备与结构

隔热材料的种类很多，按材质分类，可分为无机隔热材料、有机隔热材料和金属隔热材料等；按形态分类，可分为纤维状、微孔状、气泡状、层状和微纳米状等。传统的隔热材料包括玻璃纤维、石棉、岩棉、硅酸盐等，而新型绝热材料如气凝胶、真空板等。其中气凝胶是典型的纳米结构材料，在增加固体传热路径和气体导热的抑制等方面具有独特的优势，成为目前被广泛研究和具有良好应用前景的高效隔热材料。气凝胶的种类包括 SiO_2 气凝胶、ZrO_2 气凝胶、Al_2O_3 气凝胶等[10-11]，本节以 SiO_2 气凝胶为例介绍高效隔热的原理和一些常用的模拟方法。

二氧化硅气凝胶属于胶体结构，内部是形状各异的纳米孔隙[12]。纳米孔隙的固体骨架是由构成气凝胶的分子团簇相互连接而成，分子团簇可以看成是由二氧化硅构成的球状纳米颗粒，颗粒的直径在 2～5 nm 之间[13-14]。这些颗粒有许多接触点，形成稳定的三维网络结构，纳米孔隙的当量直径在 50～150 nm 之间。图 3 - 22 是二氧化硅气凝胶的示意图。

二氧化硅气凝胶的制备一般要经过溶胶-凝胶聚合和后处理两个过程[15-16]。通常选用正硅酸乙酯（TEOS）、正硅酸甲酯（TMOS）或水玻璃（$Na_2O · nSiO_2$）等为原料，以 HCl、氨水及甲酰胺为催化剂，乙二醇或甲酰胺等为干燥控制化学添加剂（DCCA），采用超临界干燥工艺制备或在常压下制备[15,17-18]。通过工艺控制，SiO_2 气凝胶的孔隙率可以高达 80%～99.8%，孔洞的尺寸在 1～100 nm 之间，比表面积高达 200～1 000 m^2/g，密度

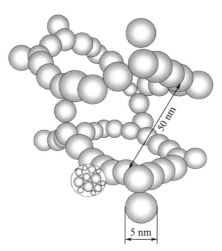

图 3 - 22　二氧化硅气凝胶的结构示意图

变化范围一般为 3～600 kg/m³。其纳米级孔隙可显著降低气体分子热传导和对流传热，纤细的骨架颗粒及复杂的连接结构可明显降低固体热传导，多重的气-固界面和通过添加遮光剂的方法可以有效降低材料内部的辐射传热，因此具有极低的热导率，可以低至 13 mW/（m·K）。对于较低密度的气凝胶强度低、韧性差的缺点，可以采用适当方法进行增强增韧。如将气凝胶先驱体注入装有陶瓷纤维板的模具，按照预定的复合尺寸浇入合适的深度，经凝胶和干燥后便可得陶瓷纤维-二氧化硅气凝胶复合体结构，从而在保持气凝胶高效隔热的特点的基础上，一定程度上克服了强度低、韧性差的缺点[19]。

3.2.2　隔热性能与影响因素

航天器在大气层内飞行时，影响传热的指标参数包括飞行器表面压力、热流和气流总焓等，其中热流和气流总焓主要影响材料表面和内部的温度。众所周知，温度是固体介质导热系数的重要指标参数，压力对致密固体材料导热系数的影响可以忽略不计，而对纳米隔热材料，压力和压力随时间的变化对材料的导热特性具有明显影响。

3.2.2.1　隔热性能

利用石英灯，在一密封试验舱内对纳米气凝胶材料平板模型的一侧进行加热，测量模型表面和背面的温度响应特性。试验的模型照片如图 3 - 23 所示，气凝胶的微结构特征如图 3 - 24 所示，材料的平均密度为 600 kg/m³，孔隙率为 72.31%，平均孔径尺度约为 22 nm。试验设定材料表面温度为 1 100 K（实际测量约800 ℃），压力环境为常压。图 3 - 25 给出了纳米隔热材料模型表面温度随时间的变化，图 3 - 26 给出了纳米隔热材料模型的背面温升随时间的变化。结果表明，在表面维持约1 100 K，加热时间 1 000 s 的条件下，模型件的背面温升最终只达到约 72 ℃。与传统隔热材料相比，气凝胶材料在隔热性能方面显示出突出的优越性。

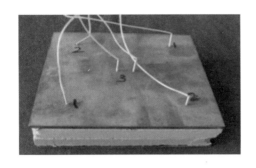

图 3 - 23　试验模型照片

图 3 - 24　材料微结构图片

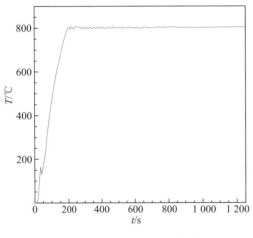

图 3 - 25　试验模型表面温度

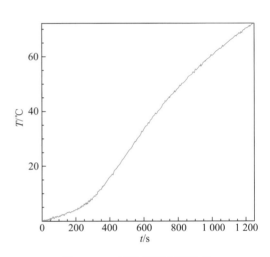

图 3 - 26　试验模型背面温升

3.2.2.2　隔热性能影响因素

（1）压力的影响

采用同样的材料及试验模型，利用石英灯加热，测量模型表面（T_1）、内部中间层（T_2）和背面（T_3）的温度响应特性。改变试验舱的压力，研究压力对材料隔热性能的影响。依次进行了 100.0 kPa、5.0 kPa 和 0.25 kPa 压力条件下材料的辐射加热试验，每个压力保持 3 h 以后再进行 2 000 s 的辐射加热，每次试验后模型材料表面自然冷却到室温。整个加热过程中采集模型的 3 个热电偶温度数据，监视试验舱上压力数据，并确认其维持不变。

图 3 - 27 给出了不同压力条件下材料不同位置的温升数据，0.25 kPa 条件下材料表面温度最高，而中间温度和背面温度最低，说明随着压力下降，材料的隔热性能增强。100.0 kPa 与 5.0 kPa 条件下材料的隔热性能更为接近，说明在一定的孔隙特征尺度下，压力对导热系数的影响仅在一定范围内明显，这与只有在稀薄条件下压力对空气的导热系数影响才明显的结论是一致的。

航天器在由地面向高空飞行或者由高空向低空飞行的过程中，其周围环境经历着非常大的压力变化，这也会对纳米气凝胶材料的隔热性能产生影响。采用同样的材料和模型进

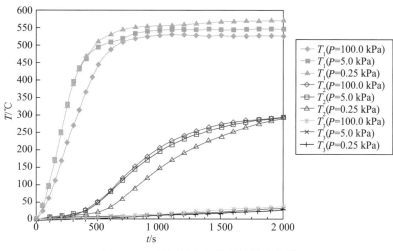

图 3 - 27　不同压力条件下的温升曲线

行不同压力环境下的地面模拟试验，试验状态 1 压力为 100 kPa，试验状态 2 先将模型置
于 10 Pa 的压力中保持 2 h，然后改变压力至 100 kPa，进行石英灯加热试验，1 300 s 后的
温度测量结果见表 3 - 8。试验结果表明一定时间后状态 2 的中间位置温度明显高于状态
1，说明压力变化对纳米隔热材料的传热过程具有明显影响，温度的差异是由于压差引起
气体在材料内部的运动造成的。

表 3 - 8　不同压力条件下 1 300 s 时不同位置的温升结果

状态	P/kPa	T_1/℃	T_2/℃	T_3/℃
1	100.0	734.9	384.9	61.7
2	0.01→100	724.12	422.0	61.8

　　对于压差引起纳米隔热材料内部气体运动的现象，可采用理论的方法进行模拟和分
析，如采用 DSMC 方法。通过对材料纳米结构进行建模，并施加一定的边界条件对结构
内气体运动过程进行数值求解。在具体计算过程中，可做一些简化处理。如对纳米孔的模
拟，可在微米量级网格的基础上，通过引入虚拟颗粒的方法模拟分子在网格中一个时间步
长的壁面碰撞率，而不必使模拟的网格尺寸达到纳米量级，以减少网格量和计算量[20-21]。
　　实际模拟结果表明，纳米隔热材料内部压力随时间的变化过程与材料的孔隙率、颗粒
的尺度、结构内外压差及宏观尺寸等因素密切相关[21]。如对宏观尺寸 10 mm、颗粒尺寸
10 nm，内外压变化 100 Pa→10 Pa 时不同孔隙率下材料中心点的压力随时间的变化结果
如图 3 - 28 所示。图 3 - 28（a）为孔隙率 90％时的响应结果，图 3 - 28（b）为孔隙率
95％时的响应结果。从图中可看出，现有假设条件下孔隙率 90％的材料内部压力达到稳定
所需要的时间大约为 30 s，孔隙率 95％时的压力稳定时间大约为 14 s。在模拟的起始阶
段，内外压差较大，驱动的气体速度较大，响应较快；随着模拟过程的不断进行，内外压
差降低，响应逐渐趋于缓和而速度变慢，最终达到稳态。

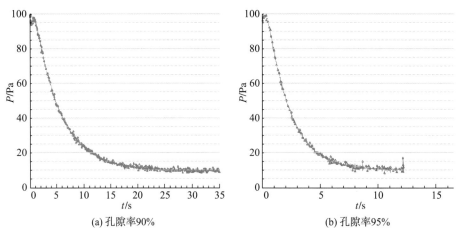

(a) 孔隙率90%　　　　　　　　　　(b) 孔隙率95%

图 3 - 28　纳米孔尺寸下内压的时间响应历程

总体上说，同等情况下，颗粒尺度降低、孔隙率减小、压力差增加或宏观尺度增大等均会增加结构内部压力达到稳定状态的时间[20]。

（2）服役温度的影响

温度代表着物体分子热运动的剧烈程度，因此它对结构的传热能力具有明显的影响。对纳米气凝胶材料来说，温度对材料传热特性的影响体现在对材料内部孔隙中的空气导热、骨架结构的固体导热及结构内部的辐射传热等方面。

气体的传热过程主要来自分子的碰撞，根据分子运动论理论，可推导出气体热导率的理论公式，它是气体分子的速度、热容和平均自由程的函数，表达式为[22]

$$k = \frac{1}{3} C_v v \lambda_m \qquad (3-31)$$

式中　　k——气体的热导率；

　　　　C_v——每单位体积的热容；

　　　　v——分子的速度；

　　　　λ_m——分子的平均自由程。

在通常压力范围内，空气热导率随压力的变化很小，而温度则对空气的热导率有明显影响。随着温度的升高，空气的热导率呈增大趋势，图 3 - 29 给出了常压下空气的热导率随温度的变化关系。

二氧化硅气凝胶的固体颗粒属于无机非金属材料，导热的载体主要是声子。与气体导热的关系式类似，其热导率是声子平均速度、热容和平均自由程的函数，并且随着温度的升高亦呈增加的趋势。

温度对二氧化硅气凝胶的辐射传热特性具有明显影响，尤其是在高温和低压力环境条件下，热辐射可能成为其主要的传热方式。气凝胶的热辐射与红外光波长有密切的联系，二氧化硅气凝胶在 3～8 μm 红外光谱区具有明显的透光性，因此随着温度的增加，消光系数减小，辐射传热会明显增大。图 3 - 30 给出了光学厚度极限假设下，气凝胶材料辐射传热等效导热系数随温度的变化关系[23]。

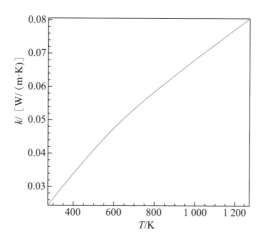

图 3 - 29　空气的导热系数随温度的变化关系

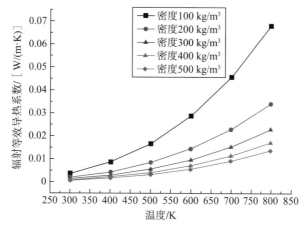

图 3 - 30　辐射等效导热系数随温度的变化关系

3.2.3　传热模型与模拟方法

纳米气凝胶材料主要由形状各异的纳米孔隙和构成纳米孔隙的固体骨架相互连接而成,其内部的传热方式主要为气体导热、固体导热及辐射传热,因此传热模型主要体现在气体导热、气体与固体的耦合导热及辐射传热的模拟等方面。

3.2.3.1　纳米结构内气体导热的模拟

一般情况下,气体的热传导是不随着压力变化的,但在稀薄区及转捩区,气体分子与固体壁面的热交换受压力的影响,考虑温度突跃的气体分子等效导热系数可表示为[24]

$$k_{\mathrm{g}}=\frac{k_{\mathrm{g}}^{*}}{1+2\dfrac{2-\alpha}{\alpha}\left(\dfrac{2\gamma}{\gamma+1}\right)\dfrac{1}{Pr}\dfrac{\lambda_{m}}{L_{c}}} \qquad (3-32)$$

式中　k_g^*——大气压力下的气体导热系数;

　　　α——热适应系数;

　　　γ——气体的比热比;

　　　L_c——特征长度。

分子的平均自由程 λ_m 可表示为[25]

$$\lambda_m = \frac{K_B T}{\sqrt{2}\,\pi d_g^2 P} \tag{3-33}$$

式中　K_B——玻耳兹曼常数;

　　　d_g——分子有效直径;

　　　P——气体压力。

通常情况下,纳米多孔材料的孔隙尺寸与普通气体的分子平均自由程相当,因此材料内部的气体分子平均自由程与材料的孔隙率、孔隙尺寸及比表面积等因素均有关。考虑上述因素并忽略气体分子所占体积,材料内部气体分子的平均自由程可表示为[26]

$$\lambda_m = 1 \Big/ \left(\frac{0.25\,S_s\rho}{\phi} + \sqrt{2}\,N_g 4\pi\,d_g^2 \right) \tag{3-34}$$

式中　S_s——气凝胶的比表面积;

　　　ϕ——气凝胶的孔隙率;

　　　ρ——气凝胶的密度;

　　　N_g——单位体积内的气体分子数。

利用上述分子自由程表达式,在理想气体的假设条件下,可得到纳米孔隙条件下气体的导热系数[27]

$$k_g = \frac{(2.25\gamma - 1.25)0.461\left(\dfrac{P}{K_B T}\right)\left(\dfrac{8\,K_B T}{\pi\,m_g}\right)^{1/2}}{\dfrac{0.25\,S_s\rho}{\phi} + \sqrt{2}\left(\dfrac{P}{K_B T}\right)\pi\,d_g^2} \frac{C_v}{N_A} \tag{3-35}$$

式中　m_g——气体的分子量。

若考虑气体分子之间以及气体分子与孔隙壁面之间的相互作用力,可采用如下公式计算温度为 T 时的分子有效直径[28-29]

$$d_g^2(T) = d_\infty^2\left(1 + \frac{C}{T}\right) \tag{3-36}$$

式中　d_∞——温度很高($T \to \infty$)时分子的有效直径;

　　　C——气体肖杰伦特常数。

3.2.3.2　气体导热与固体导热的耦合模拟

多孔介质的热导率取决于其微观结构,通常条件下,二氧化硅气凝胶的结构具有随机性,热导率具有平均特点,不可能分别表示每种微观结构的属性。通常采用规则结构代替随机结构,以获得具有平均属性的热导率。

（1）并联模型[30-31]

取如图 3 - 31（a）所示的单元体模型，当热流方向与材料的气固界面方向平行时，为并联结构[21]，考虑单元体由底部到上表面的一维传热，在固体和气体中传递的能量分为两个部分：Q_1，通过气体的能量传递；Q_2，通过固体的能量传递。两种能量的关系式为

$$Q_1 = \phi k_g \Delta T \tag{3-37}$$
$$Q_2 = (1 - \phi) k_s \Delta T \tag{3-38}$$

k_s 为固体介质的热导率，则单元体的综合热导率为

$$k_c = \frac{Q_1 + Q_1}{\Delta T} = \phi k_g + (1 - \phi) k_s \tag{3-39}$$

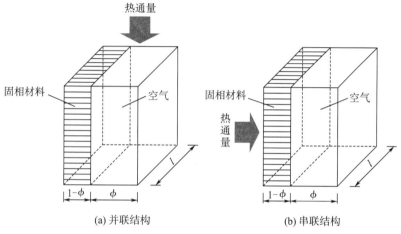

(a) 并联结构　　　　　　　(b) 串联结构

图 3 - 31　单元体结构与热流方向

（2）串联模型

取与并联模型相同的单元体，当热流方向与材料的气固界面方向垂直时，为串联结构[22]，如图 3 - 31（b）所示。考虑单元体由底部到上表面的一维传热，在固体和气体中传递的能量 Q 相等，而温度差分为两部分：ΔT_1，气体结构的温差；ΔT_2，固体结构的温差。单元体内的能量的关系式为

$$Q = \frac{k_g \Delta T_1}{\phi} = \frac{k_s \Delta T_2}{(1 - \phi)} \tag{3-40}$$

则单元体的综合热导率为

$$k_c = \frac{Q}{\Delta T} = \frac{Q}{\Delta T_1 + \Delta T_2} = \frac{k_g k_s}{\phi k_s + (1 - \phi) k_g} \tag{3-41}$$

（3）串并联模型[32-33]

串并联模型认为复合热传导中既有串联也有并联，在串联模型和并联模型的基础上，其综合热导率的表达式为

$$k_c = A [\phi k_g + (1 - \phi) k_s] + (1 - A) \left(\frac{k_g k_s}{\phi k_s + (1 - \phi) k_g} \right) \tag{3-42}$$

式中　A——并联所占的百分比。

（4）立体交叉的正方形杆阵列[27]

材料组成的模型结构如图 3 - 32（a）所示，由于结构的对称性，取如图 3 - 32（b）所示的代表性单元，考虑单元体由底部到上表面的一维传热，在固体和气体中传递的能量分为三个部分：Q_1，通过垂直杆传递的能量；Q_2，通过底部水平杆、中间气体及顶部水平杆所传递的能量；Q_3，通过内部气体传递的能量。3 种能量的关系为

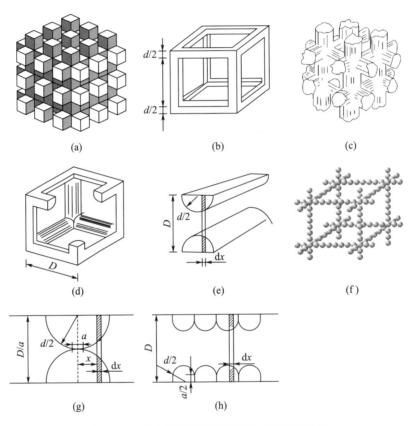

图 3 - 32　纳米隔热材料简化结构与代表性单元

$$Q_1 = \frac{4\left(\dfrac{d}{2}\right)^2 k_s \Delta T}{d + D} \tag{3-43}$$

$$Q_2 = \frac{4\left(\dfrac{d}{2}\right) D \Delta T}{\left(\dfrac{d}{k_s} + \dfrac{D}{k_g}\right)} \tag{3-44}$$

$$Q_3 = \frac{D^2 k_g \Delta T}{d + D} \tag{3-45}$$

则整个单元体的等效热导率为

$$k_c = \frac{Q_1 + Q_2 + Q_3}{\Delta T (d + D)} = \left(\frac{d}{d+D}\right)^2 k_s + 2\left[\left(\frac{d}{d+D} k_s\right)^{-1} + \left(\frac{d}{d+D} k_g\right)^{-1}\right]^{-1} + \left(\frac{d}{d+D}\right)^2 k_g \tag{3-46}$$

（5）立方交叉的圆柱杆阵列[27]

材料组成的模型结构如图 3 - 32（c）所示，取如图 3 - 32（d）所示的代表性单元，其气固耦合能量传递路径如图 3 - 32（e）所示，与立体交叉的正方形杆阵列的情况相似，同样通过气体和固体的能量传递关系分为 3 个部分

$$Q_1 = \frac{\pi \left(\frac{d}{2}\right)^2 k_s \Delta T}{D} = D^2 \left(\frac{\pi d^2 k_s}{4 D^2}\right) \Delta T / D \qquad (3-47)$$

$$Q_2 = \int_0^{\frac{d}{2}} \frac{4 \Delta T (D-d) \mathrm{d}x}{\dfrac{2\sqrt{\left(\frac{d}{2}\right)^2 - x^2}}{k_s} + \dfrac{D - 2\sqrt{\left(\frac{d}{2}\right)^2 - x^2}}{k_g}} = D^2 \left[k_g \frac{d(D-d)}{D^2 B_1} (\pi - B_2) \right] \frac{\Delta T}{D}$$

$$(3-48)$$

其中

$$B_1 = \left(\frac{k_g}{k_s} - 1\right) d / D$$

$$B_2 = 4 \tan^{-1}\left[(1 - B_1)^{1/2} / (1 + B_1)^{1/2} \right] / \sqrt{1 - B_1^2}$$

$$Q_3 = \frac{(D-d)^2 k_g \Delta T}{D} = D^2 \left[(1 - d/D)^2 k_g \right] \Delta T / D \qquad (3-49)$$

则单元体整体的热导率为

$$k_c = \frac{Q_1 + Q_2 + Q_3}{\Delta T D} = \frac{\pi d^2 k_s}{4 D^2} + k_g \frac{d(D-d)}{D^2 B_1} (\pi - B_2) + (1 - d/D)^2 k_g \qquad (3-50)$$

（6）立方交叉球形阵列[27]

材料组成的模型结构如图 3 - 32（f）所示，单元体从底部到上部的能量传递能够分解成 4 个部分：Q_{1gap}，如图 3 - 32（g）所示，为两个球面接触间隙的气体传递的能量；Q_{1cont}，为球面直接接触固体传递的能量；Q_2，如图 3 - 32（h）所示，为底面的球体向上面球体通过中间气体传递的能量；Q_3，为单元体内部气体传递的能量。导热量的计算结果为

$$Q_{1gap} = \int_{\frac{a}{2}}^{\frac{d}{2}} \frac{\left(\frac{\Delta T}{n}\right) 2\pi x \, \mathrm{d}x}{\dfrac{2\sqrt{\left(\frac{d}{2}\right)^2 - x^2}}{k_s} + \dfrac{D/n - 2\sqrt{\left(\frac{d}{2}\right)^2 - x^2}}{k_g}}$$

$$= D^2 \left\{ \frac{\pi k_g d}{2ndk} \left[-\sqrt{1 - \left(\frac{a}{d}\right)^2} - \frac{D}{ndk} \ln\left(1 - \frac{ndk}{D} \sqrt{1 - \left(\frac{a}{d}\right)^2} \right) \right] \right\} \frac{\Delta T}{D}$$

$$(3-51)$$

其中

$$k = 1 - k_g / k_s$$

$$Q_{1cont} = \frac{a k_s \Delta T}{D(2 \times 0.55 n)} = D^2 \left[a k_s / (1.1 n d) \right] \Delta T / D \qquad (3-52)$$

$$Q_2 = \int_0^{\sqrt{d^2-a^2}/2} \frac{2(n-1)\Delta T 2\pi x \, \mathrm{d}x}{\dfrac{2\sqrt{\left(\dfrac{d}{2}\right)^2 - x^2}}{k_\mathrm{s}} + \dfrac{D - 2\sqrt{\left(\dfrac{d}{2}\right)^2 - x^2}}{k_\mathrm{g}}}$$

$$= D^2 \left[\frac{(n-1)\pi k_\mathrm{g} d}{Dk} \left(\frac{a}{d} - 1 + \frac{D}{kd} \ln \frac{D-ka}{D-kd} \right) \right] \frac{\Delta T}{D} \tag{3-53}$$

$$Q_3 = \frac{(D-d)^2 k_\mathrm{g} \Delta T}{D} = D^2 [(1 - d/D)^2 k_\mathrm{g}] \Delta T / D \tag{3-54}$$

那么，单元体的等效热导率为

$$k_\mathrm{c} = \frac{Q_{1\mathrm{gap}} + Q_{1\mathrm{cont}} + Q_2 + Q_3}{\Delta TD}$$

$$= D^2 \left\{ \frac{\pi k_\mathrm{g} d}{2ndk} \left[-\sqrt{1 - \left(\frac{a}{d}\right)^2} - \frac{D}{ndk} \ln \left(1 - \frac{ndk}{D} \sqrt{1 - \left(\frac{a}{d}\right)^2} \right) \right] + \right.$$

$$\left. a k_\mathrm{s}/(1.1nd) + \frac{(n-1)\pi k_\mathrm{g} d}{Dk} \left(\frac{a}{d} - 1 + \frac{D}{kd} \ln \frac{D-ka}{D-kd} + (1 - d/D)^2 k_\mathrm{g} \right) \right\} \frac{\Delta T}{D}$$

$$\tag{3-55}$$

3.2.3.3　辐射传热的模拟

气凝胶材料具有较强的光谱吸收性，由于 Si - O 键结构分子的振动谱带位于 9 ～ 21 μm，在光谱波长为 8～25 μm（大于 3～6 μm 的通常被称为红外窗口）范围，二氧化硅气凝胶材料具有很强的辐射穿透性，因而辐射传热（尤其是高温条件下）往往占有很大的比重。纳米气凝胶材料内部具有不同尺度的微结构特征，加之内部反射、吸收、透射与再辐射的复杂性，使完全模拟材料内部的辐射传输过程变得十分困难，通常采用简化模型进行模拟。

（1）光学厚度极限模型[34-35]

光学厚度近似法也叫罗斯兰（Rosseland）近似法[36]，当光学厚度远大于 1 时，特征长度远大于光子的平均自由程，在介质中的每一部分辐射传热只受附近介质的影响，辐射传热过程变为散射过程。对于灰体来说，辐射热流密度为

$$q_r = -\frac{16n^2 \sigma T^3}{3\rho e} \frac{\partial T}{\partial x} \tag{3-56}$$

式中　e——密度辐射衰减系数，m^2/kg；

　　　n——材料的折射率；

　　　σ——玻耳兹曼常数［其值为 5.67×10^{-8} W/（$\mathrm{m}^2 \cdot \mathrm{K}^4$）］。

（2）两热流模型

两热流方法也叫作 Schuster - Schwarzschild 近似法[37]，它是由 Ozisik 导出的。其基本思想是将辐射强度或辐射热流分成在前、后两个半无限空间内均匀分布的平均强度或热流密度。在各向同性散射、灰体及漫反射表面的假设条件下，应用两热流的近似方法，辐射热流与入射辐射能的关系可表达为[24]

$$q_r = -\frac{1}{3\beta}\frac{\partial G}{\partial x} \tag{3-57}$$

式中　β——Rossland 衰减系数；

　　　G——入射辐射能。

采用如下的辐射热流梯度表达式

$$\frac{\partial q_r}{\partial x} = \beta(1-\omega)(G-4\sigma T^4) \tag{3-58}$$

式中　ω——散射的反照率。

可以得到入射辐射能 G 的二阶微分方程

$$-\frac{1}{3\beta^2(1-\omega)}\frac{\partial^2 G}{\partial x^2} + G = 4\sigma T^4 \tag{3-59}$$

在该假设条件下，材料的边界处满足如下方程

$$-\frac{2}{3\beta\left(\dfrac{\varepsilon_1}{2-\varepsilon_1}\right)}\frac{\partial G}{\partial x} + G = 4\sigma T_1^4 \tag{3-60}$$

$$\frac{2}{3\beta\left(\dfrac{\varepsilon_2}{2-\varepsilon_2}\right)}\frac{\partial G}{\partial x} + G = 4\sigma T_2^4 \tag{3-61}$$

式中　ε——发射率；

　　　1、2——材料的边界。

根据式（3-59）可求解材料内部入射辐射能的分布，然后根据式（3-57）求出材料内部的辐射热流。

（3）修正的两热流模型[38]

在材料是灰体介质的假设条件下，修正的两热流模型的辐射热流可以表示为前向辐射热流和后向辐射热流的函数

$$q_r = F^+ - F^- \tag{3-62}$$

前向热流满足的微分关系式为

$$\frac{\partial^2 F^+}{\partial x^2} = 3\beta^2\{[1-\omega(1-b)]^2 - b^2\omega^2\}F^+ - 3\beta^2(1-\omega)[1-\omega(1-2b)]n^2\sigma T^4 +$$
$$4\sqrt{3}\beta(1-\omega)n^2\sigma T^3\frac{\partial T}{\partial x} \tag{3-63}$$

式中　b——后向散射分数。

前向热流满足的边界条件为

$$\frac{1}{\sqrt{3}\beta}\frac{\partial F^+}{\partial x} + \left[1-\omega(1-b)-\frac{b\omega}{1-\varepsilon_1}\right]F^+ = n^2\sigma T_1^4\left(1-\omega-\frac{\varepsilon_1 b\omega}{1-\varepsilon_1}\right) \tag{3-64}$$

$$\frac{1}{\sqrt{3}\beta}\frac{\partial F^+}{\partial x} + [1-\omega(1-b)-b\omega(1-\varepsilon_2)]F^+ = n^2\sigma T_2^4(1-\omega+\varepsilon_2 b\omega) \tag{3-65}$$

根据求得的前向热流，可以求得后向热流分布

$$F^{-} = \frac{1}{b\omega} \left\{ \frac{1}{\sqrt{3}\beta} \frac{\partial F^{+}}{\partial x} + \left[1 - \omega (1 - b) F^{+} \right] - (1 - \omega) n^{2} \sigma T^{4} \right\} \qquad (3-66)$$

这样可以根据式（3-62）求得材料内部的辐射热流。

3.2.4　高效隔热材料相关参数的辨识方法

在纳米材料气体导热、固体导热和辐射传热的计算中，涉及很多材料的基本物性参数，这些参数有时很难直接测量和计算，参数辨识法则是一种有效的求解手段。本节主要介绍基于灵敏度法的参数辨识方法[39]，并在两热流法辐射传热模型的基础上，给出了模型中衰减系数和散射反照率的求解方法。

3.2.4.1　参数辨识原理

系统分析和系统识别是一个问题的二个方面，通常系统分析是求解正问题，系统辨识是求解反问题。图3-33给出典型的系统辨识过程图，辨识的基本思想是根据系统的运作和试验测量的数据按照给出的系统等价准则，从一群候选模型的集合中，确定出一个与系统特性相等价的数学模型[40]。

对于正问题是给定输入条件，由系统数学模型及参数给出输出结果；而反问题是给定输入条件，由输出结果修改数学模型及参数，再由等价原则得到正确的系统数学模型及参数。

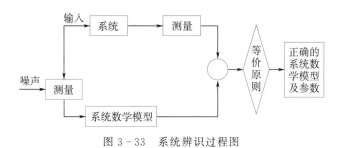

图3-33　系统辨识过程图

3.2.4.2　灵敏度方程

以材料的背面温度为已知量，通过背面温度响应情况对两热流模型中衰减系数与散射反照率进行求解。定义材料的背面温度对辨识参数的偏导数为灵敏度参数

$$c = \frac{\partial T_{b}}{\partial \beta}, \quad d = \frac{\partial T_{b}}{\partial \omega} \qquad (3-67)$$

式中　T_{b}——材料的背面温度。

函数 c、d 所满足的数学守恒方程称为灵敏度方程，其值可由以下参数求得，定义

$$\frac{\partial T}{\partial \beta} = U_{1}, \quad \frac{\partial T}{\partial \omega} = V_{1}, \quad \frac{\partial G}{\partial \beta} = U_{2}, \quad \frac{\partial G}{\partial \omega} = V_{2} \qquad (3-68)$$

考虑辐射的一维热传导方程为

$$\rho C_{P} \frac{\partial T}{\partial t} = \frac{\partial}{\partial x} \left(k \frac{\partial T}{\partial x} \right) - \frac{\partial q_{r}}{\partial x} \qquad (3-69)$$

热传导方程（3-69）对 β，ω 分别求偏导，可得 U_1，V_1 满足的方程分别为

$$\rho C_P\ \frac{\partial U_1}{\partial t}=\frac{\partial}{\partial x}\left(k\ \frac{\partial U_1}{\partial x}\right)+\frac{1}{3\beta}\ \frac{\partial^2 U_2}{\partial x^2}-\frac{1}{3\beta^2}\ \frac{\partial^2 G}{\partial x^2} \tag{3-70}$$

$$\rho C_P\ \frac{\partial V_1}{\partial t}=\frac{\partial}{\partial x}\left(k\ \frac{\partial V_1}{\partial x}\right)+\frac{1}{3\beta}\ \frac{\partial^2 V_2}{\partial x^2} \tag{3-71}$$

初始条件

$$U_1(x,\ 0)=0,\ V_1(x,\ 0)=0 \tag{3-72}$$

边界条件由实际边界情况给出。

同理，根据辐射传热方程（3-59）及边界条件方程（3-60）和方程（3-61），可得 U_2，V_2 的偏微分方程

$$\frac{2}{3\beta^3(1-\omega)}\ \frac{\partial^2 G}{\partial x^2}-\frac{1}{3\beta^2(1-\omega)}\ \frac{\partial^2 U_2}{\partial x^2}+U_2=16\sigma T^3 U_1 \tag{3-73}$$

$$-\frac{1}{3\beta^2\ (1-\omega)^2}\ \frac{\partial^2 G}{\partial x^2}-\frac{1}{3\beta^2(1-\omega)}\ \frac{\partial^2 V_2}{\partial x^2}+V_2=16\sigma T^3 V_1 \tag{3-74}$$

初始条件

$$U_2(x,\ 0)=0,\ V_2(x,\ 0)=0 \tag{3-75}$$

边界条件 $(x=0)$

$$\frac{2}{3\beta^2\left(\dfrac{\varepsilon_1}{2-\varepsilon_1}\right)}\ \frac{\partial G}{\partial x}-\frac{2}{3\beta\left(\dfrac{\varepsilon_1}{2-\varepsilon_1}\right)}\ \frac{\partial U_2}{\partial x}+U_2=16\sigma T^3 U_1 \tag{3-76}$$

$$-\frac{2}{3\beta\left(\dfrac{\varepsilon_1}{2-\varepsilon_1}\right)}\ \frac{\partial V_2}{\partial x}+V_2=16\sigma T^3 V_1 \tag{3-77}$$

边界条件 $(x=L)$

$$-\frac{2}{3\beta^2\left(\dfrac{\varepsilon_2}{2-\varepsilon_2}\right)}\ \frac{\partial G}{\partial x}+\frac{2}{3\beta\left(\dfrac{\varepsilon_2}{2-\varepsilon_2}\right)}\ \frac{\partial U_2}{\partial x}+U_2=16\sigma T^3 U_1 \tag{3-78}$$

$$\frac{2}{3\beta\left(\dfrac{\varepsilon_2}{2-\varepsilon_2}\right)}\ \frac{\partial V_2}{\partial x}+V_2=16\sigma T^3 V_1 \tag{3-79}$$

3.2.4.3　辨识准则函数

有了灵敏度方程，还需要辨识准则函数，以求出辨识参数 β 及 ω。本节主要应用最大似然法来确定辨识准则函数。

最大似然法的含义为若系统模拟是正确的，则有关系统中未知参数的信息全部包含于似然函数之中。对于给定的观察量 X，参数估计的最大似然法，就是选取参数 $\hat{\lambda}$ 使似然函数 L 达到最大值

$$\hat{\lambda}=\max_{\lambda\in\Theta}L(\lambda/X) \tag{3-80}$$

引进辨识准则函数

$$J = \sum_i \big| T_b^i(\omega,\ \beta,\ t) - Z^i(t) \big|^2 \tag{3-81}$$

式中　i——不同加热状态；

　　　$T_b^i(\omega,\ \beta,\ t)$——满足状态方程的解；

　　　$Z^i(t)$——观察值。

对式（3-81）进行泰勒展开，有

$$J_{n+1} = J_n + \frac{\partial J}{\partial \beta}\Delta\beta + \frac{\partial J}{\partial \omega}\Delta\omega + o(\Delta\beta^2,\ \Delta\omega^2) \tag{3-82}$$

J 取最小值的必要条件为

$$\frac{\partial J_{n+1}}{\partial \beta} = 0 \tag{3-83}$$

$$\frac{\partial J_{n+1}}{\partial \omega} = 0 \tag{3-84}$$

利用式（3-83）和式（3-84），可建立确定 $\Delta\beta$，$\Delta\omega$ 的 2 个代数方程

$$\frac{\partial^2 J}{\partial \beta^2}\Delta\beta + \frac{\partial^2 J}{\partial \beta \partial \omega}\Delta\omega = -\frac{\partial J}{\partial \beta} \tag{3-85}$$

$$\frac{\partial^2 J}{\partial \beta \partial \omega}\Delta\beta + \frac{\partial^2 J}{\partial \omega^2}\Delta\omega = -\frac{\partial J}{\partial \omega} \tag{3-86}$$

式（3-81）分别对 β 和 ω 求偏导，可得

$$\frac{\partial J}{\partial \beta} = 2\sum_i \big[T_b^i(\beta,\ \omega,\ t) - Z^i(t)\big]\frac{\partial T_b^i}{\partial \beta} \tag{3-87}$$

$$\frac{\partial J}{\partial \omega} = 2\sum_i \big[T_b^i(\beta,\ \omega,\ t) - Z^i(t)\big]\frac{\partial T_b^i}{\partial \omega} \tag{3-88}$$

对 J 求二阶偏导，则有

$$\frac{\partial^2 J}{\partial \beta^2} = 2\sum_i \big[T_b^i(\beta,\ \omega,\ t) - Z^i(t)\big]\frac{\partial T_b^i}{\partial \beta^2} - 2\sum \frac{\partial T_b^i}{\partial \beta}\frac{\partial T_b^i}{\partial \beta} \tag{3-89}$$

对收敛解，上式中第一项很快趋于零，可略去。J 对 β 和 ω 的二阶偏导数可分别写成

$$\frac{\partial^2 J}{\partial \beta^2} = 2\sum_i c_i^2 \tag{3-90}$$

$$\frac{\partial^2 J}{\partial \beta \partial \omega} = 2\sum_i c_i d_i \tag{3-91}$$

$$\frac{\partial^2 J}{\partial \omega^2} = 2\sum_i d_i^2 \tag{3-92}$$

这样由式（3-85）～式（3-86）与式（3-87）～式（3-92）可求出 $\Delta\beta$，$\Delta\omega$。

3.2.4.4　辨识求解过程

整个辨识过程可概括为：

1）给出预定值 β_0，ω_0；

2）根据预定值求解热传导方程和辐射传热方程；

3）根据 T 和 G 的分布，求解方程（3 - 70），方程（3 - 71），方程（3 - 73）和方程（3 - 74）并给出灵敏度 c 和 d 的值；

4）由式（3 - 81）计算辨识准则函数，以及其一阶、二阶导数，并由式（3 - 85）和式（3 - 86）计算 $\Delta\beta$，$\Delta\omega$；

5）判断是否收敛，即

$$|J^{n+1}| < \varepsilon$$

式中　ε——控制小量。

若收敛，则

$$\beta = \beta_0 + \Delta\beta$$
$$\omega = \omega_0 + \Delta\omega$$

若不收敛，则以 β 和 ω 返回 2）重复迭代。

3.2.4.5　辨识算例

应用两参数的辨识方法，做一计算实例：衰减系数 $\beta = 1\ 210$，散射反照率 $\omega = 0.939$，材料厚度 $l = 20$ mm，密度 $\rho = 24.2$ kg/m³，所处的压力 $p = 1.013 \times 10^5$ Pa，辐射发射率 $\varepsilon = 0.8$，表面温度为 1 100 K。材料背面的温升变化曲线如图 3 - 34 所示，在曲线上取 10 个点的背面温度数据作为辨识的观察值。

以材料的背面温度为目标函数，以 10 个点的背面温升数据为观察值，应用上述所建立的方法对材料的衰减系数和反照率进行辨识，初值分别取 $\beta_0 = 1\ 089$，$\omega_0 = 0.2$ 及 $\beta_0 = 1\ 694$，$\omega_0 = 0.5$。辨识后衰减系数和反照率为：$\beta = 1\ 207.7$，$\omega = 0.937\ 5$，与算例真值非常接近。图 3 - 35、图 3 - 36 及图 3 - 37 分别给出了衰减系数、反照率和准则函数值随迭代次数的变化规律，图 3 - 38 给出了不同迭代次数条件下的背面温度与算例计算真值背面温度的比较。结果表明，迭代 20 次后辨识的背面温度与算例计算的真值非常接近，衰减系数的收敛速率略小于反照率的收敛速率，但方法的整体收敛性很好，并且受初值的影响较小。

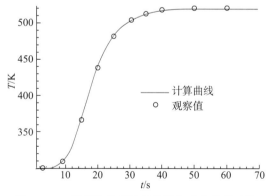

图 3 - 34　算例的背面温度曲线与观察值的选取

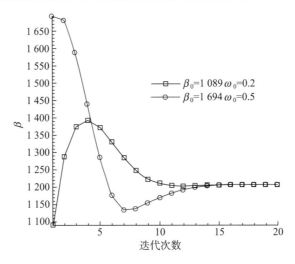

图 3-35　衰减系数随迭代次数的变化规律

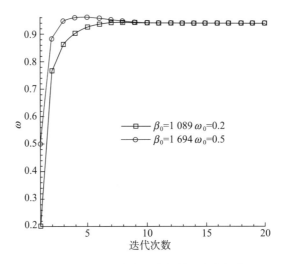

图 3-36　反照率随迭代次数的变化规律

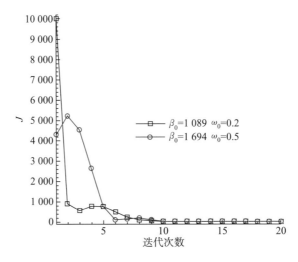

图 3-37　准则函数值随迭代次数的变化规律

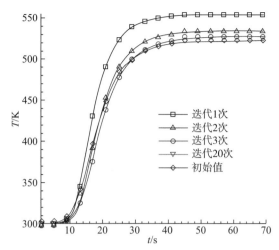

图 3-38 不同迭代次数条件下的背面温度与算例计算真值背面温度的比较

3.3 辐射散热控制机制

热辐射是由物体内部微观粒子热运动状态改变，将一部分能量以光子的形式向外发射而产生的一种能量传递过程。它在任何高于 0 K 的物体表面都时刻存在，同时每个物体又在每时每刻接受来自其他物体辐射的能量。高超声速飞行器在大气层中飞行，由于气动加热的作用会使飞行器表面达到很高的温度。在这种高温条件下，飞行器防热材料表面的微观热运动非常显著，向外界的辐射能力变得很强，单位面积、单位时间内防热材料表面辐射散热的能量也会增加。因此，飞行器表面防热材料的辐射特性、材料表面辐射散热的控制机制，是建立疏导式热防护体系的一个重要内容。

本节从辐射散热与疏导式热防护的相互关系出发，讨论了影响疏导式热防护辐射散热性能的影响因素及影响规律，介绍了常见防热材料表面的辐射散热特性，并对疏导式热防护辐射散热控制机制及控制途径进行了讨论，为疏导式热防护设计提供必要的依据。

3.3.1 辐射散热与疏导式热防护

疏导式热防护技术通过快速传热机制，将局部高热流部位的加热量快速传递至低热流区域进行耗散。相比于热沉吸热、烧蚀防热等热耗散机制，辐射散热是一种不产生防热材料质量损失的热耗散途径，且具有维持飞行器外形不变和不受时间累积效应影响的优点，因此是疏导式热防护技术的主要散热途径。

飞行器表面的辐射散热性能决定了疏导式热防护技术对气动加热的耗散性能，表面辐射散热性能越好，输送至低热流区的热量越容易被快速消耗，高温区降温越快，进入防热结构内部的热量就会越少。飞行器表面的辐射散热性能不仅与防热材料表面温度相关，还与材料类型、材料表面发射率以及材料所处的环境温度等因素有关。因此，作为疏导式热防护的主要散热途径，需明确辐射散热在疏导式热防护技术中的作用机制、研究影响辐射散热性能的相关因素、了解常用防热材料的辐射散热特性以及辐射散热控制机制或控制方法。

在辐射散热的计算和分析中，通常使用已被广泛使用的斯特藩（J. Stefan）–玻耳兹曼（D. Boltzmann）定律来计算黑体在全波长范围内的辐射能力[41]（记为E_b）

$$E_b = \sigma T^4$$

其中

$$\sigma = 5.67 \times 10^{-8}$$

式中　σ——黑体辐射常数，W/（$m^2 \cdot K^4$）；

　　　　T——黑体温度，K。

实际物体的光谱辐射力通常比黑体的光谱辐射力小，且与波长的关系缺乏规律性，因此一般引入发射率ε，用以计算实际物体的辐射能力[42]

$$E = \varepsilon E_b = \varepsilon \sigma T^4$$

因此，飞行器表面的辐射散热量Q_e可写为

$$Q_e = \int_A \varepsilon \sigma T^4 \, \mathrm{d}A$$

式中　A——辐射面积。

从上式可知：ε，T，A 三个参数中的任何一个发生变化均会导致Q_e变化。且在这 3 个参数中，Q_e的值与温度 T 呈四次方关系，因此 T 是影响辐射散热的最敏感的参数，也是进行飞行器疏导防热设计时需要重点考虑的设计参数；其次Q_e与发射率ε和辐射面积 A 均呈线性增长关系，因此ε和 A 也会对物体表面的辐射散热产生明显影响。

3.3.2　辐射散热性能的影响因素

在进行疏导式热防护设计时，不仅需要考虑飞行器表面真实热环境分布特性和具体防热结构形式与尺寸等因素对结构辐射散热性能的影响，还需考虑它们对结构强度、温度分布等设计目标的综合影响，以使得疏导式综合防热性能最优。

3.3.2.1　表面温度的影响

气动加热环境和材料物性参数会直接影响疏导式热防护结构表面温度和温度分布，进而影响防热结构表面不同区域的辐射散热性能。例如，由 3.1.5.2 节的分析可知，疏导介质热导率越高，疏导防热结构低热流区表面温度分布越均衡，相应区域的辐射散热量也越大，表明有更多的热量通过快速传热输送至低热流区并以辐射散热的方式被耗散，对应计算模型的疏导防热驻点降温效果也越好。

为了进一步说明表面温度对疏导式热防护结构表面辐射散热性能的影响，采用 3.1.5.2 节给出的典型钝头楔前缘外形和计算参数，分别针对非疏导模型和疏导模型进行稳态热响应的比对计算，分析表面温度对辐射散热性能的影响。图 3 - 39 给出了采用高温热管疏导介质的疏导式热防护结构件轴向稳态温度分布与同样表面层材料非疏导防热结构

件（均不考虑各层间接触热阻）的比较。

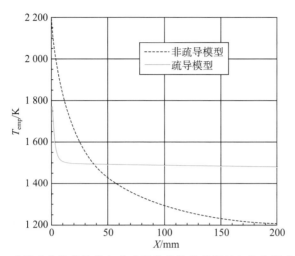

图 3 - 39　疏导式热防护结构与非疏导防热结构前缘轴向稳态温度分布对比

　　根据疏导式热防护结构与非疏导防热结构前缘轴向稳态温度分布可以统计出热防护结构不同部位/区域的辐射散热量的差别。表 3 - 9 给出了疏导式热防护结构与非疏导结构表面辐射散热量的统计比较。

表 3 - 9　表面温度对辐射散热性能的影响

模型类型	总辐射量/W	驻点/尾端温度/K	50～200 mm 辐射量/W	50～200 mm 辐射量占比
非疏导结构	3 538	2 197/1 213	1 627	46%
疏导结构	4 071	1 774/1 483	2 921	72%

　　由于疏导式热防护结构 50～200 mm 的区域表面温度（尾端温度 1 483 K）高于非疏导防热结构（尾端温度 1 213 K），对应的区域辐射散热量（2 921 W）也远高于非疏导防热结构（1 627 W）。且相比于整个防热结构的总辐射量，疏导式热防护结构在 50～200 mm区域的辐射散热量占总辐射量的比例（72%）相比于非疏导防热结构（46%）更高。

　　因此，疏导式热防护技术利用快速传热机制提高了低热流区域的表面温度，等同于大幅提升了低热流区域的辐射散热性能，通过快速传热传递至低热流区域的热量就可以快速地通过辐射散热进行耗散，且在稳态工作状态下维持气动加热与辐射散热的长时间热平衡。

　　图 3 - 40 和表 3 - 10 给出了疏导式热防护结构件在稳态工作条件下表面气动加热与辐射散热的比较。

表 3 - 10　疏导式热防护结构表面气动加热与辐射散热对比

	总加热/散热量/W	0～50 mm 加热/散热量/W	50～500 mm 加热/散热量/W
气动加热	4 071	2 695	1 376
辐射散热	4 071	1 150	2 921

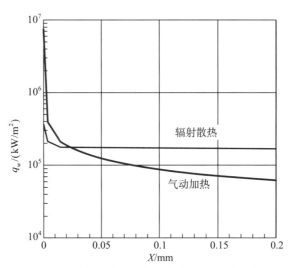

图 3-40　疏导式热防护结构表面气动加热与辐射散热热流密度对比

　　疏导式热防护技术依靠快速传热介质将驻点区域的大量气动加热快速输送至防热结构尾端进行辐射耗散，在降低结构件内部温度梯度的同时，提升了低热流区域的表面温度，从而大幅提升了疏导式热防护结构低热流区域的辐射散热性能，实现了防热结构表面的长时间热负载平衡：即气动加热总量与表面辐射散热总量相等。

3.3.2.2　辐射系数的影响

　　发射率是表征物体辐射特性的重要参数，通常随温度变化而变化，发射率也是影响疏导式防热结构低热流区散热性能的重要因素。在同样温度和散热面积条件下，结构表面的辐射散热量与材料表面发射率成正比。

　　防热材料的发射率与材料种类、形貌特征、化学特性、物理结构等因素有关，通常又随温度变化，因此，防热材料表面的发射率应该表示为以上各种影响因素的函数形式。但这一点往往很难做到，在工程应用中一般忽略次要因素，只考虑其中一到两个主要因素的影响，以进行材料表面辐射特性的计算分析。

　　对于金属类防热材料（如高温合金），传统理论认为其发射率一般较低，且随温度升高而增加，若在金属表面形成氧化物，发射率随温度的增加会更加明显。非金属类防热材料（如超高温陶瓷），通常具有较高的表面发射率，但发射率一般随温度升高而减小。目前主要通过试验测量或仿真模拟的方法获得防热材料表面的辐射特性参数。

　　由 3.1.5.3 节的计算分析可知，选择更高发射率的防热材料或表面涂层材料，可以明显降低防热结构表面的耐温需求，对防热结构的抗氧化性能和结构可靠性产生有利的影响。

3.3.2.3　散热面积的影响

　　辐射散热面积也是影响模型表面辐射散热性能的重要因素，在同样温度和材料表面发射率条件下，模型表面的辐射散热量与模型表面散热面积成正比。对于 3.1.5.2 节给出的钝头楔前缘外形的典型计算模型，在展向宽度固定的前提下，可使用模型长度表征散热面积进行计算分析。

对不同长度的非疏导模型和高导碳/碳疏导模型（发射率取 0.7），对给定加热环境状态下的稳态温度响应进行对比计算（相关计算参数参见 3.1.5.2 节），可以获得散热面积变化对表面辐射散热性能的影响规律。图 3-41 和图 3-42 分别给出了几种长度的碳/碳非疏导模型和高导碳/碳疏导模型表面稳态温度分布的计算结果。

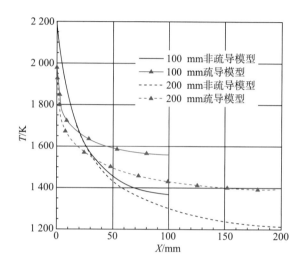

图 3-41　模型长度对模型表面温度分布的影响（一）

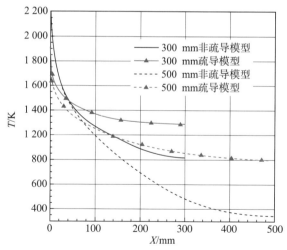

图 3-42　模型长度对模型表面温度分布的影响（二）

对于非疏导模型，随着模型长度的增加，模型驻点温度变化很小，但尾端表面温度明显下降，模型表面单位面积的辐射耗散量降低；对于疏导模型，随着模型长度的增加，模型驻点温度和尾端温度均明显下降，单位面积所需要辐射耗散的热量也越低。

表 3-11 给出了 4 种长度模型驻点温度、尾端温度、降温系数及单位面积热负载的计算对比。对于非疏导模型，随着模型尺寸变化引起的低热流区散热面积增加，在同样来流

状态条件下的模型表面驻点温度并未明显降低，维持在 2 195~2 198 K，但尾端温度有明显下降；而对于高导碳/碳疏导模型，随着模型低热流区散热面积的增加，其驻点温度明显下降，500 mm 计算模型相比 100 mm 计算模型驻点温度下降了约 120 K，同时尾端温度也有明显下降，使得对防热材料的耐温要求大幅降低。

表 3 - 11　模型长度对高导碳/碳疏导模型表面温度的影响

模型类型	驻点温度/K		尾端温度/K		辐射平衡温度/K	疏导模型降温系数	热负载* /(W/m²)
	非疏导	疏导	非疏导	疏导			
100 mm	2 198	1 976	1 368	1 559	3 576	0.448	29 278
200 mm	2 197	1 927	1 213	1 393	3 576	0.461	19 524
300 mm	2 196	1 905	1 015	1 287	3 576	0.467	14 961
500 mm	2 195	1 853	545	1 005	3 576	0.482	7 782

* 热负载是指疏导模型表面单位面积上受到的气动加热平均热流密度值。

另外，随着模型低热流区散热面积的增加，疏导模型驻点降温系数明显增大，即增加低热流区散热面积非常有利于提高疏导防热的驻点降温效果。统计得到的疏导模型表面单位面积所需承受的气动加热平均热流密度值，也随着散热面积的增加而大幅减小，对于降低防热结构内部隔热负担和提高防热结构可靠性非常有利。

综上所述，采用高热导率的疏导介质、高发射率的表面材料以及增加疏导防热结构低热流区散热面积，都是提升疏导式热防护效果的有效途径，对于减轻局部高热流区域的防热压力以及提升防热结构的整体可靠性都有积极的影响。但由于受材料研制水平、飞行器外形尺寸等因素限制，这几项影响因素的改善空间都有一定限度，因此在实际工程应用时需与具体条件相结合，在结构强度、尺寸、防热材料选择等其他因素均满足设计要求的情况下，尽可能采用高热导率的疏导介质、增加低热流区散热面积、选用高发射率的表面材料或涂层，达到最优的综合防热效果。

3.3.3　典型防热材料表面的辐射特性

3.3.3.1　碳、硅基复合材料的发射率

碳、硅基复合材料是常用的飞行器防热材料。为了满足工程应用研究需求，目前已有大量针对碳基复合材料发射率的研究，包括高温光谱发射率在真空条件下的测量[43]，以及用专门测试设备研究带氧化涂层的碳/碳复合材料的光谱发射率[44]等。

编织碳纤维和短切碳纤维树脂基碳/碳复合材料表面发射率一般保持在 0.8 以上[45]。图 3 - 43 给出了碳基和硅基热解复合材料在不同温度、不同波长（L）条件下的单色发射率（Th）。与碳基材料相比，采用编织纤维骨架结构的硅基材料由于内部树脂分布较为均匀，热解过程较为缓和，因此材料的发射率较为稳定；而碳基纤维基体由短切纤维构成，发射率存在较大波动。

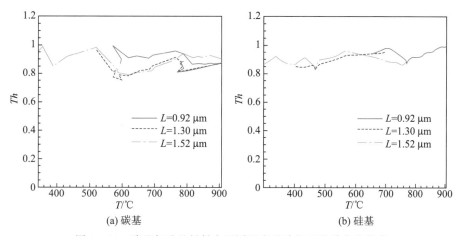

图 3 - 43　碳基与硅基材料在不同温度及波长下的单色发射率

3.3.3.2　C/SiC 材料表面发射率

碳/碳化硅（C/SiC）材料具有密度低、耐高温和较好的抗氧化性能，曾用于航天飞机端头、翼前缘等高温防热部位，是各类新型高超声速飞行器实现长时间非烧蚀热防护的重要备选材料。

C/SiC 材料在被动氧化非烧蚀条件下会在表面形成一层致密的 SiO_2 薄膜，该层薄膜可对材料表面的发射率产生明显影响。图 3 - 44 是采用数值计算方法得到的 C/SiC 材料表面发射率随 SiO_2 氧化层厚度和温度的变化[46]。

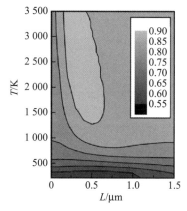

图 3 - 44　C/SiC 材料表面 SiO_2 氧化层厚度和温度对表面发射率的影响

C/SiC 材料表面发射率随温度升高而升高，在 2 000 K 高温下可达到 0.9 左右；材料表面 SiO_2 氧化层厚度改变，在温度较低时对表面发射率的影响较小，在温度较高时表面发射率的变化相对明显。

3.3.3.3　超高温陶瓷材料的发射率

超高温陶瓷复合材料在热稳定性、抗氧化性、高温强度和热导率等方面具备优异的综合性能,是高超声速飞行器局部高热流区防热的重要备选材料。超高温陶瓷材料的发射率影响因素较多,根据材料内热辐射传递过程和基本光谱性质,结合气动加热条件,建立超高温陶瓷材料的辐射散热发射率分析模型与计算方法进行相应的模拟计算分析,可以获得不同气动加热下超高温陶瓷材料的辐射散热特性及影响规律[47]。表 3-12 给出了超高温陶瓷材料表面的光谱特性数据[48]。

表 3-12　某高温陶瓷材料的光谱特性

谱带分区 K	波长 $\lambda_1 \sim \lambda_2$	光谱折射率 n_K	光谱发射系数 κ_K
1	0.3~0.5	1.91	7 000
2	0.5~0.7	1.86	1 600
3	0.7~1.0	1.86	1 100
4	1.0~2.0	1.89	4 400
5	0~0.3	1.96	5×10^4
6	2.0~∞	1.82	5×10^4

图 3-45 给出了不同热流加热时,采用上述光谱特性数据计算得到的超高温陶瓷材料的表面发射率变化曲线,其中曲线 1~6 是表中不同光谱对应的发射率,ε_b 是通常意义上的表面发射率。随着热流增加,超高温陶瓷表面发射率有一定程度下降。

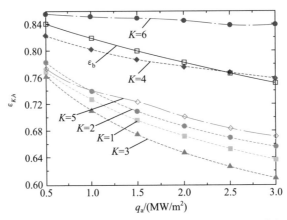

图 3-45　不同气动热流下陶瓷材料的表面发射率[47]

3.3.3.4　高温合金材料的发射率

高温合金也称热强合金、耐热合金,一般能在 600~1 100 ℃ 的有氧环境下承受长时间的力载荷,已被广泛应用于航空、航天、能源、交通运输和化工等领域。由于高温合金材料多由镍、钨、钼、铬等金属材料制成,因此其发射率与金属相当,一般远低于碳基、硅基以及超高温陶瓷等复合材料。例如高温钠热管的备选壳体材料 GH30,其主要化学成分为约 20% 的铬和 80% 的镍,另外还含有少量钛、铝、铁、锰元素,其表面发射率仅在 0.2~0.5 之间。表 3-13 列出了几种常见金属材料(含不同表面状况)的发射率。

表 3 - 13　常见金属材料的发射率[42]

材料及表面状况	温度/℃	发射率
纯铝抛光	200～600	0.04～0.06
纯铝氧化	100～550	0.2～0.33
铬抛光	40～550	0.08～0.27
紫铜抛光	100	0.02
紫铜氧化发黑	40	0.76
低碳钢抛光	150～500	0.14～0.32
钢板氧化	40	0.8
不锈钢抛光	40	0.07～0.17
不锈钢多次加热冷却	230～930	0.5～0.7

在未发生氧化的情况下，金属材料表面发射率通常较低，一般在 0.5 以下。因此，对于使用高温合金作为表面材料的防热结构，一般需要配合涂层或表面处理，以获得理想的表面辐射特性。

3.3.4　疏导式热防护辐射散热控制机制

提升疏导式热防护结构低热流区辐射散热性能的途径包括采用高热导率的疏导介质、增加低热流区散热面积和选用高发射率的表面材料或使用表面涂层。在工程应用中，往往需要对飞行器热环境分布特征、局部外形及结构形式、降温需求以及防热结构质量要求等多个因素进行综合分析，以达到最优的综合防热效果。这就要求疏导式热防护结构的辐射散热性能具备一定的可设计性和可控性。

图 3 - 46 给出了疏导式热防护辐射散热的几种主要控制机制。根据特定的飞行器防热设计需求，可以采用不同的辐射散热控制方法，结合快速传热机制、高效隔热机制以及表面抗氧化机制，实现疏导式热防护的最优化设计。

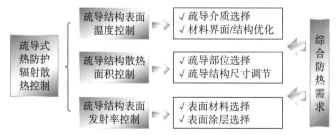

图 3 - 46　疏导式热防护辐射散热控制机制

3.3.4.1　疏导结构表面温度控制

疏导式防热结构表面温度控制途径目前主要有两种，一种是选择具有高导热特性的材料作为疏导介质；另一种是通过对材料界面设计减小接触热阻或对复合材料编织结构进行设计优化提高其在特定方向的导热性能。

　　其中，具有高导热特性的疏导介质目前主要有两类：一类是高导材料，主要是指高导石墨等具有高导热特性的特殊材料；另一类是高导热元器件，指高温热管等具有高导热特性的独立结构元器件。高导石墨是一种典型的各向异性高导热碳材料，可以实现控制热量传输方向的目的。其沿 $X-Y$ 方向的理论热导率为 2 400 W/（m·K），工业成品样件的热导率已达到 600 W/（m·K）以上。另外，如图 3-47 所示，高温热管是一种高效传热元件，其导热能力超过了任何已知金属。高温热管通常是指使用温度在 500 ℃以上，用碱金属作为工作介质的热管。高温热管在高温环境下具有优良的传热性能和等温性能，也适合用于疏导式热防护技术的内部快速传热。

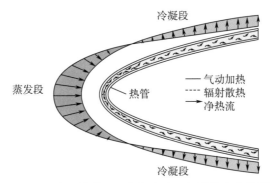

图 3-47　高温热管用于高超声速飞行器前缘防热[49]

　　在材料界面/结构优化设计方面，通过对编织类复合材料（如碳/碳复合材料）纤维排布方向的控制，可以使它在某方向上具有高导热特性，可用于提高疏导式热防护结构内部的传热性能，进而改善防热结构表面的辐射散热特性。X-43A 飞行器在进行尖前缘防热设计时，就是通过改变碳纤维排布形式提升了碳/碳复合材料的单向导热性能。另外，通过对疏导防热结构不同材料界面的优化处理[50]，增强各层之间的结合度，消除或减弱接触热阻，也是提升疏导式防热结构低热流区表面温度的有效途径，例如在普通碳/碳和高导碳/碳的结合界面，树脂浸渍碳化技术就是一种较好的增加材料界面结合度的方法。由此可见，选择合适的材料或疏导介质，对材料界面、结构进行优化设计，都是疏导结构表面温度的有效控制途径。

3.3.4.2　疏导结构散热面积控制

　　受高超声速飞行器气动外形及内部结构的限制，热防护结构能够占用的空间一般非常有限。由 3.3.2.3 节算例分析可知，增加低热流区散热面积能够大幅提升疏导防热结构的降温系数（如图 3-48 所示）和明显减轻结构的整体防热压力，因此在进行疏导式热防护设计时，需与热环境计算相结合，根据飞行器局部热环境分布特征，通过对疏导散热区域的合理选择以及结构件尺寸的合理设计，在尽可能增加低热流区域散热面积的同时，实现结构辐射散热性能与其他设计指标的协同与优化。

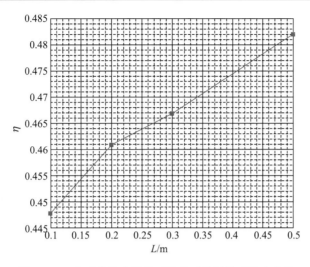

图 3 - 48　典型前缘疏导模型降温系数随模型长度变化

3.3.4.3　疏导结构表面发射率控制

控制疏导结构表面发射率的途径主要有两种，一种是选择具备高发射率特性的防热材料，另一种是在防热材料表面添加高发射率涂层。但不同的材料或涂层耐温水平不尽相同，虽然高发射率的结构或涂层可使表面温升变慢，辐射平衡温度也更低，但材料或涂层本身可耐受的温度也可能较低，以致无法满足相应的防热设计需求。因此在选用高发射率材料或使用高发射率涂层时，还必须同时考虑材料或涂层自身的耐温水平，针对不同的防热区域，选用合适的材料或涂层，以达到最优的辐射散热效果。

目前，金属类防热材料（如高温合金）表面发射率一般较低，但若能在金属表面形成氧化物，其发射率会明显增加。非金属类防热材料自身发射率一般较高，如碳/碳复合材料、碳/碳化硅材料、超高温陶瓷材料等，其表面发射率通常在 0.7 以上，但随着材料表面温度的升高，非金属材料表面的发射率一般会减小。

高发射率涂层是一种具有良好热辐射性能的涂料，一般由具有高辐射特性的填料和粘合剂组成，二者均具有一定的热稳定性。常用的高发射率填料通常为具有较高耐热性能的金属氧化物的复合物和碳化物，如 Fe_2O_3、MnO_2、NiO、Cr_2O_3、ZrO_2、CuO、SiO_2、Al_2O_3、ZnO、石墨等，常用的粘合剂包括苯乙烯-丙烯酸共聚树脂、聚乙烯缩醛类树脂、环氧树脂、有机硅树脂等有机粘合剂和硅酸盐型、硅溶胶、磷酸盐型等无机粘合剂。表 3 - 14 给出了一些耐高温高发射率涂层的性能。

表 3 - 14　一些耐高温高发射率涂层的性能[51]

涂层代号/名称	发射率	耐热温度
SH	0.90～0.96	300 ℃
ZGW、ZYT	0.88～0.91	1 200 ℃
NH - 9	0.88～0.93	1 400 ℃
高温红外辐射涂料	＞0.9	1 200 ℃
HRC 红外辐射涂料	0.88～0.90	1 200 ℃

3.4　表面抗氧化机制

　　疏导式热防护是利用快速传热介质达到降低防热结构高温区表面温度并强化大面积区域散热的综合热管理防热技术。尽管大大减轻了防热材料的峰值受热破坏的可能，但是，防热结构的表面温度依然较高。因此，保证防热结构表面耐受高温氧化环境烧蚀依然是实现疏导式热防护的关键技术之一。按照实现途径的不同，材料抗氧化可分为本体材料抗氧化和通过不同工艺在表面沉积或涂覆抗氧化涂层两类。本节将着重介绍材料高温氧化的基本方法，并以 C/SiC 材料的氧化反应机理研究为例，说明材料在不同使用环境下的氧化机理以及提高材料抗氧化性能的可能途径。

　　根据典型外形高超声速飞行器在大气层内飞行时的气动加热环境估算，其端头部位的最高温度可达 2 500 ℃，大面积区域的温度为 400 ~ 1 100 ℃，严酷的服役环境对防热材料的高温抗氧化性能提出了高要求。对疏导式热防护而言，尽管通过高导热介质的疏导使得飞行器局部峰值温度大大降低，但高温区域的抗氧化需求依然突出。目前工艺水平条件下，仅有少数产品可以在短时间内满足疏导式热防护的设计需求，主要有抗氧化碳/碳（C/C）、碳/碳化硅（C/SiC）、碳化硅/碳化硅（SiC - SiC）复合材料和超高温陶瓷（由难熔金属碳化物、氮化物、硼化物及硅化物等陶瓷构成）等。其他超高温防热结构的候选材料，如难熔金属合金以及金属间化合物等，近年来也受到了极大关注。碳/碳复合材料具有优异的高温力学性能，但抗氧化性能较差，目前常采用涂层的方法来弥补这一缺陷。但由于碳/碳复合材料与涂层材料体系热膨胀系数的失配，材料的循环使用寿命衰减明显。C/SiC 复合材料在 1 600 ℃以下有着极优异的抗氧化性能，但由于基体与纤维之间热膨胀失配，易于在材料中形成裂纹，导致碳纤维增强体的氧化失效，材料服役性能大幅降低。从目前的研究来看，超高温陶瓷（UHTCs，Ultra - High Temperature Ceramics）复合材料在 1 600 ℃以上显示出了相对较好的抗氧化性能，但其抗热冲击性能等方面的挑战依然存在，尽管发展迅速但尚未达到碳/碳和 C/SiC 复合材料的技术成熟度。

3.4.1　材料高温氧化性质概述

　　高温氧化一般是指在高温下防热材料与氧气反应生成氧化物的过程，是一种涉及物理吸附与化学反应的复杂过程。初始阶段，气态（氧原子或氧分子）或等离子态氧化介质会在材料表面发生碰撞；随后各种状态的氧化介质以范德华力在材料表面形成物理吸附；进而各种状态的氧化介质会与基体材料表面的自由电子相互作用形成化学吸附。随着分子模拟理论与试验技术的快速发展，目前已经有不同的计算工具及试验方法对上述行为进行定量与半定量的研究，如基于量子力学的分子动力学方法以及扫描隧道显微镜原位观察技术等[52-53]。由于材料自身性质的不同和环境特性的差异，氧化介质的化学吸附达到一定程度后，防热材料与氧之间的氧化作用机理也各有不同。对某些氧溶解度较大的材料，氧首先溶解于材料基体并在达到过饱和后形成氧化物；某些情况下，氧原子可能与基体原子产生位置交换，从而在表面形成极薄的氧化膜；当材料表面氧原子与基体原子结构进行有序重构时，可形成三维有序氧化物薄膜。

氧化物薄膜形成之后，将防热材料基体与氧化介质隔离开来，反应物质（氧离子或阳离子）只有经过氧化膜扩散传质才能使基体发生进一步氧化。一般情况下，可以将氧化膜分成保护性氧化膜和非保护性氧化膜两类。保护性氧化膜的热力学稳定性和动力学生长速度等基本属性决定了材料的高温抗氧化性能。

3.4.2　影响材料高温抗氧化性能的因素及材料选取方法

无论采用涂层或者在基体中添加抗氧化组元，材料的高温抗氧化关键在于将高温下易于氧化的材料组分与氧化环境隔离开来，图 3-49 给出了在设计和开发抗氧化材料时应注意的影响因素[54-55]。

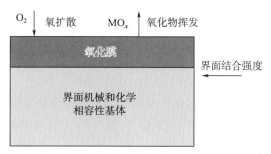

图 3-49　设计和开发抗氧化材料的影响因素[56-57]

3.4.2.1　材料高温抗氧化性能的主要影响因素

在一定温度与氧化环境中，决定材料抗氧化性能的不仅仅是氧化膜的性质，还有若干其他重要因素。

（1）材料性质

材料本身的性质对其高温氧化行为有重要影响，如：材料的化学成分、相组成、组织结构等。此外，扩散系数、热膨胀系数、弹性模量、泊松比等物理性质也对材料的抗氧化性能产生较大影响。

（2）氧化膜性质

氧化初期材料表面形成的氧化膜性质对其进一步氧化规律有重要影响，主要影响因素如：原材料与其氧化物体积比（PBR）；氧化物热力学稳定性、氧化物生成自由能、熔点、蒸汽压等；氧化膜相组成、相的稳定性、结晶结构、缺陷类型与密度；氧化膜的力学性质，如生长应力、热应力、应力分布、膜的塑性与强度等；膜的物理性质，如热膨胀系数、扩散系数、弹性模量等。

（3）氧化膜/原材料界面

氧化膜与基体界面的状态和性质对氧化膜具有十分重要的作用。如氧化膜与材料的外延生长关系对氧化膜应力有影响。其他的因素有：界面的几何形状，界面非接触面积等物理缺陷，以及氧化过程界面迁移变化；界面的化学变化，有无有害杂质的偏聚；界面能与界面结合强度等。

（4）氧化膜/气体界面

氧化物表面是否存在自催化反应或者氧化还原循环反应；氧化膜表面是否存在凝聚相沉积物，如低熔点氧化物（V_2O_5）的沉积层；氧化膜表面形貌，如有无瘤状氧化物以及表面裂纹等缺陷。

（5）氧化气氛

气相环境的各种参数是直接影响材料氧化的本质因素，主要有：气相的化学成分，是单一氧气还是两种以上反应气体的混合气体以及气体杂质；气体总压和反应性气体组分的分压以及压力的变化；气体流动状态（层流或紊流）、流速等。

3.4.2.2　高温抗氧化材料的选取方法

高温抗氧化组元的设计是一个多因素综合考虑的优化过程。氧化物的热力学稳定性、氧化膜与基体材料的机械与化学相容性、界面结合性能以及氧化膜本身的机械强度等均会对材料在高温下的服役性能产生重要影响。

（1）抗氧化组元氧化物的稳定性

由氧化热力学基本原理可知，氧化物的熔点与其热力学稳定性密切相关。表 3 - 15 给出了不同氧化物的熔点，数据节选自 JANAF 数据库[56]及参考文献 [57]。

表 3 - 15　不同氧化物的熔点

氧化物	熔点/℃	氧化物	熔点/℃	氧化物	熔点/℃
B_2O_3	460	WO_2	1 277	CoO	1 935
Sb_2O_3	656	FeO	1 377	NiO	1 990
V_2O_5	690	WO_3	1 473	Al_2O_3	2 015
CdO	700	Nb_2O_5	1 512	Cr_2O_3	2 330
MoO_2	777	Fe_3O_4	1 527	BeO	2 548
MoO_3	795	Fe_2O_3	1 565	ZrO_2	2 677
Bi_2O_3	824	SiO_2	1 713	CaO	2 927
PbO	888	Ta_2O_5	1 785	ThO_2	3 390

从热力学稳定性考虑，CaO、BeO、ThO_2、ZrO_2 和 Al_2O_3 均为稳定的氧化物，能够在材料表面形成具有良好抗高温氧化性能的氧化层。但材料的综合抗氧化性能还受其他因素影响，例如 ThO_2 具有放射性，BeO 具有毒性，CaO 吸湿性强，ZrO_2 具有多相转变并伴随较大的体积变化以及氧离子在其中的快速传质的性质等。上述因素限制了它们作为抗高温氧化膜的可能性。故从热力学角度分析，1 000 ℃ 以下的 Cr_2O_3、高氧分压环境下的 SiO_2，更高状态下的 Al_2O_3 是较为理想的稳定性氧化物。实际的抗氧化组元设计中，通常采用复合氧化物的方法，如 ZrB_2/SiC 超高温陶瓷复合材料就综合利用了 B_2O_3、SiO_2 和 ZrO_2 的抗氧化特点。

（2）抗氧化层与基体的相容性

除热障涂层等材料体系可以直接涂覆在高温合金表面作为抗氧化涂层外，对于陶瓷基材料，如 C/SiC 复合材料，氧化物一般不宜直接涂覆在材料基体上作为抗氧化涂层。首先是物理相容性问题，由于涂层与基体的热膨胀系数（CTE）不匹配，材料在应用时氧化膜可能产生裂纹甚至剥落。如果热膨胀系数相差太大，涂层中因热应力产生的裂纹还会扩展到基体中而引起基体强度下降，削弱涂层与基体的界面结合，同时为氧向内扩散提供了短路扩散通道。图 3 - 50 给出了常见高温材料的热膨胀性质数据。另外，高温下的还原性物质易于与氧化物发生还原反应造成涂层失效或抗氧化组元与基体的化学不相容性。在实际的抗氧化组元设计中，含硅元素的陶瓷材料，如 SiC 和 Si_3N_4；含铝元素陶瓷材料，如 AlN 等通常可作为中间过渡层用来克服以上缺点。

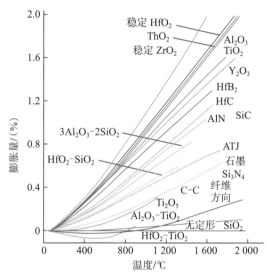

图 3 - 50　常见高温材料的热膨胀性质

（3）氧化层的氧扩散性质

抗氧化组元的设计，必须保证新生的氧化膜能够完好地包覆在基体材料周围，阻止各种氧化性物质向基体内部扩散，引起次表面基体氧化。图 3 - 51 给出了常见耐高温氧化物的氧扩散率。在 2 000 ℃ 以上的超高温环境下，只有 SiO_2 和 Al_2O_3 仍然具有较低的氧扩散系数，能满足对氧阻挡的要求。一些贵金属，如 Re、Ir 和 Pt 等，具有高熔点、低氧扩散率和化学稳定性好等优点，也可作为氧扩散阻止材料使用。

除上述主要因素外，考虑到实际环境使用，涂层还要能承受一定的压力和冲击力，并具备良好的耐腐蚀性能，包括耐酸性、耐碱性、耐盐性、耐潮湿性等。以碳/碳复合材料的抗氧化涂层设计为例，高于 1 800 ℃ 抗氧化涂层体系的多层结构设计思想为[55]：耐高温氧化物/SiO_2 玻璃/耐高温氧化物/耐高温碳化物。最外层耐高温氧化物主要是保持材料的高温稳定性和抗侵蚀。次外层为低氧扩散率的 SiO_2 玻璃可作为氧的侵入阻挡层，并能封填外表面涂层中的裂纹。第三层为与底层碳化物及次外层 SiO_2 均有良好化学和物理相容

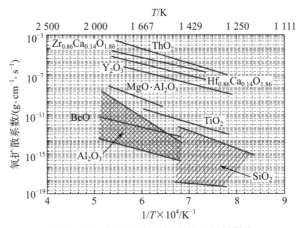

图 3 - 51　常见耐高温氧化物的氧扩散率

性的耐高温氧化物，可以保持界面结合性能。最底层为碳化物，主要需保持与第三层氧化物及 C/C 复合材料之间的相容性，并且阻止碳的逸出，通常可选用具有较低碳扩散率的难熔金属碳化物，如 TaC、ZrC 和 HfC 等。

3.4.3　典型复合材料的抗氧化性能预测技术

3.4.3.1　碳/碳化硅复合材料的氧化机理

C/SiC 材料表面氧化机制可以分为被动氧化（passive oxidation）和主动氧化（active oxidation）。被动氧化是指 C/SiC 材料在其表面温度低于转换温度条件下，与空气中的 O_2 反应生成 SiO_2 固体薄膜覆盖在材料基体表面，并使基体质量随时间增加的过程。致密薄膜的存在，阻滞了空气中的 O_2 与 C/SiC 基体的直接接触，薄膜厚度由氧在其中的扩散速率决定，材料基本处于非烧蚀状态。主动氧化是指 C/SiC 材料在其表面温度高于转换温度时，与空气中的氧发生剧烈氧化反应的过程，所生成的 SiO 气体直接离开烧蚀表面，使材料基体质量随时间减小[58-60]。将任意组元比例的 C/SiC 材料等效化学式定义为 C_x $(SiC)_y$，其中 x，y 分别为 C_x $(SiC)_y$ 中单质 C 和 SiC 组元的摩尔比例（$x+y=1$），其主动氧化和被动氧化的控制方程分别为式（3-93）和式（3-94）

$$C_x SiC_y + (0.5x+y)O_2 \leftrightarrow (x+y)CO + y SiO \qquad (3-93)$$

$$C_x SiC_y + (0.5x+1.5y)O_2 \leftrightarrow (x+y)CO + y SiO_2 \qquad (3-94)$$

3.4.3.2　碳/碳化硅复合材料主动氧化预测方法

采用式（3-95）所示的化学平衡条件判断材料表面浓度边界层内化学反应的反应方向

$$SiO(g) + 1/2 O_2(g) \leftrightarrow SiO_2(g) \qquad (3-95)$$

假设材料表面浓度边界层始终存在，考虑来流氧分压逐渐增加的情况：当来流氧分压较低时，材料表面优先发生反应生成 SiO 气体[61]，并向边界层外缘扩散，离开材料表面，由于 O_2 和 SiO 气体分压较低，不满足生成 SiO_2 的发生条件，此时材料处于主动氧化状态；当来流氧分压增加时，材料表面仍发生反应生成 SiO 气体，但在浓度边界层内的某位置处，由于 O_2 和 SiO 气体分压足够高，使式（3 - 95）的反应往生成 SiO_2 的方向进行，边界层内则会形成 SiO_2 粉尘（dust），粉尘在重力和气流的作用下部分停留在材料表面，并对材料表面的氧化过程产生影响，材料处于主动氧化到被动氧化的转换阶段；当来流氧分压进一步增加时，材料表面达到了生成 SiO_2 的平衡条件，材料表面将直接生成凝聚相（固态或液态）SiO_2 并附着在材料表面，所形成的 SiO_2 薄膜可阻滞氧化反应的进一步进行，此时，材料处于被动氧化状态。

随着来流氧分压的改变，C/SiC 材料表面氧化机制会经历两次变化，分别对应两个临界来流氧分压。主被动氧化转换区下限为：材料表面浓度边界层开始出现 SiO_2 粉尘时对应的来流氧分压；主被动氧化转换区上限为：材料表面直接生成 SiO_2 时对应的来流氧分压。以上两个临界分压可用于判断不同来流氧分压和温度条件下材料表面的氧化状态。图 3 - 52 给出了不同氧化机制下边界层构成示意图。

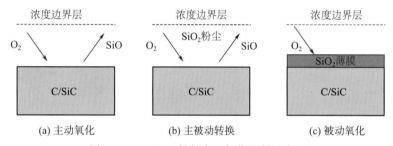

图 3 - 52　C/SiC 材料表面氧化机制示意图

由于 C 组元的加入，会使边界层内的 SiO、CO 和 O_2 等气体分压之间的相对关系发生变化，CO 的氧化转化见式（3 - 96）

$$CO(g) + 1/2 O_2(g) \leftrightarrow CO_2(g) \tag{3 - 96}$$

（1）转换区间下限氧分压

为了获得材料主被动氧化转换过程的工程计算式，做如下假设：忽略 CO/CO_2 化学反应对边界层 O_2 分压的影响；忽略边界层温度梯度对式（3 - 95）平衡常数的影响；所研究范围内的温度足够高，忽略化学反应速率对材料表面及浓度边界层内气体分压的影响；材料表面浓度边界层内气体扩散遵循理想气体一维稳态扩散规律。

C/SiC 材料主被动氧化转换下限氧分压，对应材料表面浓度边界层开始出现 SiO_2 粉尘的临界状态，如图 3 - 53 所示。在浓度边界层某个位置 $y \in [0, \delta_{SiO}]$ 处，气体 SiO 分压和 O_2 分压刚好达到生成 SiO_2 的条件。若来流 O_2 分压进一步提高，边界层内将会有 SiO_2 生成。转换区间下限氧分压对应关系为式（3 - 97）

$$(P_{O_2}^{1/2} P_{SiO})_{max} = K_3^{-1} \tag{3 - 97}$$

式中　K_3——SiO_2 生成反应的标准平衡常数；

　　　P_i——气体分压，单位为标准大气压。

根据气体扩散过程的菲克（Fick）第一定律，理想气体一维稳态扩散通量的表达式可写为

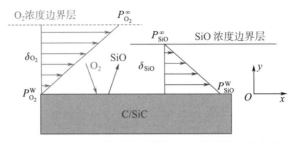

图 3-53 C/SiC 材料氧化转换过程分析模型示意图

$$J_i = -D_i \frac{P_i^\infty - P_i^w}{\delta RT} P^\theta \tag{3-98}$$

其中

$$P^\theta = 10^5 \text{ Pa}$$

式中　J_i——气体扩散通量；

　　　D_i——气体扩散系数；

　　　P^θ——标准大气压；

　　　δ——边界层厚度；

　　　R——通用气体常数；

　　　T——表面温度；

　　　上角标 ∞——边界层外缘；

　　　上角标 w——材料表面。

在该临界状态，材料表面仅发生化学反应（3-93），且浓度边界层内没有氧化反应发生，即没有 O_2 消耗。因此，该状态下 O_2、SiO、CO 等气体的扩散通量对应关系为

$$\frac{J_{O_2}}{J_{SiO}} = \frac{J_{O_2}}{J_{CO}} = \frac{1/2x + y}{y} \tag{3-99}$$

反应式（3-93）的平衡常数一般在 $10^9 \sim 10^{15}$ 量级，因此可近似取 $P_{O_2}^w \ll P_{O_2}^\infty$，$P_{CO}^w \gg P_{CO}^\infty$，$P_{SiO}^w \gg P_{SiO}^\infty$。另外，根据瓦格纳（Wagner）的分析[62]，浓度边界层厚度与气体扩散系数存在对应关系

$$\delta_1 / \delta_2 = (D_1 / D_2)^{0.5} \tag{3-100}$$

综合式（3-97）～式（3-100）可得

$$P_{SiO}^w = \left(\frac{D_{O_2}}{D_{SiO}}\right)^{0.5} \frac{y}{0.5x + y} P_{O_2}^\infty \tag{3-101}$$

$$P_{CO}^w = \left(\frac{D_{O_2}}{D_{CO}}\right)^{0.5} \frac{x + y}{0.5x + y} P_{O_2}^\infty \tag{3-102}$$

式（3-101）和式（3-102）表征了材料表面由主动反应控制条件下，气体产物分压与边界层外缘氧分压的对应关系。

另外，在一维稳态扩散条件下，边界层内组元气体分压遵循线性分布规律，即

$$P_{O_2} = P_{O_2}^{w} + \frac{P_{O_2}^{\infty} - P_{O_2}^{w}}{\delta_{O_2}} y \qquad (3-103)$$

$$P_{SiO} = P_{SiO}^{\infty} + \frac{P_{SiO}^{w} - P_{SiO}^{\infty}}{\delta_{SiO}} (\delta_{SiO} - y) \qquad (3-104)$$

在材料表面高温化学平衡假设条件下，可近似取 $P_{O_2}^{w} = P_{SiO}^{\infty} = 0$。令 $F(y) = \sqrt{P_{O_2}}$ P_{SiO}，综合上述两式可得

$$F(y) = \frac{P_{SiO}^{w}}{\delta_{SiO}} \sqrt{\frac{P_{O_2}^{\infty}}{\delta_{O_2}} y} (\delta_{SiO} - y) \qquad (3-105)$$

式（3-105）在 $y \in [0, \delta_{SiO}]$ 范围内存在极大值，当 $y = \delta_{SiO}/3$ 时 $F(y)$ 取得最大值为

$$F(y)_{max} = \frac{2}{3} P_{SiO}^{w} \sqrt{\frac{\delta_{SiO} P_{O_2}^{\infty}}{3\delta_{O_2}}} \qquad (3-106)$$

进一步，将式（3-97）、式（3-100）和式（3-101）代入式（3-106）整理可得

$$K_3^{-1} = \frac{0.384\,9y}{0.5x + y} \left(\frac{D_{O_2}}{D_{SiO}}\right)^{0.25} (P_{O_2}^{\infty})^{1.5} \qquad (3-107)$$

上式扩散系数 D 可采用查普曼-恩斯科格（Chapman-Enskog）关系式求得。根据巴拉特（Balat）[63]的研究结果，取 $D_{SiO}/D_{O_2} = 0.44$。进一步整理式（3-107）可得 C/SiC 材料主被动氧化下限氧分压计算式

$$(P_{O_2}^{\infty})_{min} = \left(\frac{0.5x + y}{0.472\,6yK_3}\right)^{\frac{2}{3}} \qquad (3-108)$$

可以看出，C/SiC 材料主被动氧化转换下限氧分压仅与材料的组成比例以及化学平衡常数相关。

特别当 $x = 0$，$y = 1$ 时，可得到纯 SiC 材料氧化转换下限氧分压计算式

$$(P_{O_2}^{\infty})_{SiC,\,min} = (0.472\,6K_3)^{-\frac{2}{3}} \qquad (3-109)$$

（2）转换区间上限氧分压

在氧化机制研究中，更受关注的是 SiC 材料完全进入被动氧化的条件[63]。该条件与 C/SiC 材料的主被动氧化转换上限氧分压相对应，即材料表面直接生成 SiO_2 的临界状态。考虑到 C/SiC 与纯 SiC 组成的差异，对转换条件进行工程计算时，需要进一步考虑 C 组元的影响。

采用与巴拉特等[63]类似的分析方法，忽略材料边界层内发生反应式（3-94）对边界层内 O_2 分压的影响，仍采用一维稳态扩散假设描述材料表面气体扩散通量间的对应关系。

在该临界状态，材料表面氧化反应仅生成 SiO 气体，材料表面刚好达到反应式（3-95）生成 SiO_2 的临界条件，但并未有 SiO_2 生成。若来流 O_2 分压进一步提高，材料表面将直接生成 SiO_2。

为了推导方便，采用反应式（3-95）（材料表面进行）的化学平衡条件替代反应式（3-94）。因此，C/SiC 材料转换区间上限氧分压对应以下化学平衡关系式

$$K_1 = \frac{(P_{SiO}^w)^y \ (P_{CO}^w)^{x+y}}{(P_{O_2}^w)^{(x+2y)/2}} \qquad (3-110)$$

$$K_3^{-1} = (P_{O_2}^w)^{0.5} P_{SiO}^w \qquad (3-111)$$

进一步整理可得

$$K_1 = K_3^{x+2y} (P_{SiO}^w)^{x+3y} (P_{CO}^w)^{x+y} \qquad (3-112)$$

再将式（3-101）和式（3-102）代入上式消去 P_{SiO}^w、P_{CO}^w 整理可得

$$P_{O_2}^\infty = (0.5x + y) \left[y^{x+3y} \ (x+y)^{x+y} \right]^{-\frac{1}{2x+4y}}$$

$$\left[\frac{D_{SiO}^{0.5(x+3y)} D_{CO}^{0.5(x+y)}}{D_{O_2}^{x+2y}} \frac{K_1}{K_3^{x+2y}} \right]^{\frac{1}{2x+4y}} \qquad (3-113)$$

考虑到扩散系数 D 随温度的变化，由计算扩散系数的查普曼-恩斯科格关系式可知

$$D = D_0 \frac{P_0 \Omega_{D_0}}{P \Omega_D} \left(\frac{T}{T_0} \right)^{1.5} \qquad (3-114)$$

式中　Ω_D——无因次碰撞积分。

因此对于式（3-113），在不同温度和压力条件下，始终有

$$\frac{D_{SiO}^{0.5(x+3y)} D_{CO}^{0.5(x+y)}}{D_{O_2}^{x+2y}} = \text{const} \qquad (3-115)$$

用标准状态扩散系数数值来计算式（3-113），可进一步改写为

$$(P_{O_2}^\infty)_{max} = \left[0.44^{0.5(x+3y)} \times 0.946 \ 1^{0.5(x+y)} \right]^{\frac{1}{2x+4y}} \times \left[\frac{(0.5x+y)^{2x+4y}}{y^{x+3y} \ (x+y)^{x+y}} \frac{K_1}{K_3^{x+2y}} \right]^{\frac{1}{2x+4y}} \qquad (3-116)$$

可以看出，C/SiC 材料主被动氧化转换上限氧分压与材料的组成比例以及反应式（3-93）和式（3-95）的化学平衡条件相关。由于化学反应式（3-93）的化学计量系数由 x、y 值决定，因此反应式（3-93）的平衡常数也会受材料组分系数 x、y 值的影响。

特别当 $x=0$，$y=1$ 时，可得到纯 SiC 材料的氧化转换上限氧分压计算表达式

$$P_{O_2}^\infty = 0.73 K_1^{0.25} K_3^{-0.5} \qquad (3-117)$$

上式与巴拉特等[63]给出的纯 SiC 材料主被动氧化转换条件计算式是等效的。

（3）理论分析与典型试验验证

使用式（3-108）和式（3-117）可针对 C/SiC 材料主被动氧化转换条件及影响因素进行计算分析。图 3-54 和图 3-55 分别给出计算得到的材料转换下限和上限氧分压随材料组分的变化规律。可以看出，C 组元的比例会对 C/SiC 材料的主被动氧化转换条件产生明显影响。材料主被动氧化临界氧分压随 C 组分摩尔比例 x 的增加而增加，且 x 值越大，临界氧分压增加越快。即在同样温度和压力条件下，C/SiC 材料中 C 组分的含量越高，材料的被动氧化区越小，对材料的抗氧化性能越不利。

表 3-16 给出了地面电弧风洞模拟高温空气来流条件下获得的 SiC 材料氧化速率及氧化机制判断情况。由试验结果可以看出，模型 1、2 线烧蚀速率大于 $100 \ \mu m/s$，处于主动氧化剧烈烧蚀状态；模型 6～9 线烧蚀速率小于 0，处于被动氧化非烧蚀状态；而模型

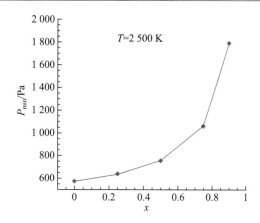

图 3-54　C/SiC 材料氧化转换下限氧分压随组分变化

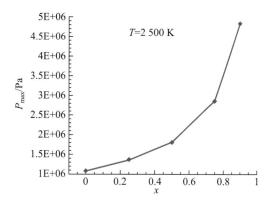

图 3-55　C/SiC 材料氧化转换上限氧分压随组分变化

3～5 线烧蚀速率小于 0.02 μm/s，介于烧蚀与非烧蚀之间，按主动氧化计算线烧蚀速率应为 28～35 μm/s，因此这 3 个模型的烧蚀状态既不具有被动氧化负烧蚀速率的特征，也不具有主动氧化剧烈烧蚀的特征，应处于主被动氧化转换状态。

表 3-16　SiC 材料地面风洞模拟试验数据统计

编号	压力/kPa	温度/K	烧蚀速率/$(\mu m \cdot s^{-1})$		氧化机制判断
			实测	按主动氧化计算	
1	230	3 453	162	182	
2	230	3 353	145	175	
3	11	2 413	−0.31	35	
4	8	2 173	−0.32	30	主被动转换
5	7	2 023	0.20	28	
6	910	1 984	−3.0	—	
7	910	1 913	−2.0	—	
8	230	1 828	−0.04	—	被动氧化
9	230	1 858	−0.59	—	

图 3 - 56 为计算得到的材料转换下限氧分压和上限氧分压随温度和组分的变化规律，其中氧分压取对数坐标，图中同时给出了表 3 - 16 中 9 个纯 SiC（对应 $x=0.0$）试验模型的分布情况。

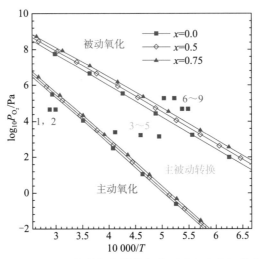

图 3 - 56　C/SiC 材料氧化转换氧分压随温度和组分变化

可以看出，C/SiC 材料氧化机制转换区间覆盖范围较广，上下限氧分压相差多个数量级。因此，在进行材料氧化烧蚀特性分析时应重视氧化机制转换区间对材料氧化烧蚀性能的影响。

3.4.3.3　碳/碳化硅复合材料被动氧化预测方法

20 世纪 60 年代中期，在单晶硅生产工艺中发现了硅表面有 SiO₂ 薄层的存在，并得到 SiO₂ 氧化层厚度与时间的抛物线方程关系式[64]，在氧分压为 0.1～1.0 atm，温度为 700～1 300 ℃，氧化层厚度在 0.3～20 μm 的范围内，该关系式得到试验验证。此关系式为

$$\Delta_{ox} = \sqrt{\frac{4}{3}(P_{O_2}^w HDM_{SiO_2}/\rho_{SiO_2})t} \qquad (3-118)$$

$$D = 8.5 \times 10^{-6} \exp\left(\frac{-193\,800}{RT}\right)(\text{m}^2/\text{s}) \qquad (3-119)$$

其中

$$H = 8.5 \times 10^{-7}$$

式中　Δ_{ox}——SiO₂ 氧化层薄膜厚度；

　　　H——亨利（Henry）常数，$\text{mol} \cdot \text{m}^{-1} \cdot \text{Pa}^{-1}$；

　　　$P_{O_2}^w$——材料表面氧分压；

　　　D——氧在氧化层薄膜内的扩散系数；

　　　T——模型表面温度。

上述模型假设 SiC 和氧气的反应速率由氧气在 SiO₂ 氧化层中的扩散速率控制，该假设有

很好的物理基础。研究结果显示在 1 000～1 400 ℃的温度范围内，SiO_2 的氧扩散率低于 3×10^{-14} g/（cm·s），远低于 ZrO_2、Y_2O_3 等氧化物的氧扩散率［约为 3×10^{-9} g/（cm·s）］，该结论也说明碳化硅材料在被动氧化机制下，由于 SiO_2 保护膜的出现，使其抗氧化性能提高。

（1）C/SiC 氧化层厚度的计算模型

若直接使用单晶硅表面 SiO_2 薄膜厚度的计算式来预测 C/SiC 材料表面 SiO_2 薄膜的厚度，计算结果与试验结果会出现较大偏差，原因是 C/SiC 表面 SiO_2 薄膜不如单晶硅在静态试验下表面 SiO_2 薄膜致密，氧存在短路扩散行为。利用稳态扩散假设，可推导出 C/SiC 材料表面 SiO_2 薄膜的厚度更普适的计算方法。

以 Δ_{ox} 表示 SiO_2 氧化层厚度，J_{O_2} 表示氧气的消耗速率。则有

$$\frac{\mathrm{d}\Delta_{ox}}{\mathrm{d}t} = \alpha J_{O_2} \frac{M_{SiO_2}}{\rho_{SiO_2}} \tag{3-120}$$

式中　α——消耗单位摩尔氧气所能产生的氧化物的摩尔数。

以氧气在 SiO_2 薄膜内的扩散为研究对象，对准定态，在具有相同的二组元扩散系数时，如下关系式成立

$$D \frac{\mathrm{d}^2 C}{\mathrm{d}g^2} = 0 \tag{3-121}$$

式中　C——氧气摩尔浓度；

　　　g——材料表面法线方向距离；

　　　D——氧气在 SiO_2 薄膜中的扩散系数。

SiO_2 薄膜外表面处的边界条件定义为

$$C(0) = C_0 = P_{O_2}^w / RT \tag{3-122}$$

在交界面处，即 $y = \Delta_{ox}$ 处的边界条件定义为

$$-D \frac{\mathrm{d}C}{\mathrm{d}y} = k_{ox} C_{int} \tag{3-123}$$

式中　C_{int}——薄氧化层与基体交界面氧的浓度；

　　　k_{ox}——化学反应速率常数。

方程式（3-121）的通解为

$$C(y) = P_{O_2}^w [1 - k_{ox} y / (D + k_{ox} \Delta_{ox})] / RT \tag{3-124}$$

在交界面消耗氧的质量流率为

$$J_{O_2} = k_{ox} C_{int} = P_{O_2}^w k_{ox} D / RT (D + k_{ox} \Delta_{ox}) \tag{3-125}$$

如果反应属于扩散控制，则 $k_{ox} \to \infty$，式（3-125）可写作

$$J_{O_2} = P_{O_2}^w D / RT \Delta_{ox} \tag{3-126}$$

将式（3-126）代入式（3-120），并积分整理得到

$$\Delta_{ox} = \sqrt{2\alpha (P_{O_2}^w D M_{SiO_2} / RT \rho_{SiO_2}) t} \tag{3-127}$$

当 $\alpha = 2/3$ 时，式（3-127）即为 SiC 材料氧化层厚度的计算式。如果反应为界面处的化学动力学控制，式（3-125）可写作

$$J_{O_2} = k_{ox} P_{O_2}^w / RT \qquad (3-128)$$

将式（3-128）代入式（3-120），整理得到一个线性的氧化层生成方程

$$\Delta_{ox} = (\alpha k_{ox} P_{O_2}^w M_{SiO_2} / RT \rho_{SiO_2}) t \qquad (3-129)$$

对于 SiC 材料氧化膜厚度的计算，认为 O_2 在 SiO_2 固体薄膜中属于扩散控制，因此使用式（3-127）进行计算，将 $\alpha = 2/3$ 代入可得式（3-118）。

（2）理论分析及典型试验验证

使用以上计算方法得到不同温度、不同压力下抗氧化膜的厚度随时间的变化规律，如图 3-57 和图 3-58 所示。可以看出，C/SiC 氧化膜厚度与时间的开方呈正比，时间越长，生成的氧化膜厚度越厚；压力和温度越高，氧化膜的生长速率越快。

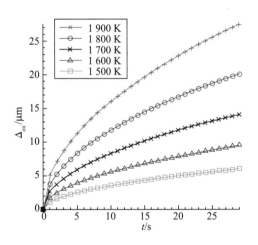

图 3-57　不同温度下氧化层厚度随时间变化（$P = 910$ kPa）

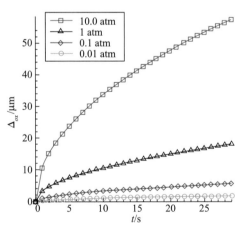

图 3-58　不同空气来流压力下氧化层厚度随时间变化（$T = 1\,900$ K）

C/SiC 材料热响应研究试验也在电弧风洞中进行，试验模型为平头圆柱。表 3-17 分别给出了来流状态参数及模型对应的试验状态。

表 3 - 17　试验主要来流状态参数

状态编号	来流总焓/（MJ·kg^{-1}）	驻点热流密度/（MW·m^{-2}）	驻点总压/kPa
Ⅰ	3.5	4.5	230
Ⅱ	5.0	3.0	910
Ⅲ	9.0	12.5	230

图 3 - 59 给出了试验后模型的表面微观组织及能谱分析，由能谱分布可以看出材料表面的硅元素、氧元素含量都很高，可以确认表面 SiO_2 的存在，也可以通过比较试验前后试验件的长度得到 SiO_2 氧化薄膜的厚度。

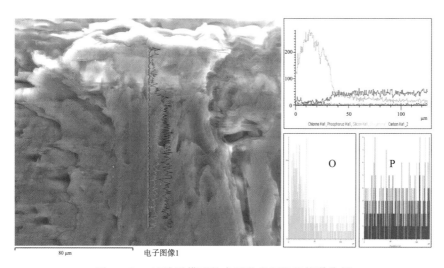

图 3 - 59　试验后模型的表面微观组织及能谱分析

表 3 - 18 给出了 C/SiC 材料的氧化膜厚度计算与试验测量值的对比。由于氧化层厚度较薄，测量需借助扫描电镜等微观组织检测设备。受观察视场及选择区域限制，氧化层厚度测量存在一定的随机性。由表 3 - 18 的对比结果可以看出，计算同试验测量值大致相当，因此可以认为理论预测基本能满足目前的工程计算需求。

表 3 - 18　C/SiC 材料被动氧化计算值与试验值比较

试验状态	试验时间/s	氧化膜厚度/μm	
		测量值	计算值
Ⅰ	100	59	45
Ⅱ	20	40	58
Ⅲ	20	60	47

3.5　疏导式热防护技术的应用

飞行器热防护理论和技术是以工程应用为目标的。与已成熟应用的烧蚀防热不同，非烧蚀热防护总的来说还处于探索阶段，目前国际上尚没有公认成熟的工程应用先例。由于飞行器形状、性能和飞行环境的千差万别，其热防护形式必然是多种多样的，没有统一模式。因此，讨论热防护理论和技术的应用，不能就事论事，必须把握每个理论体系的核心思想和与之相关材料、结构的技术特征。以烧蚀防热为例，它的核心思想是以质量损失为代价，耗散热量；它所经历的过程是化学反应或涉及材料状态变化的相变；它所使用的材料特征是在受热时能发生吸热反应或相变，其结构特征是在飞行器的外表面，设计一个防热层，并根据受热程度的差异，在不同部位使用不同的防热材料或设计不同的厚度。凡是符合这些特征的都是烧蚀防热。一个热防护的理论体系，可能包含多方面的内容，进而会涉及到其他的学科领域。从广义范围讲，凡同该理论直接相关的事物，都可看作是它的推广应用。比如，烧蚀防热带动了材料科学的发展，针对不同材料建立了不同的烧蚀机理和分析方法；对烧蚀材料性能的检测，发展了一系列试验技术。这些方法和技术的出现，是同烧蚀热防护理论的提出密不可分的。因此在讨论一种热防护理论和技术的应用时，还可以涉及到它的影响与带动作用。

　　基于这些考虑，本节讨论疏导式热防护时，首先分析它的技术特点和应用条件，在此基础上，介绍一些疏导式热防护思想或技术在工程设计上的应用事例，然后将关注的对象扩展到更广的范围。

3.5.1　疏导式热防护的技术特征和应用条件

　　非烧蚀热防护同烧蚀防热有本质的区别，它是没有化学反应和材料相变的纯物理过程。作为非烧蚀防热的一种具体形式，疏导式热防护的基本物理过程是：通过疏导介质的合理运用，在防热层中建立热量定向流动机制，使强加热部位的热量流向低温区；阻碍热量向飞行器内部传递，加强向外耗散。也就是说建立一种同环境加热相适应的热量管理机制，控制它按需要的方向传输。

　　对于这一核心思想的技术实现，疏导式热防护具有以下一些结构特征和功效：1）在防热层内建立一个疏导层，使热量能够沿飞行器表面气体流动方向快速传递，这是烧蚀防热技术所没有的；2）针对长时间加热设计的高效隔热结构，区别于烧蚀防热技术的一般隔热设计，它所用的高性能隔热材料，其导热系数一般应低于空气，其功效应能保证千秒级加热条件下，内部升温不超标；3）在表面层和疏导层之间采用适当措施，降低界面热阻，利于强加热区的热量由表面层传向疏导层，大面积低温区热量由内向外传输，从而控制表面温度；4）对于可能发生高温氧化的局部强加热部位，通过改变防热材料组分或铺覆涂层等措施，在表面形成氧化物薄膜，阻断材料高温氧化的发生。

　　服务于疏导式热防护机理或具备某些热疏导特征的材料和元器件，目前至少有以下几种：1）高热传导各向异性的防热材料，如本章相关机理验证试验所用的高导碳/碳；2）高温和超高温热管，热管在航天领域的应用，过去主要集中在卫星等飞行器的内部温控方面，用于对外部加热的防护，疏导传热是一种新的探索和尝试；3）高效隔热材料，疏导式热防护提出的高效隔热机制，要求相关材料应在气体对流传热、气体/固体热传导和内部辐射等多相多途径地限制热量的传输，如本章重点分析的纳米气凝胶材料；4）用于表面抗氧化的各种特制防热材料或表面涂层材料。

在飞行器热防护范围内，对符合以上一种或几种结构材料技术特征的设计，都可视为疏导式热防护技术的应用。此外，在疏导式热防护理论的提出和论证中，新建立的一些分析计算方法和试验技术，它们在得到更广泛的应用时，也可考虑为疏导式热防护相关技术的推广应用。例如某些疏导热防护物理机制的分析计算方法，由疏导式热防护机理验证而开拓的长时间加热试验模拟技术，以及某些热环境试验预测方法等。它们在本书各相关章节都有较系统的介绍。

根据前面所述的技术特点，疏导式热防护的应用条件可以重点考虑以下几个方面：1）由于外形变化或其他原因，飞行器表面不太大的范围内存在着大的加热差异，热流有量级的不同，或者具有较大温度梯度的部位；2）在长时间加热条件下，需要具备高效隔热性能的大面积防热区域；3）局部强加热部位需要实施抗氧化功能的部位；4）在表面层与疏导层之间能够实现低界面热阻的状态条件。还需要说明的一点是，热疏导的应用不仅限于外流加热，对发动机的内流加热或其他需要进行热管理的地方，只要符合以上某种应用条件，都有可能采用疏导防热。此外，还需注意，非烧蚀和烧蚀在机理上虽然有本质的区别，但在应用上并不对立，不是非此即彼的关系。例如，某些在大气层中长程飞行的飞行器，虽然在整体上应该具有非烧蚀特性，但在基本保证飞行性能的条件下，允许局部有微量烧蚀。又例如为烧蚀防热研制的许多材料，在非烧蚀防热设计中，也可应用。由于烧蚀防热已有长期应用的成熟经验，它的许多具体设计理念和相关技术、方法等都可应用于非烧蚀防热。

3.5.2　疏导式热防护技术的典型应用

3.5.2.1　疏导式热防护在飞行器端头部位的应用

以典型球锥外形端头防热设计为例，分别针对非疏导模型和疏导模型进行瞬态热响应的比对计算。为简化计算，将疏导模型设定为表面层、疏导层及隔热层的典型三层疏导防热结构，非疏导模型设定为表面层（即传统防热层）、隔热层两层结构，且暂不考虑各层间接触热阻对模型传热性能的影响。

图 3-60 为算例采用的疏导模型及非疏导模型外形尺寸示意图，表 3-19 为 3 种模型选取的材料及厚度，表 3-20 为不同材料选取的计算物性参数。选取来流马赫数 10，高度 25 km 的飞行加热环境，图 3-61 为计算得到的模型表面热流沿轴向的分布，驻点热流约为 6.3 MW/m²，尾端热流约为 300 kW/m²，且高热流区集中在前段圆球段。

表 3-19　疏导模型与非疏导模型各层材料及厚度

模型类型	表面层	疏导层	隔热层
非疏导模型	10 mm 碳/碳复合材料	无	12 mm 普通隔热材料
疏导模型 1	3 mm 碳/碳复合材料	7 mm 疏导介质	12 mm 普通隔热材料
疏导模型 2	3 mm 碳/碳复合材料	7 mm 疏导介质	12 mm 高效隔热材料

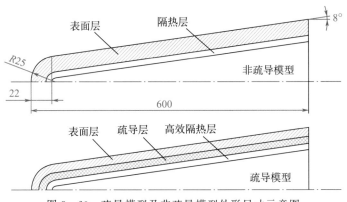

图 3 - 60　疏导模型及非疏导模型外形尺寸示意图

表 3 - 20　计算采用的材料物性参数

材料类型	密度/（kg·m⁻³）	热导率/（W·m⁻¹·K⁻¹）	热容/（J·kg⁻¹）	表面发射率
碳/碳复合材料	1 800	50	1 000	0.8
疏导介质（高温热管）	—	10^5	—	—
普通隔热材料	1 200	0.25	1 000	—
高效隔热材料	500	0.02	1 000	—

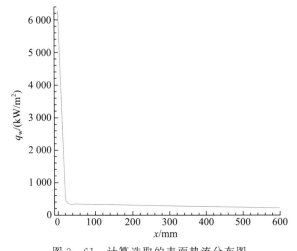

图 3 - 61　计算选取的表面热流分布图

　　图 3 - 62 为疏导模型和非疏导模型 600 s 时刻温度响应云图的对比。由图可见，非疏导模型从端头到尾部，色温变化显著，说明前后表面温差大，温度梯度高；疏导模型色温变化小，说明其表面温度相对比较均匀。

　　图 3 - 63 为疏导模型和非疏导模型驻点温度随时间变化规律对比。在当前计算条件下，非疏导模型表面温度高达 2 422 K，远大于表面层碳/碳复合材料的烧蚀温度；而疏导模型驻点最高温度仅为 1 650 K 左右，相比非疏导模型降低了约 900 K，在此温度下，表

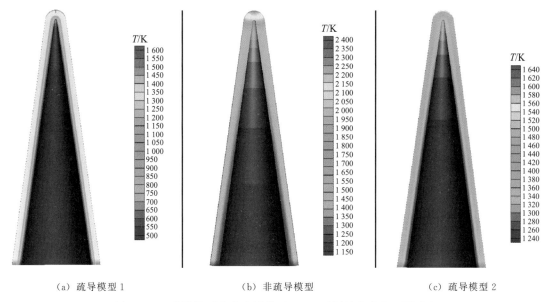

（a）疏导模型 1　　　　　　　（b）非疏导模型　　　　　　　（c）疏导模型 2

图 3 - 62　疏导模型和非疏导模型 600 s 时刻温度响应云图对比

面层碳/碳复合材料仍可能发生一定程度氧化。如果在模型表面层增加合适的抗氧化涂层，或使用具有抗氧化特性的防热材料代替表面层碳/碳复合材料，疏导模型将能够具备长时间非烧蚀的综合防热性能。

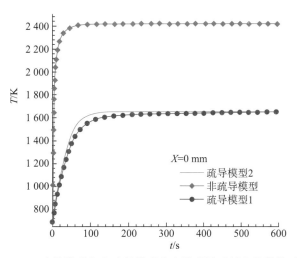

$X=0$ mm
　　—— 疏导模型2
　　—◆— 非疏导模型
　　—●— 疏导模型1

图 3 - 63　疏导模型和非疏导模型驻点温度随时间变化规律对比

图 3 - 64 为疏导模型和非疏导模型 600 s 时刻表面温度沿轴向分布的对比，表 3 - 21 给出了两类模型特征点温度的具体数值。疏导模型相比非疏导模型沿轴向温度分布更趋平衡，头尾温差从 1 100 K 减小至 230 K 左右，温度梯度明显降低。疏导模型后部大面积温度相比非疏导模型有所升高，有利于辐射散热，若在尾端表面再添加一层高发射率涂层，疏导模型的尾端辐射热耗散性能将进一步提高。

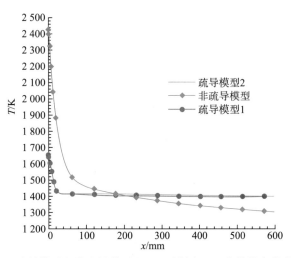

图 3-64　疏导模型和非疏导模型 600 s 时刻表面温度沿轴向分布的对比

表 3-21　两类模型 600 s 时刻表面温度

模型	驻点表面温度/K	尾端表面温度/K
非疏导模型	2 422	1 302
疏导模型 1/2	1 650	1 420

　　图 3-65 为疏导模型和非疏导模型 600 s 时刻隔热层背面温度沿轴向分布的对比,表 3-22 给出了相应时刻驻点和尾端背面温度的数值。由于采用了高效隔热措施,疏导模型 2 比非疏导模型的驻点背温和尾端背温均有显著下降。由此可见,高效隔热对疏导式热防护技术的综合防热特性而言具有非常重要的意义。

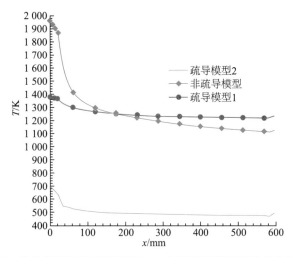

图 3-65　疏导模型和非疏导模型 600 s 时刻背面温度沿轴向分布的对比

表 3 - 22 两类模型 600 s 时刻隔热层背面温度

模型	驻点背面温度/K	尾端背面温度/K
非疏导模型	1 957	1 124
疏导模型 2	700	500

3.5.2.2 疏导式热防护在超燃燃烧室中的应用

超燃冲压发动机燃烧室热环境恶劣，内部燃气温度高、气流呈富氧特性、需承受长时间的强加热，且由于燃烧放热或波系干扰导致热流分布极不均匀，存在局部强加热点，继而引发局部高温（如图 3 - 66 所示），对热防护提出了很高的要求。

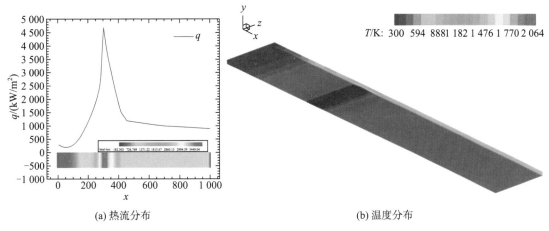

(a) 热流分布　　　　　　　　　　(b) 温度分布

图 3 - 66 典型高温合金超燃燃烧室加热面热流及温度分布

目前，超燃燃烧室的热防护主要有被动式的复合材料热防护方案和基于燃油冷却的主动热防护方案。被动式热防护主要依靠具有耐高温抗氧化特性的复合材料结构实现燃烧室的非烧蚀热防护，但在进气道来流马赫数较高时，燃烧室内壁温度仍会超出复合材料结构所能承受的极限温度；因此，燃油主动冷却技术成为超燃燃烧室热防护的主要备选方案，但由于飞行器对超燃发动机质量要求较高，目前燃油主动冷却技术还面临冷却燃料不足的问题。

针对超燃冲压发动机热防护技术的难点和需求，采用基于高温热管技术的一体化燃烧室疏导式热防护结构，结合燃料再生冷却技术，可有效地提升整个发动机的热管理水平，可能解决超燃燃烧室热防护难题。基于高温热管技术的新型超燃冲压发动机燃烧室热防护结构，如图 3 - 67 所示。燃烧室防热面板为腔体热管，由内外壁板及侧壁板组成，内部为热管腔体（工作状态下会充满工质蒸汽），靠近燃气壁一侧铺设了燃油冷却通道。燃油管路为圆形截面，与靠近燃烧室的内侧壁板焊接。疏导防热结构壳体采用镍基高温合金，选取钠为热管工质，燃油冷却管采用镍基高温合金材料。工作状态下，燃烧室防热面板内侧壁板受热，热量传导至热管腔体内部，由于热管自身的快速热传导特性，整个防热面板接近等温状态，同时，燃油冷却通道的燃油可快速将燃烧室防热面板腔内的热量带走，实现面板的整体冷却。

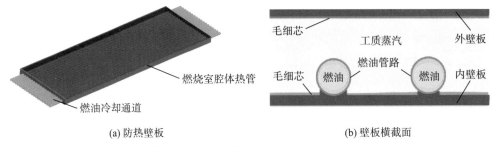

(a) 防热壁板　　　　　　　　　　　　　　(b) 壁板横截面

图 3 - 67　超燃燃烧室新型热防护结构

为了分析一体化燃烧室疏导式热防护结构的综合防热效果，考虑无氧铜面板、高温合金面板和一体化热管式高温合金面板 3 种分析模型，其中，无氧铜面板、高温合金面板为实体结构，内部加工出与疏导模型同样的燃油冷却通道（即 3 种模型均采用相同的燃油冷却通路）。采用数值传热计算方法对这三种模型在图 3 - 66 给出的典型加热状态下的热响应特性和燃油冷却效率进行了综合计算分析。

图 3 - 68 为计算得到的 3 种模型燃烧室内外表面中心线温度场变化曲线。其中无氧铜面板外表面的最高温度为 1 340 K，最低温度为 409 K，温差为 931 K；高温合金面板外表面的最高温度为 1 342 K，最低温度为 342 K，温差为 1 000 K；一体化热管式高温合金面板外表面的最高温度为 892 K，最低温度为 769 K，温差仅为 123 K。可见相对于铜面板和高温合金面板模型，由于高温热管的快速热传导作用，显著降低了局部高热流区的最高温度（降温幅值约 800 K），同时减小了温度梯度，起到了非常好的均温效果，改善了面板材料的服役条件。

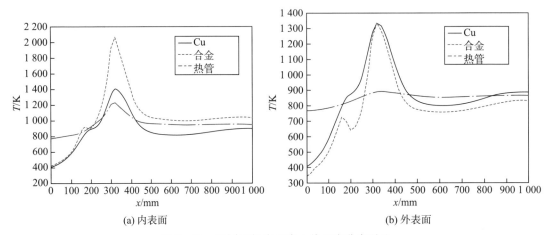

(a) 内表面　　　　　　　　　　　　　　(b) 外表面

图 3 - 68　不同面板表面中心线温度分布对比

表 3 - 23 给出了不同面板在最高服役温度下冷却燃油需求量以及辐射散热量等参数的对比。在面板外部辐射散热量方面，热管式疏导面板的单元辐射散热量为无氧铜面板的 3.4 倍，为高温合金面板的 13.1 倍。在燃油冷却所需流量方面，热管式疏导面板冷却燃油

需求量为无氧铜面板的 1/2，为高温合金面板的 1/3。另外，由于热管式疏导面板内部为空腔结构，相比无氧铜面板模型和高温合金面板模型，结构质量大大减小，其单位面积质量只有无氧铜面板的 35.4%，高温合金面板的 38.2%，如图 3 - 69 所示。

表 3 - 23　不同面板性能指标对比

模型类型	单元燃油流量/（kg/s）	单元辐射散热/W	单元再生换热/W
无氧铜面板模型	0.01	35	6 160
高温合金面板模型	0.015	9	6 186
一体化热管式高温合金面板模型	0.005	118	6 077

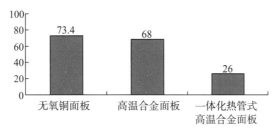

图 3 - 69　不同面板单位面积质量对比（kg/m²）

为了验证疏导式燃烧室防热结构的可行性以及其在加热条件下的启动性能，制备了结构测试样件。试件由上下壁板、侧板、毛细芯及充装尾管组成。采用电子束焊接将毛细芯紧密焊接在上下壁板，并通过组合焊与侧壁板以及尾管连接。图 3 - 70 为焊接好毛细芯的上下壁板及焊接完成的热管式面板试件。可以看出电子束焊接的毛细芯平整、整洁、贴合良好。

(a) 完成毛细芯焊　　　　　　(b) 热管式疏导结构样件
接的上下壁板内侧

图 3 - 70　平板式高温热管试件

通过 U 型灯管加热器对热管式面板一端进行局部加热 800 s，模拟燃气加热的不均匀热载荷工况。试验加热方案如图 3 - 71 所示，其中点 1~8 为温度测点，位于平板热管中轴线上，且测点 1、2 位于辐射加热面内，测点 3~8 位于辐射加热面外部。试验测得不同测点温度随时间变化曲线如图 3 - 72 所示。可以看到稳定后各测温点温差小于 80 K，均温性良好，表明该热管式面板成功完成启动，初步验证了将其应用于超燃冲压发动机燃烧室的可行性。

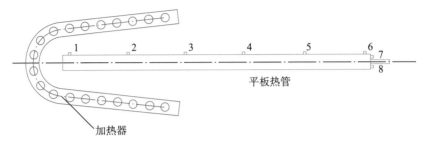

图 3-71　平板式高温热管原理性试验加热方案

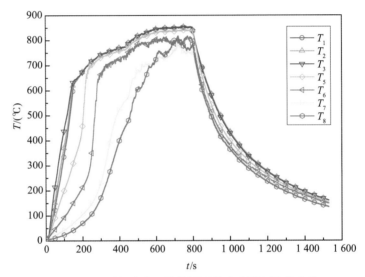

图 3-72　平板式高温热管原理性试验测点温度曲线

　　新型热管式超燃燃烧室疏导防热结构有机地结合了高温热管和燃油再生冷却技术的优点，降低了燃烧室面板的最高温度和温度梯度，改善了面板材料的服役条件，另外在辐射散热能力、燃油冷却流率消耗以及总结构质量等多个方面体现出独特的优势，具有良好的应用前景。

3.5.3　热疏导思想在国外的探索与应用

　　疏导式热防护是由我国提出的一套完整的飞行器防热理论体系，但一段时间以来，世界各航天大国在探索新型非烧蚀热防护技术途径的过程中，已广泛应用了热疏导的思想。

　　X-43A 是典型的具有尖前缘结构的高超声速飞行器，前缘半径约 1 mm，采用了具有纵向高导热特性的耐高温复合材料结构，该设计思想可以极大地降低前缘的温度以及热应力，提高了热结构的可靠性[65]。图 3-73 为不同纤维排列下的碳/碳前缘热结构热试验结果，可以看出沿纵向的纤维排列个数越多，导热系数越大，越利于将前缘高温区的热量快速传导至尾端低热流区，极大地降低前缘的温度，提高了热结构的可靠性[66]。

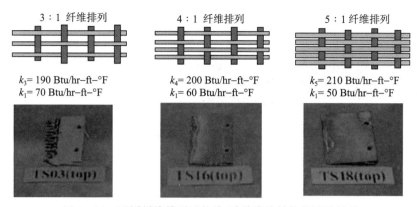

图 3-73　不同纤维排列下的碳/碳前缘热结构热试验结果

图 3-74 为 NASA 兰利研究中心 Silverstein[67] 设计的尖前缘一体化热管示意图，尖前缘半径 0.9 mm，热管外壳为尖前缘的表面，内部是钠工质毛细芯，整个内腔体为钠蒸汽通道。通过热管内腔体的快速传热能力，将前缘驻点区的热量快速疏导至后部的低热流区，使得整个尖前缘区接近一个等温体，实现表面气动加热和辐射散热的热平衡。

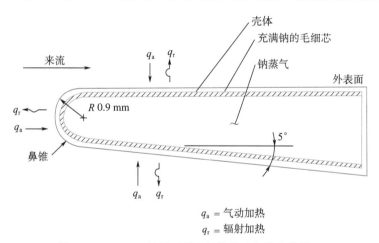

q_a = 气动加热
q_r = 辐射加热

图 3-74　NASP 计划下研究的热管冷却翼前缘模型

翼前缘也是各类新型高超声速飞行器的重要防热部位，美国一直在发展高温热管冷却翼前缘技术，相关的研究取得了诸多技术成果[68]。高温热管冷却翼前缘的主要目的是降低翼前缘的温度，提高复合材料或金属防热材料的防热可靠性。NASA 的兰利研究中心在高温热管冷却翼前缘方面开展了大量的工作，例如镍铬合金高温热管冷却金属翼前缘的研究。后来在 NASP 计划当中，将以 Mo-Re 金属为管壳材料、以 Li 为工质的高温 D 型热管嵌入 C/C 翼前缘材料当中，如图 3-75[69] 所示。试验结果表明利用 Mo-Re 高温热管嵌入碳/碳材料内，可将前缘温度由 2 673 K 降至 1 973 K。

此外，洛克希德·马丁公司针对亚轨道飞行器的翼前缘防热也开展了中高热流环境下的热管冷却翼前缘技术研究，主要采用了以 Mo-Re 金属为管壳材料、以 Li 为工质的高温热管。

图 3-75　NASP 计划下研究的热管冷却翼前缘模型

　　在超燃发动机热防护方面，澳大利亚昆士兰大学的研究人员通过研究发现，超燃冲压发动机内部由于点火燃烧、局部的激波/边界层干扰以及高温燃气冲刷壁面等因素，会在局部形成热流高峰，称为 "hot spots"（热斑）。这些局部热流峰值会造成发动机壳体结构形成局部高温区，极易引起烧蚀或热应力破坏。相关研究发现，采用具有高导热特性的发动机壳体可以有效地降低发动机壳体壁面温度，在同样的热环境下可以将以抗氧化 C/C 为壳体的发动机壁面温度从 1 940 ℃降至 1 600 ℃[70]，如图 3-76 所示。这一技术实际上采用了疏导式热防护的思想，主要原理是通过高导热的发动机壳体，将 "hot spots" 附近高热流区的热量疏导至相对的低热流区，达到降低高热流区的温度以及热应力的目的。另外，NASA 的 Silverstein 也开展了以钼为壳体材料，以锂为传热工质的高温热管冷却超燃冲压发动机燃烧室方面的研究[65]。

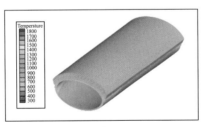

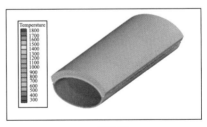

　　　　　(a) 疏导后　　　　　　　　　　　　　　(b) 疏导前

图 3-76　超燃燃烧室热疏导前后壳体温度对比

参 考 文 献

[1] 李锋,艾邦成,姜贵庆. 一种热平衡等温机制的新型热防护及相关技术 [J]. 宇航学报,2013,34 (12)：1644 - 1650.

[2] 姜贵庆,艾邦成,俞继军. 疏导式热防护的冷却机制 [J]. 空气动力学学报,2009 (27)：46 - 50.

[3] 姜贵庆,刘连元. 高速气流传热与烧蚀热防护 [M]. 北京：国防工业出版社,2003.

[4] 刘连元. 高超飞行器热防护的发展与疏导式热防护方法 [J]. 气体物理 (专刊),2009.

[5] COOPER M G，MIKIC B B，YOVANOVICH M M. Thermal Contact Conductance [J]. Journal of Heat Mass Transfer,1969,12：274 - 300.

[6] MAROTTA E E，FLELCHER L S. Thermal Contact Conductance of Selected Polymeric Materials [J]，Journal of Thermophysics and Heat Transfer,1996,10 (2)：334 - 342.

[7] FULLER J J，MAROTTA E E. Experimental Investigation of the Thermal Contact Conductance of Metal/Polymer Joint [R]. 2000，AIAA - 2000 - 0877.

[8] SRIDHER M，YOVANORICH M. Critical Review of Elastic and Plastic Thermal Contact Conductance Models and Comparison with Experiment [R]. 1993，AIAA 93 - 2776.

[9] 姜贵庆,俞继军. 长时间气动加热飞行器的隔热机理 [J]. 宇航材料工艺,2006,36 (1)：27 - 29.

[10] BEENA T，KALPESH B S，BASHA S，RAKSH V J. Effect of Zr/Si Molar Ratio and Sulfation on Structural and Catalytic Properties of ZrO_2 - SiO_2 Mxed Oxides [J]. Journal of Porous Materials,2010,17 (6)：699 - 709.

[11] HURWITZ F I，MBAH G C. High Temperature Aerogels for Thermal Protection Systems. 32nd Annual Conference on Composite Materials and Structures [C]，Daytona Beach, FL,2008：28 - 31.

[12] WANG J，SHEN J，ZHOU B，DENG Z G，ZHAO L，ZHU L，LI Y F. Cluster Structure of Silica Aerogel Investigated by Laser Ablation [J]. Nanostructured Materials,1998,10 (6)：909 - 916.

[13] 刘鹤,李增耀,胡子君,陶文铨. 气凝胶单元体模型结构参数与等效热导率研究 [J]. 工程热物理学报,2012,33 (6)：1039 - 1042.

[14] CHEN G. Nonlocal and Nonequilibrium Heat Conduction in the Vicinity of Nano Particles [J]. Journal of Heat Transfer,1996,118：539 - 545.

[15] 高秀霞,张伟娜,任敏,朱果逸. 硅气凝胶的研究进展 [J]. 长春理工大学学报,2007,30 (1)：86 - 91.

[16] 施一长. 纳米隔热材料导热机理与特性研究 [D]. 哈尔滨：哈尔滨工业大学工学硕士学位论文,2010.

[17] 张秀华,赵海雷,何方,李雪,仇卫华,吴卫江,曲选辉. SiO_2 气凝胶的常压制备与表面改性 [J]. 北京科技大学学报,2006,28 (2)：157 - 162.

[18] 杨凯,庞佳伟,吴伯荣,陈实,吴锋,杨栋. 二氧化硅气凝胶改性方法及研究进展 [J]. 北京理工

大学学报，2009，29（9）：833 - 837.

[19]　冯坚,高庆福，冯军宗，姜勇刚 . 纤维增强 SiO_2 气凝胶隔热复合材料的制备及其性能 ［J］. 国防科技大学学报，2009，32（1）：40 - 44.

[20]　黄飞,程晓丽，俞继军 . 多孔隙隔热材料内压的时间响应 ［J］. 宇航学报，2010，31（1）：233 - 238.

[21]　黄飞,程晓丽，俞继军，姜贵庆 . 多孔隔热材料内压响应的影响因素分析 ［J］. 空气动力学学报，2011，29（5）：580 - 584.

[22]　卫锦先 . 航天材料热物性学 ［M］. 北京：宇航出版社，1997.

[23]　官玲俊 . 制备条件对二氧化硅气凝胶导热系数的影响研究 ［D］, 广州：广州大学硕士学位论文，2011.

[24]　KAMVAN D. Thermal Analysis and Design Optimization of Multilayer Insulation for Reentry Aerodynamic Heating ［J］. Journal of Spacecraft and Rockets，2002，39（4）：509 - 514.

[25]　WILLIAMS S D，CURRY D M. Predictions of Rigid Silica Based Insulation Conductivity Using Morphological Data ［C］. 29th National Heat Transfer Conference，Atlanta，Georgia，August 1993.

[26]　ZENG S Q，HUNT A，GREIF R. Mean Free Path and Apparent Thermal Conductivity of Gas in a Porous Medium ［J］. Journal of Heat Transfer，1995，117：758 - 762.

[27]　ZENG S Q，HUNT A，GREIF R. Geometric Structure and Thermal Conductivity of Porous Medium Silica Aerogel ［J］. Journal of Heat Transfer，1995，117：1055 - 1058.

[28]　MARKUS S，WINTER E R F，RAYMOND V，THOMAS S. Theoretical Studies of High - temperature Multilayer Thermal Insulations Using Radiation Scaling ［J］. Journal of Quantitative Spectroscopy and Radiative Transfer，2004，84（4）：477 - 491.

[29]　张欣欣,乐恺，刘育松，王戈，倪文 . 二氧化硅气凝胶的等效热导率理论 ［J］. 宇航材料工艺，2010，2：15 - 19.

[30]　CUNNINGTON G R，ZIERMAN C A，FUNAI A I，LINDAHN A. Performance of Multilayer Insulation Systems for Temperature to 700K ［R］，NASA CR - 907，1967.

[31]　HAGER N E，STEERE R C. Radiant Heat Transfer in Fibrous Thermal Insulation ［J］. Journal of Applied Physics，1967，38（12）：4663 - 4668.

[32]　PAWEL R E，MCELROY D L，WEAVER F J，GRAVES R S. High Temperature Thermal Conductivity of a Fibrous Alumina Ceramic ［M］. Plenum Press，1985：301 - 313.

[33]　BANKVALL C. Heat Transfer in Fibrous Materials ［J］. Journal of Testing and Evaluation，1973，1（5）：235 - 243.

[34]　KAMRAN D，GEORGE R C，STEEVE D M，JEFFRY R K. Combined Heat Transfer in High - porosity High - Temperature Fibrous Insulations：Theory and Experimental Validation ［R］. AIAA 2010 - 4660.

[35]　闫长海 . 金属热防护系统隔热材料的隔热机理及隔热效率研究 ［D］. 哈尔滨工业大学博士学位论文，2006.

[36]　E. M. 斯帕罗，R. D. 赛斯 . 辐射传热 ［M］. 北京：高等教育出版社，1982.

[37]　谈和平,夏新林,刘林华,阮立明 . 红外辐射特性与传输数值计算 ［M］. 哈尔滨：哈尔滨工业大学出版社，2005.

[38]　KAMRAN D. Heat Transfer in High - Temperature Fibrous Insulation ［R］. AIAA 2002 - 3332.

［39］ YU J J，HUANG F，JIANG G Q. The Parameters Identification Method of Radiation Heat Transfer for NanoPorous Materials ［J］. Advanced Materials Research，2013，631 - 632：341 - 347.

［40］ 姜贵庆，李仲平，俞继军. 硅基复合材料粘性系数的参数辨识 ［J］. 空气动力学学报，2008，26 （4）：452 - 455.

［41］ 李斌. 传热学自学指导 ［M］. 北京：高等教育出版社，1990.

［42］ 戴锅生. 传热学（第二版）［M］. 北京：高等教育出版社，1999.

［43］ BALAT P M，ROBERT J F，SANS J L. Emissivity Measurements on Carbon - carbon Composites at High Temperature under High Vacuum ［J］. Applied Surface Science，2006，253 （2）：778.

［44］ NEUER G. Spectral and Total Emissivity Measurements of Highly Emitting Materials ［J］. International Journal of Thermophysics，1995，16 （1）：257.

［45］ 朱波，曹伟伟，井敏. C/C 复合材料的光谱发射率研究 ［J］. 光谱学与光谱分析. 2009，29 （11）：2909 - 2913.

［46］ MARSCHALL J，CHEN Y K. Modeling Surface Oxidation in Transient Aerothermal Heating Environments ［R］. AIAA 2004 - 485.

［47］ 杜胜华，夏新林. 气动加热下高温陶瓷材料的红外辐射机理与特性 ［J］. 红外与毫米波学报. 2010，29 （4）：268 - 272.

［48］ LEE S C，WHITE S，GRZESI K J. Effect of Particle Size in Composite Material on Radiative Properties ［C］. AIAA 28th Thermophysics Conference. Orlando，FL，1993：1993 - 2729.

［49］ GLASS D E. Heat - Pipe - Cooled Leading Edges for Hypersonic Vehicles ［R］. NASA Report - 20080014285.

［50］ 张平，宣益民，李强. 界面接触热阻的研究进展 ［J］. 化工学报，2012，63 （2）：335 - 349.

［51］ 张建贤，邹永军，徐蕾，顾新伟，卿凤翎. 高发射率涂料的研究及应用现状 ［J］. 红外技术. 2007，29 （8）：491 - 494.

［52］ VILLASECA S A，SERKOVIC L L N，LEDIEU J，FOURNE V，GILLE P，DUBOIS J M，GAUDRY. Oxygen Adsorption on the Al9Co2 （001） Surface：First - principles and STM Study ［J］. Journal of Physics：Condensed Matter，2013，25 （35）.

［53］ SPRODOWSKI C，MEHLHORN M，MORGENSTERN K. Dissociation of Oxygen on Ag （100） Induced by Inelastic Electron Tunneling ［J］. Journal of Physics：Condensed Matter，2010，22 （26）.

［54］ STRIFE J R，SHEEHAN J E. Ceramic Coatings for Carbon - carbon Composites ［J］. American Ceramic Society Bulletin. 1988，67 （2）：369 - 374.

［55］ SAVAGE G. Carbon - carbon Composites ［M］. London：Chapman and Hall，1993.

［56］ JANAF. Thermochemical Tables （2nd Edition）［M］. 1974，Supplement 1975，U. S. Commerce，1971.

［57］ BARIN I. Thermochemical Data of Pure Substances ［M］. Weinheim：VCH Verlagsgesellschafe，1993.

［58］ DENG D Y，LUO X G，CHEN S Y. The Active - to - passive Oxidation Transition Mechanism and Engineering Prediction Method of C/SiC Composites ［J］. Science in China E：Technical Science，2013，56 （6）：1403 - 1408.

［59］ 邓代英，陈思员，俞继军. C/SiC 材料主动氧化烧蚀计算研究 ［J］. 空气动力学学报，2011，29 （4）：496 - 500.

［60］ 陈思员，姜贵庆. 碳化硅材料的被动抗氧化机制及转捩温度分析 ［J］. 宇航材料与工艺，2009，39

(3): 21 - 24.

[61] ARTHUR H H, LOU V L K. Volatility Diagrams for Silica, Silicon Nitride, and Silicon Carbide and Their Application to High - temperature Decomposition and Oxidation [J] . Journal of American Ceramic Society, 1990, 73 (10): 2789 - 2803.

[62] WAGNER C. Passivity During the Oxidation of Silicon at Elevated Temperatures [J] . Journal of Applied. Physics, 1958, 29 (9): 1295 - 1297.

[63] BALAT M J H. Determination of the Active - to - passive Transition in the Oxidation of Silicon Carbide in Standard and Microwave - excited Air [J] . J. Eur. Ceram. Soc, 1996, 16, 55 - 62.

[64] DEAL B E, GROVE A S. General Relationships for the Thermal Oxidation of Silicon [J] . Journal of Applied Physics. 1965, 36: 3770 - 3778.

[65] GLASS D E. Ceramic Matrix Composite (CMC) Thermal Protection Systems (TPS) and Hot Structures for Hypersonic Vehicles [R] . AIAA - 2008 - 2682.

[66] RIVERS H K, GLASS D E. Advances in Hot - structure Development [R] . NASA TP 20080014278.

[67] SILVERSTEIN C C. Heat Pipe Cooling for Scramjet Engines [R] . NASA TP1989000598.

[68] BOMAN B L, CITRIN K M, GARNER E C, STONE J E. Heat Pipes for Wing Leading Edges of Hypersonic Vehicles [R] . NASA TP1990000773P.

[69] GLASS D E, MERRIGAN M A, SENA J T, REID R S. Fabrication and Testing of a Leading - Edge - Shaped Heat Pipe [R] . NASA TP1998023709.

[70] ZANDER F, MORGANY R G. Composite Scramjet Combustor [R] . AIAA 2009 - 7354.

第4章 高温和超高温热管

  热管（Heat Pipe）是一种高性能的传热元件，它通过工质的蒸发、凝结和循环流动，实现热量从热端到冷端的高效传递。热管由壳体、毛细芯和工质组成。沿长度方向，热管分为蒸发段、绝热段和冷凝段。蒸发段又称为蒸发器、蒸发端或加热段；冷凝段又称冷凝器、冷凝端或冷却段。

  热管的工作过程如图4-1所示。当热管启动后，热端蒸发段内部的液态工质吸收热量蒸发，不断变成蒸汽，蒸汽流在热管中心流向冷凝段，凝结成液体并释放热量，液体从冷凝段沿贴壁毛细芯回流到蒸发段，工质不断循环流动，热量从蒸发段不断传递到冷凝段。

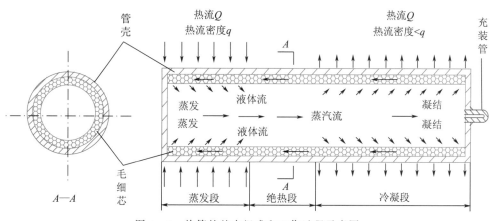

图4-1 热管的基本组成和工作过程示意图

  图4-1所示的热管属于传统热管（Conventional Heat Pipe）[1-2]，由管壳、毛细芯和工质组成了密闭的蒸发-凝结系统。热管制造时，通过充装管先将内部空气抽出，到一定的真空度后，充入工质，并对充装管封口、密封。传统热管工作时，液态工质在与蒸汽空间接触的毛细芯表面会形成弯月面。在蒸发器端部附近，弯月面半径最小，毛细力最大。在蒸发段的毛细芯表面，沿轴向会形成弯月面半径梯度，从而产生毛细力梯度。蒸发段内的液态工质在弯月面不断蒸发，变成气态，液态工质由毛细芯内工质回流来补充。液态工质回流驱动力由弯月面梯度产生的毛细力提供。可见，热管是一种将热量从热源向热汇传递的中间元件。

  1942年高格勒（Gaugler）提出了热管元件的工作原理，1964年格罗佛（Grover）将这种元件正式命名为"热管"，1965年科特（Cotter）提出了系统的热管理论；1968年美国国家航空航天局（NASA）第一次将热管用于卫星。之后，热管研究不断深入，在几乎所有传热场合都有应用,解决了许多其他方法难以解决的传热问题,在很多情况下起到不可替代的作用。热管的研究和应用至今仍在蓬勃发展,国内外相关学术交流非常活跃。1973 年在德国举行了第一届国际热管会议(IHPC,Int. Heat Pipe Conference),至今已经召开了 17 次。1985 年在日本举行了第一届国际热管研讨会(IHPS,Int. Heat Pipe Symposium),至今已经召开了 11 次。2016 年在韩国举行了第 18 届国际热管会议和第 12 届国际热管研讨会的联合会议(Joint of 18 IHPC & 12 IHPS)。下届联合会议(Joint of 19 IHPC & 13 IHPS)将在意大利举行。1980 年我国在哈尔滨举行了第一届全国热管会议(CHPC,China Heat Pipe Conference),至今已经召开了 14 次。到目前为止,我国已有《热管术语》《热管性能试验方法》《热管寿命试验方法》《有管芯热管》《无管芯热管》等国家标准颁布执行。

在一定使用温度、传热量范围等约束条件下,热管的传热可处理成具有一定当量导热系数的材料。与最好的导热材料相比,热管的当量导热系数可以高几倍甚至几个数量级。纯铝和铜的导热性能很好,20 ℃时它们的导热系数分别为 236 W/(m·℃)、398 W/(m·℃)。以它们作为基准进行比较,可以说明热管的性能。

假设要将 20 W 的热量沿直径为 1.27 cm 的圆棒传输 0.5 m 的距离。利用傅里叶定律,对热管和铝、铜的导热性能进行计算,它们传热所需的温差如图 4-2 所示。同样传输 20 W 的热量,铝棒须有 460 ℃的温差,铜棒须有 206 ℃的温差,而带丝网毛细芯的铜-水热管只需 6 ℃的温差。

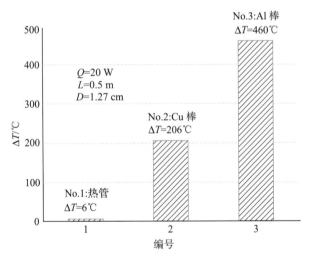

图 4-2　热管和铜、铝在传递相同热量时所需温差

4.1　热管的概念

4.1.1　热管的特性

4.1.1.1　基本特性

热管有 3 个最基本的特性。1)传热能力大。工质在相变时吸收和释放的潜热大,因

此不需要很大的蒸发量或冷凝量就能传递大量的热，参加循环工质的质量流量不需很大，相应的流阻很小。2) 等温性好。热管壁面的温度分布主要取决于热源和热汇的温度。可以认为，热管内部工质在相变和流动时，温差变化都很小，内部可以得到高度等温的壁面，所以在当量导热系数很大的同时，热管等温性好。3) 具有热流密度变换能力。热管可以根据需要，在蒸发段用高热流密度输入，在冷凝段用低热流密度输出，或反之。蒸发段和冷凝段具有不同的传热系数，传递同样热量所需面积不同，因此可以方便地设计调整热管这两段相匹配的长度，乃至换热面积。

如图 4-1 所示，蒸发段的长度小于冷凝段。传递同样传热量 $Q(\mathrm{W})$，冷凝段的热流密度 $q(\mathrm{W/m^2})$ 就小于蒸发段。热管蒸发段和冷凝段的热流密度比例可根据空间约束、蒸发段和冷凝段各自管外换热系数的不同来调整设计。

4.1.1.2　热量传输因子

热量传输因子（Heat Transport Factor）定义为热管传输的热量和当量传输距离乘积的最大值。

对于具有毛细芯的传统热管，假设毛细力最小值发生在冷凝器的末端，加热段和冷却段的热流密度均匀，即对蒸发器输入的热量和从冷凝器输出的热量分别沿长度线性变化，则热量传输因子可表示从 0 到热管总长度 L_t 的积分形式

$$(QL)_{\mathrm{cap,\,max}} = \int_0^{L_\mathrm{t}} Q(z)\mathrm{d}z = (0.5L_\mathrm{e} + L_\mathrm{a} + 0.5L_\mathrm{c})Q_\mathrm{e} \qquad (4-1)$$

式中　L——长度；

　　　Q——传热量；

　　　角标 t、e、a 和 c——分别表示热管总长、蒸发段、绝热段和冷凝段。

4.1.1.3　热阻

对于具体传热研究对象，热阻（Thermal Resistance）就是温差和传热量的比值

$$R = \frac{\Delta T}{Q} \qquad (4-2)$$

当热管正常工作时，其内部进行着液体的蒸发、蒸汽的流动、蒸汽的凝结、凝结液的回流等 4 个工作过程，这是从工质的角度来看的。从热阻的角度，需将考虑的范围扩大到毛细芯、壳体和外部与热源及热汇的耦合方式。

热阻是从电阻比拟来的，这使热管的局部和整体传热分析更加方便。热量从热源通过热管到热汇经过了多个串、并联热阻的路径。图 4-3 给出了一个截面为圆形热管的热阻示意。热管热阻可细分为 9 个，再考虑 2 个外部热阻，热源到热汇的传热路径共有 11 个热阻串并联。

表 4-1 给出了圆形截面热管传热时各热阻的计算式和大致数值。表中，R 表示热阻，T 表示温度，P 表示压力，l 表示热管长度，$\widetilde{R}$ 为气体常数，d 表示直径，h 为换热系数，h_{fg} 为汽化潜热，ρ 表示密度；角标 i、o、v、e 和 eff 分别表示热管内、外、蒸汽、蒸发段和有效参数。

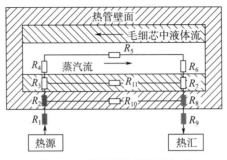

图 4-3　热管传热的热阻组成

由表可见，与工质流动有关的 3 项热阻 R_4、R_5、R_6 都是小量，热管的主要优点是具有很小的内部热阻。相比之下，轴向热阻 R_{10} 和 R_{11} 大几个数量级，可见这 2 个热阻被 $(R_4 + R_5 + R_6)$ 内部热阻"短路"。$(R_1 + R_2 + R_3)$ 是蒸发段的径向热阻；$(R_7 + R_8 + R_9)$ 是冷凝段的径向热阻，热管的传热主要受径向热阻的控制；R_1 和 R_9 是外部热阻。在多数情况下，热管的外部热阻 $(R_1 + R_9)$ 占了总热阻的绝大部分。外部传热有 3 种基本情况：管壁与热源或热汇主要是辐射换热；管外是某种流体，热管与流体间进行对流换热；管壁与热源或热汇间进行接触，以导热方式传热。还可能是上述 2 种或 3 种的组合换热。

热管能否发挥高性能取决于热量能否进出热管。热量从热源到加热段，穿过管壁和毛细芯，热阻 R_1、R_2 和 R_3，通过蒸汽到冷凝段，再穿过毛细芯、管壁、由管壁再到热汇，热阻 R_7、R_8、R_9，这 6 个是主控热阻，在热管设计时要采取措施尽量减小。

表 4-1　圆形截面热管各热阻的表达式和大致数值

方向	热阻	表达式	大致数值/（℃/W）
径向	热源向蒸发段壁面； 冷凝段壁面向热汇	$R_1 = \dfrac{1}{h_e \pi d_o l_e}$；$R_9 = \dfrac{1}{h_c \pi d_o l_c}$	$10 \sim 10^3$
	蒸发段壳壁； 冷凝段壳壁	$R_2 = \dfrac{\ln(d_o/d_i)}{2\pi k_w l_e}$；$R_8 = \dfrac{\ln(d_o/d_i)}{2\pi k_w l_c}$	$10^{-1} \sim 10$
	蒸发段毛细芯； 冷凝段毛细芯	$R_3 = \dfrac{\ln(d_i/d_v)}{2\pi k_{\text{eff}} l_e}$；$R_7 = \dfrac{\ln(d_i/d_v)}{2\pi k_{\text{eff}} l_c}$	10
	蒸发段蒸发； 冷凝段凝结	$R_4 = \dfrac{\widetilde{R} T_v^2 \sqrt{2\pi \widetilde{R} T_v}}{\pi d_v l_e h_{fg}^2 P_v}$；$R_6 = \dfrac{\widetilde{R} T_v^2 \sqrt{2\pi \widetilde{R} T_v}}{\pi d_v l_c h_{fg}^2 P_v}$	10^{-5}
轴向	中心蒸汽流	$R_5 = \dfrac{128 l_{\text{eff}} \mu_v T_v}{\pi d_v^4 \rho_v^2 h_{fg}^2}$	10^{-8}
	管壳壁截面	$R_{10} = \dfrac{4 l_{\text{eff}}}{\pi k_w (d_o^2 - d_i^2)}$	10^3
	毛细芯截面	$R_{11} = \dfrac{4 l_{\text{eff}}}{\pi k_{\text{eff}} (d_i^2 - d_v^2)}$	10^4

4.1.1.4　不凝气体、除气和真空度

不凝气体（Non - condensible Gas）在热管工作时不发生凝结，是在制备时留存或在工作中逐渐产生，多聚集在冷凝段端部的气体，也称为不凝性气体。

金属材料在存放时，即使在低压下，表面也会吸附一定量的接触气体。面积大、压力大，吸附气体的量就多。随真空度的增加，吸附量减小。吸附量还与表面粗糙度有关，毛细芯微孔结构内部吸附气体的能力更强。

若固体单位表面上吸附的气体分子数为 N，面积为 A 的表面吸附气体分子的质量为

$$m = \frac{A\mu N}{N_0} \tag{4-3}$$

其中

$$N_0 = 6.023 \times 10^{23}/\text{mol}$$

式中　N_0——阿伏加德罗常数；

μ——气体的平均分子量，对于空气，$\mu = 29$。

金属表面吸附气体分子的数目最大可达 $1.015 \times 10^{15}/\text{cm}^2$，此值相当于 4.8×10^{-8} g 的空气。它可能比一定真空度空间的剩余气体的量还大，见表 4 - 2，吸附气体的量不可忽视。

金属材料在熔炼时，金属表层内部也会吸收一些气体，它们分布在金属晶格离子之间，工作温度高时有时形成固溶体，或参加电化学反应。

除气（Degas）是在热管充装前，对管壁和毛细芯表面吸附和内部吸收的不凝气体去除的工艺。除气包括两种：其一，在对热管抽真空时，对壁面加热到超过工作温度并保持一定时间，不凝气体加速排出；其二，将充装前的整根热管放入高温真空炉，为防止氧化，先实现一定真空，再提高炉温，并保持一定时间。对于高温热管和超高温热管，抽气时间需持续一两个小时或更长。为防止高温下管壁的氧化，可采用惰性气体对热管内的气体多次进行置换的方法。

真空是指低于一个大气压的气体状态。真空度（Vacuum Degree）是真空系统的气体压强用 10 的负指数表示时它的绝对值的相对大小。高真空也称高真空度，是指这个绝对值大，实际是指气体的压强小。真空区间分为粗真空、低真空、高真空（HV, High Vacuum）、超高真空（Ultra HV）和极高真空（Extreme HV 或 XHV）。高温和超高温热管主要涉及高真空，压力在 $10^{-6} \sim 10^{-1}$ Pa。当压力小于 10^{-4} Pa 时，不凝气体分子的平均自由程大于 10 m。

高真空状态下，气体可采用理想气体的状态方程，热管腔内剩余气体的质量为

$$m = \frac{1}{4}\pi d^2 L \frac{\mu P}{RT} \tag{4-4}$$

式中　d——热管的当量直径；

L——热管长度；

μ——气体的平均分子量；

P——气体的压力；

T——温度；

R——通用气体常数。

如果热管的长度为 1 m，内径为 10 mm，在温度为 600 ℃的炉内抽真空，管内剩余气体的质量与真空度的关系，见表 4-2。

表 4-2　密封系统中剩余空气质量与真空度的关系

P	真空度/Pa	10^{-6}	10^{-5}	10^{-4}	10^{-3}
m	所剩空气质量/g	3.14×10^{-16}	3.14×10^{-15}	3.14×10^{-14}	3.14×10^{-13}

除可变热导热管、气控热管需在制备时主动充入惰性等气体外，热管制备工艺需尽量除去不凝气体，这需要真空度满足要求后才能充装工质。

4.1.2　传热极限

设计热管时希望传热量大，这与热管工作时工质循环流动速度限制或者循环中断有直接联系。热管传递热量会受到几个传热极限（Heat Transfer Limits）的限制[3-11]。按照温度升高的大概顺序，有如下传热极限。

4.1.2.1　连续极限

热管启动前如果工质处于固态，蒸汽分子的密度很低，分子间碰撞几率很小，处在稀薄状态（自由分子流），蒸汽压力很低。热管启动过程中，如果蒸汽密度水平升高幅度有限，蒸汽不能从自由分子流转变为连续流，发生连续流极限（Continuum Flow Limit），简称连续极限或稀薄极限，热管不能正常工作。

如果高温热管的启动温度较低，例如接近于工质熔点，会发生连续极限。另外，微型热管、小热管在设计时，如果水力直径很小，也要注意连续极限。蒸汽是否处在连续流状态的临界条件用努森数（Knudsen Number）来判别

$$Kn = \lambda / D \tag{4-5}$$

式中　λ——蒸汽的平均自由程；

　　　D——蒸汽流道的最小尺寸。

当 $Kn > 0.01$ 时蒸汽处于稀薄流，甚至到自由分子流；当 $Kn \leqslant 0.01$ 时可以认为是连续蒸汽流。

4.1.2.2　冷冻启动极限

锂、钠等碱金属在环境温度下是固态，这时高温热管腔体的真空度大。对启动前工质处于固态的高温热管，当启动温度不高时，蒸发段产生的蒸汽流到冷凝段后，蒸汽带来的热量不足以使冷凝段中的工质全部熔化，甚至蒸汽可能会凝结和冻结而回到固态，即凝华（Deposition），这会导致蒸发段工质不断消耗，而使毛细芯干涸，热管不能正常启动，这就是冷冻启动极限（Frozen Startup Limit）。

工质温度在熔点下处于固态，热管处于冷动启动状态。不发生冷冻启动极限时，质量

平衡应满足不等式

$$\frac{\phi\rho_1 A_w h_{fg}}{C(T_{melt}-T_\infty)} \geqslant 1 \tag{4-6}$$

式中　ϕ——毛细芯的有效孔隙率；

ρ_1——液态工质的密度；

A_w——毛细芯中工质流动截面积；

h_{fg}——工质的汽化潜热；

C——热管单位长度的热容量，包括壁面和毛细芯；

T_{melt}——热管工质的熔点；

T_∞——热管的起始或环境温度。

当条件不满足式（4-6）时，蒸发器毛细芯中液体的量开始减少，热管会发生冷冻启动极限，导致蒸发器干涸。

4.1.2.3　粘性极限

热管的蒸汽流动时，如果粘性力占绝对主导，流动阻力很大，冷凝器末端的蒸汽压力可能为零，这时最大传热量受到限制，发生粘性极限（Viscous Limit），也称为蒸汽压力极限（Vapor Pressure Limit）。

碱金属高温热管在较低温度工作时，可能发生粘性极限，此时热管工作在正常的工作温度范围的低温附近，冷凝器端部的压力趋于零，即 $p_{end}/p_0 \rightarrow 0$。对于水力直径为 d_v 的传统热管，发生粘性极限时热管的轴向热流密度为

$$q_{vis}=\frac{d_v^2 h_{fg} p_0 \rho_0}{64\mu_v l_{eff}} \tag{4-7}$$

式中　h_{fg}——工质的汽化潜热；

p_0，ρ_0——分别为蒸发器端部的蒸汽压力和密度；

μ_v——蒸汽的动力粘度；

l_{eff}——热管的有效长度。

4.1.2.4　声速极限

热管的蒸汽流动时，蒸发器出口的蒸汽流速如果达到声速，传热量达到最大，这一传热量极限称为声速极限（Sonic Limit）。这类似于收缩喷管工作时末端的情况，即气流速度最大只能达到声速。只有渐缩渐放喷管（拉阀尔喷管）才可能产生超声速。热管中一般不具有拉阀尔喷管的结构，蒸汽流达到声速，也就达到了极限。

在较低温度下启动的高温热管可能发生声速极限。热管从启动到工作，蒸汽速度从蒸发段端部为零，增加到出口最大。使热源温度不变，并使冷凝段的热汇温度不断下降，这样，蒸汽密度会不断下降，蒸汽速度不断增加，最后蒸发段出口蒸汽达到声速。此时即使冷凝段再降温、加强冷却，传热量也不会增加，热管达到声速极限。传统热管在发生声速极限时的轴向热流密度可表示为

$$q_s = 0.474 h_{fg} \sqrt{\rho_0 p_0} \qquad (4-8)$$

式中 h_{fg}——工质的汽化潜热;

   ρ_0，p_0——分别为蒸发器端部，即起始点的蒸汽密度和压力。

4.1.2.5　携带极限

热管的蒸汽流速很高时，惯性力占绝对主导，气-液界面的剪切力可能将毛细芯表面的液体携带出来到冷凝器，毛细芯中冷凝液大幅减少，液体来不及回流而导致蒸发器干涸，这一传热极限称为携带极限 (Entrainment Limit)。

发生携带极限时，惯性力超过了液体的表面张力，因此，携带极限与毛细芯表面的毛细孔尺寸和工质的表面张力有关。韦伯数 (Weber Number) 表示惯性力与表面张力之比，当韦伯数等于 1 时可以认为发生携带极限，从而得到轴向最大热流密度

$$q_e = h_{fg} \sqrt{\frac{\sigma \rho_v}{2 r_c}} \qquad (4-9)$$

式中 r_c——毛细芯的当量毛细孔半径;

   σ——液态工质的表面张力系数;

   ρ_v——蒸汽密度。

4.1.2.6　冷凝器极限

如果冷凝器的传热面积小、壁温高，热管的冷却能力也会限制最大传热量，发生冷凝器极限 (Condenser Limit)。冷凝器极限取决于冷凝器的散热能力，即传热面积和冷凝段壁温。另外，如果不凝气体较多，也会占据冷凝器的一定空间，有效冷凝传热面积相应减小，这也会影响冷凝器极限。

对于高温热管，辐射是主要的散热方式，对于外形为圆柱，以辐射为主要散热方式的高温热管，蒸发器吸入的热量和冷凝器的辐射散热量相等

$$Q_e = 2\pi R_0 L_c \varepsilon \sigma (T^4 - T_\infty^4) \qquad (4-10)$$

式中 Q_e——蒸发器的吸热量;

   R_0，L_c——分别是热管外半径和冷凝段的长度;

   ε——冷凝段外表面的发射率;

   σ——斯特藩-玻耳兹曼 (Stefan - Boltzmann) 常数;

   T——壁面温度;

   T_∞——环境温度。

热管冷凝段的传热面积还受布置空间大小，以及材料的最大允许温度等其他条件约束。

4.1.2.7　毛细力极限

在热管蒸发器的端部，毛细芯产生的最大毛细力如果不足以克服所有阻力之和，这一最大传热量称为毛细力极限 (Capillary Limit)，简称为毛细极限。在热管很长或者温度很高时，需考虑毛细极限。

当达到极限传热量时，毛细芯的最大可能毛细力达到最大值

$$\Delta p_{c,\ max} = 2\sigma \cos\theta / r_c \qquad (4-11)$$

式中　r_c——当量毛细孔半径；

　　　θ——液态工质对毛细芯材料的润湿角。

根据蒸汽层流流动时摩擦系数和雷诺数的关系式，$f\,Re_v = 16$，以及式（4-11）的条件，并假设工质完全润湿毛细芯，$\cos\theta = 1$，传统热管的毛细力极限可表示为

$$(QL)_{cap,\ max} \leqslant \dfrac{2\sigma / r_c - \rho_1 g L_t \sin\phi}{\dfrac{\mu_1}{\rho_1 A_w K h_{fg}} + \dfrac{(f\,Re_v)\mu_v}{2\,Re_v^2 \rho_v A_v h_{fg}}} \qquad (4-12)$$

式中　ϕ——热管轴线与水平方向的夹角；

　　　μ——动力粘度；

　　　ρ——密度；

　　　h_{fg}——汽化潜热；

　　　g——重力加速度；

　　　σ——液态工质的表面张力系数；

　　　f——摩擦系数；

　　　Re——雷诺数；

　　　A_w——毛细芯的横截面积；

　　　A_v——蒸汽通道的横截面积；

　　　K——毛细芯的渗透率；

　　　角标 1，v——分别代表液体和蒸汽。

4.1.2.8　沸腾极限

如果热管蒸发段的热流密度增大到一定程度，工质发生沸腾，壁面产生的大量汽泡使毛细芯中液体的回流受阻，壁面得不到持续的润湿而干涸，这一最大传热量称为沸腾极限（Boiling Limit）。

当热管径向热流密度很大，或者壁面温度很高时容易发生沸腾极限。根据沸腾传热的核化理论，沸腾极限对应的传热量为

$$Q = \dfrac{4\pi\sigma l_e k_w T_v}{h_{fg}\rho_v \ln \dfrac{r_{w,\ out}}{r_{w,\ in}}}\left(\dfrac{1}{r_n} - \dfrac{1}{r_m}\right) \qquad (4-13)$$

式中　k_w，T_v——分别为充满液态工质的毛细芯的当量导热系数和蒸汽温度；

　　　$r_{w,out}$，$r_{w,in}$——分别为毛细芯的外和内半径；

　　　σ——液态工质的表面张力系数；

　　　角标 w——毛细芯；

　　　r_m——毛细芯表面的弯月面半径；

　　　r_n——毛细芯初始汽泡的半径。

根据沸腾理论，r_n可用下式计算

$$r_{n} = \sqrt{\frac{2\sigma T_{sat} k_{1}(v_{v} - v_{1})}{h_{fg} q_{r}}} \tag{4-14}$$

式中 v，q_{r}——分别为比容和蒸发段径向热流密度；

角标 sat，r，l，v——分别代表饱和、径向，以及液体和蒸汽。

4.1.2.9 包络线

热管的几个基本极限组成传热量对温度（$Q-T$）运行的包络线，如图 4-4 所示。在不同温区，温度从低到高，受到不同极限的限制：AB 为连续流极限、BC 为冷冻启动极限、CD 为粘性极限、DE 为声速极限、EF 为携带极限、FG 为冷凝器极限、GH 和 IJ 为沸腾极限、HI 为毛细力极限。其中 A 点的温度 T_{m} 代表工质的冻结温度，J 点的温度 T_{cr} 代表工质的临界点。

对于图 4-4 所示各极限功率的相对位置，只适用于一般的轴向热管，热管的工作状态必须设计在传热极限包络线内。弄清这些极限的目的一方面是希望提高这些极限值，另一方面在于设计和使用热管时，使传递的热量低于这些极限，防止热管因局部过热而停止工作或烧毁。

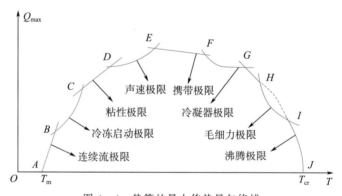

图 4-4　热管的最大传热量包络线

对于某些特殊形状或结构热管，各极限功率的相对位置会有所不同。例如对于特别长的热管，或者反重力热管，毛细力极限会首先发生。对于长径比较小的热管，蒸汽流通面积较大，速度较小，声速极限和携带极限的热流密度较高，主要发生的是毛细力极限和沸腾极限。

4.1.3　工作流体

4.1.3.1　工质

热管内部充装的工作流体称为工作介质或工质（Working Fluid）。工质的选择取决于其物理性质，以及它同热管壳体、毛细芯材料的相容性（Compatibility）。对工质的要求有：高汽化潜热、高导热系数、低粘度、高表面张力、高润湿能力、适当沸点。而且，当蒸汽压力变化时，温度要在合适的范围内。

4.1.3.2　品质因数

品质因数能体现工质的综合物性对热管性能的影响。针对毛细芯热管，假设无重力影响，蒸发段最大毛细力与液体的流动阻力平衡，有

$$\dot{m}_1 = 2\sigma\rho_1 K A_w / (R_{min}\mu_1 l_{eff}) \tag{4-15}$$

式中　R_{min}——蒸发器中毛细芯的最小弯月面半径；

　　　l_{eff}——热管的有效长度；

　　　K——渗透率；

　　　其他物理量——物性参数。

因此，最大毛细力时的传热量为

$$Q_{cap} = \dot{m}_1 h_{fg} = 2\left(\frac{\sigma\rho_1 h_{fg}}{\mu_1}\right)\left(\frac{K A_w}{R_{min} l_{eff}}\right) \tag{4-16}$$

上式右端第一个括号内的组合参数，表示了液体的表面张力、密度、汽化潜热和粘度等物理性质对热管的毛细极限的影响程度，称为工质的品质因数（Figure of Merit），有的文献中称为液体输送系数（Liquid Transport Factor）[5-6]，用 M 来表示

$$M = \frac{\sigma\rho_1 h_{fg}}{\mu_1} = \frac{\sigma h_{fg}}{\nu_1} \tag{4-17}$$

式中　σ——工质的表面张力系数；

　　　ρ_1——液态工质的密度；

　　　h_{fg}——工质的汽化潜热；

　　　μ_1——液态工质的动力粘度；

　　　ν_1——液态工质的运动粘度。

4.1.3.3　相容性

相容性（Compatibility），是指热管的工质与壳体、毛细芯和支撑等材料是否会发生化学反应，而产生影响热管性能的不凝性气体，或者发生电化学等腐蚀，从而影响热管工作。设计热管时首先要考虑的是相容性好。

工质不纯，材料表面的杂质及氧化物会使工质和热管壳体、毛细芯之间相互作用，形成复杂的异相或胶状氧化物溶解液。对碱金属，俄国学者确定其形式为 $A_x M_y O_z$[6]。这里，A 代表 Li、Na、K、Cs 等；M 代表 Fe、Cr、Si、Mn、Nb、Mo、W 等。这些氧化物溶解液不但对热管壳体材料有腐蚀作用，而且还会在工作中形成微小杂质。这种微小杂质的尺寸为 10~15 nm，它们会部分或全部地堵塞毛细孔，阻断正常的液态工质回流，导致热管失效。因此，制造热管前，要对壳体材料表面、毛细芯和热管内部粒状边界污染进行有效的净化处理[7]，以保证相容性。热管的壳体、端头和毛细芯耦合前，材料表面的矿物盐、有机物等杂质必须采用超声波等方法清洗干净。

制备高温热管时，要保证所采用工质的纯度，并对工艺过程进行控制，采取措施防止工艺过程中的杂质混入。例如，用蒸馏法充装锂热管时，采用海绵状锆作吸气剂，蒸馏的锂通过海绵状锆注入热管，其中的不凝气体就会被锆吸收。

4.1.4　毛细芯

毛细芯结构可分为各向同性（Isotropy）和各向异性（Anisotropy）两类。微观上，由相同尺寸的小球体按规则堆起来形成的毛细芯属于前者；丝网的多层紧密叠合形成的毛细芯属于后者。热管毛细芯的主要参数包括毛细孔的当量半径、孔隙率、渗透性、饱和度，以及表面被液体浸润的状态等。

4.1.4.1　有效毛细孔半径

有效毛细孔半径（r_e），也称为当量毛细孔半径，代表毛细芯孔隙不规则分布的程度，是毛细芯的特性尺寸，等于毛细芯能够产生最大毛细力时的最小弯月面半径和液态工质与毛细芯间接触角余弦的乘积

$$r_e = R_{min}\cos\theta \qquad\qquad (4-18)$$

式中　R_{min}——最小弯月面半径；

　　　θ——液态工质与毛细芯材料的接触角。

可见，当接触角为零时，有效毛细孔半径就是最小弯月面半径。

有效毛细孔半径与毛细孔半径的大小不一定相同，但是密切相关。表 4-3 给出了几种不同结构毛细芯的有效毛细孔半径 r_e 和最小弯月面半径 R_{min} 的确定方法[8]。

表 4-3　不同结构毛细芯的有效毛细半径

毛细芯结构	有效毛细孔半径	最小弯月面半径	说明
矩形槽道芯	$r_e = \dfrac{w}{2}$	$R_{min} = \dfrac{w}{2\cos\theta}$	w：槽宽
三角槽道芯	$r_e = \dfrac{w}{2\cos\alpha}$	$R_{min} = \dfrac{w}{2\cos(\theta+\alpha)}$	w：槽宽　　α：槽底半角
多层丝网芯	$\dfrac{w}{4} < r_e < \dfrac{w}{2}$	$\dfrac{w}{4} < R_{min} < \dfrac{w}{2}$	w：槽宽　　θ：接触角　$\theta=0°$
烧结粉末芯	$r_e = 0.205d$	$R_{min} = 0.205d$	d：粉末颗粒直径　θ：接触角　$\theta=0°$

4.1.4.2　孔隙率

孔隙率（Porosity）表示了毛细芯中有效毛细孔的多少、固体骨架的疏密程度，也称孔隙度、空隙度。它用 ϕ 或 ε 来表示，是有效空隙的体积 V_{por} 与总体积 V 之比

$$\phi = V_{por}/V \qquad\qquad (4-19)$$

在毛细芯中，小孔有的彼此相通，也有的是部分相通。因此孔隙率有总孔隙率和有效孔隙率两种，后者对应于彼此相通的孔隙，它在计算热管的工质充装量和毛细作用时排除了死穴和对热管不起作用的毛细孔的影响。孔隙率通常是指毛细芯的有效孔隙率，它决定了毛细芯的渗透性。

当毛细芯很薄时，体孔隙率转换为面孔隙率，它是毛细芯表面上毛细孔的面积 A_{sp} 与总表面积 A 之比，其中 A_{sp} 是各毛细孔的表面积

$$\phi_{sp} = A_{sp}/A \tag{4-20}$$

4.1.4.3　渗透率

毛细芯是含有毛细空隙并按一定规律分布的固体骨架，空隙的特征尺寸与固体骨架外形的特征尺寸相比是极小量。毛细芯的固态骨架是致密的，其孔隙中液体流动与毛细芯的结构密切相关，属于渗透流（Osmotic Flow）或称渗流。毛细芯中液体渗流的宏观压降可用达西（Darcy）定律表示

$$\Delta P_1 = \mu_1 \dot{m}_1 l_{eff}/(\rho_1 K A_w) \tag{4-21}$$

式中　A_w——毛细芯的横截面积；

l_{eff}——毛细芯的有效长度；

$\dot{m}_1$——A_w 截面上的质量流率；

μ_1——液体的动力粘度。

式（4-21）中，参数 K 是表示毛细芯渗透性能的参数指标，即指在一定的压力梯度下，液态工质流过毛细芯的能力，称为渗透率（Permeability）。它综合了毛细孔的结构、大小、分布，以及液态工质流动路径的曲折性。毛细芯中的液体流属层流时，渗透率通常是定值而与流率无关。各向异性的毛细芯在不同方向上有不同的渗透率。由式（4-21）可得渗透率的定义式

$$K = \frac{\mu_1 \dot{m}_1}{\rho_1 A_w \left(\dfrac{\Delta P_1}{l_{eff}}\right)} = \frac{\mu_1 v_1}{\left(\dfrac{\Delta P_1}{l_{eff}}\right)} \tag{4-22}$$

式中毛细芯中液态工质的流速

$$v_1 = \dot{m}_1/\rho_1 A_w$$

从通道中液态工质的层流渗透流动角度出发，渗透率有较为著名的哈根-泊松（Hagen-Poiseuille）方程

$$K = \frac{c d_h^2}{32} \tag{4-23}$$

式中　c——流动通道的形状因子。

对于不同的毛细孔，c 都有其经验值。理想时取 $c=1$；对于正三角形截面的毛细孔，$c=1.2$；对于截面具有四尖角、四内凸表面的毛细孔，$c=2.422$。

d_h 是毛细通道的水力直径，对于汽液界表面处的毛细通道有

$$d_h = \frac{4 \times \text{通道截面积}}{\text{润湿周长}} \tag{4-24}$$

表 4-4 列出了不同几何结构毛细芯的渗透率[9]。分析液体工质在毛细芯孔隙中的传热和流动时，采用渗透率等宏观特性较为方便，宏观特性可通过试验测量得到。

表 4 - 4　热管有不同结构毛细芯时渗透率计算

结构	渗透率/m²	说明
矩形槽芯	$K = \dfrac{d_h^2}{2(fRe)}$ （哈根-泊松方程）	d_h：槽道水力直径，由式（4-24）确定； fRe：泊松数（Poiseuille Number），层流时，$fRe = 16$
丝网毛细芯	$K = \dfrac{d^2 \phi^3}{122(1-\phi)^2}$ ［修正的布莱克-科泽尼（Blake - Kozeny）方程］	$\phi = 1 - \dfrac{1.05\pi Nd}{4}$；$d$：网线直径； N：目数，表示 2.54 mm 宽所含网丝根数
粉末烧结芯	$K = \dfrac{d^2 \phi^3}{150(1-\phi)^2}$ （布莱克-科泽尼方程）	d：粉末颗粒直径； ϕ：孔隙率

4.1.4.4　饱和度

饱和度（Saturation）表示毛细芯中空隙被液态工质填充的程度，等于毛细芯中被液态工质所填充的体积 V_1 占毛细芯总孔隙体积 V_{por} 的比率

$$s = V_1 / V_{por} \tag{4-25}$$

毛细芯的孔隙主要被液体填充，蒸汽或不凝性气体占据其余空间。流通面积会因非液态相的存在而减小，相应渗透率也要减小。此时，毛细芯中液体的孔隙率为当量值，与饱和度的关系可表示为

$$\phi_{eff} = s^3 \tag{4-26}$$

莱弗里特（Leverett）对毛细力、饱和度和孔隙率间的关系进行过深入研究，引入莱弗里特函数 $f(s)$ 的关系式

$$f(s) = \frac{\Delta P_c}{\sigma} \left(\frac{K}{\phi} \right)^{1/2} \tag{4-27}$$

莱弗里特（Leverett）从实验数据回归，得到函数 $f(s)$ 和饱和度关系的一种表示为

$$f(s) = 1.417(1-s) - 2.120(1-s)^2 + 1.263(1-s)^3 \tag{4-28}$$

4.1.4.5　毛细芯导热

对于浸满液态工质的毛细芯，有并联和串联两种方法来计算其当量导热系数[10]。当毛细芯的骨架和液态工质并联时，其导热系数为

$$k_{eff} = (1-\phi)k_s + \phi k_1 \tag{4-29}$$

式中　ϕ——孔隙率，表示毛细芯中空的体积占毛细芯总体积的比值。

当毛细芯的骨架与液态工质串联时，其导热系数表示成

$$k_{eff} = 1 / \left(\frac{1-\phi}{k_s} + \frac{\phi}{k_1} \right) \tag{4-30}$$

毛细芯主要有丝网芯、槽道芯和烧结芯三种结构。丝网毛细芯必须与热管壳体的内壁紧密贴合。丝网属于非均匀材料，骨架虽然接触，但填充难以密实。一般根据均匀圆柱体按方阵排列的有效导热系数来计算

$$k_{\text{eff}} = \left(\frac{\beta - \phi}{\beta + \phi}\right)k_{\text{s}}, \quad \beta = \left(1 + \frac{k_1}{k_{\text{s}}}\right) \Big/ \left(1 - \frac{k_1}{k_{\text{s}}}\right) \qquad (4-31)$$

式中 k_{s}——固体骨架的导热系数；

k_1——液态工质的导热系数。

表 4-5 给出了吸满液态工质的常用毛细芯结构的当量导热系数。其中，角标 1 代表液态工质。对于轴向矩形槽道芯，w 为槽的宽度；w_{f} 为槽间肋的宽度；δ 为槽深。

表 4-5 吸满液态工质毛细芯的当量导热系数

毛细芯结构	当量导热系数
丝网毛细芯	$k_{\text{eff}} = \dfrac{\beta - \phi}{\beta + \phi}k_{\text{s}}$，其中 $\beta = \left(1 + \dfrac{k_1}{k_{\text{s}}}\right) \Big/ \left(1 - \dfrac{k_1}{k_{\text{s}}}\right)$
粉末烧结芯	$k_{\text{eff}} = \dfrac{(2k_1 + k_{\text{s}}) - 2(1 - \phi)(k_1 - k_{\text{s}})}{(2k_1 + k_{\text{s}}) + (1 - \phi)(k_1 - k_{\text{s}})}k_{\text{s}}$
矩形槽道芯	蒸发段：$k_{\text{eff, e}} = \dfrac{w_{\text{f}}k_1 k_{\text{s}}\delta + wk_1(0.185w_{\text{f}}k_{\text{s}} + \delta k_1)}{(w + w_{\text{f}})(0.185w_{\text{f}}k_{\text{s}} + \delta k_1)}$；冷凝段：$k_{\text{eff, c}} = \dfrac{wk_1 + w_{\text{f}}k_{\text{s}}}{w + w_1}$

4.1.4.6 干点和湿点

热管具备最大传热能力时有最大毛细力，它通常发生于蒸发段的端部，对应着毛细芯中弯月面曲率最大处，也是液体接近断流的干涸位置，因此称为干点（Dry Point）。

相应地，热管工作时毛细力最小时弯月面曲率最小，轴向汽液弯月面接近平面，蒸汽压力和液体压力相等，这一位置称为湿点（Wet Point）。热管实际工作时，湿点的位置可以在冷凝段，也可能在绝热段。湿点对应着压力分布显著变化的位置。

4.1.5 热管分类

热管的形式多种多样，热管的分类方法有很多，下面介绍常用区分热管的依据[11-24]。

4.1.5.1 回流驱动力

按工质回流的不同作用力，热管可以分为传统热管、重力热管、旋转热管、电磁力热管、渗透力热管等。前面介绍了具有毛细芯的传统热管，工作时回流的驱动力是毛细力。在重力场中工作的热管，结构上可以采用光管，回流的驱动力利用了重力，称为热虹吸管（Thermosyphon），或重力热管（Gravity Heat Pipe）。在有旋转器件的场合，热管回流的驱动力能够利用离心力，这种热管称为旋转热管（Rotating Heat Pipe 或 Revolving Heat Pipe）。可以利用电磁力、渗透力使液体回流，设计成电磁力热管、渗透力热管。

热管在小功率情况下工作时，工质流量和流阻均很小。热管长度方向的压力降很小，因此所需工质的回流驱动力也很小。另外，改变热管的结构设计，减小长径比，能够使内部各处的工作压力变化进一步减小。根据这两种情况，并利用热管工质的饱和温度和压力是一一对应的原理，能够实现温度均匀一致的等温热管（Constant Temperature Heat Pipe）。

利用热管的等温性能，可以制成各种结构形式的热管均温炉，来获得温度均一的炉腔[4]。等温热管还需通过增加内腔体的结构设计，以及外围有效的隔热措施来实现。

4.1.5.2 温度水平

根据温度水平，有高温热管、中温热管、低温热管、深冷热管等，划分的温度区间有重叠。

深冷热管采用氦、氢、氖、氮、氧、甲烷、乙烷等作为工质，温度低于 200 K。低温热管采用氨、丙酮、甲醇、水等作为工质，温度低于 500 K。中温热管采用导热姆、联苯、萘、汞等作为工质，温度低于 900 K。

500 ℃ 以上的热管称为高温热管（High Temperature Heat Pipe）；超过 1 200 ℃ 的热管称为超高温热管（Super High Temperature Heat Pipe），或极高温度热管（Extreme High Temperature Heat Pipe)[6]。热防护疏导热管属于这些范围，将在 4.4 节中介绍。

4.1.5.3 外形和结构

在重力场中，同样是热虹吸管，采用将蒸发器和冷凝器分开的结构设计，采用多管并联，再通过集管连接，并采用单独的蒸汽管和液体管连接，此类热管称为分离式热管（Separate Type Heat Pipe）。与多根单管组成的热管换热器相比，分离式热管换热器（Heat Exchanger）更适于冷源和热源相距较远的场合。分离式热管换热器还有诸多优点，例如，冷、热换热面可以大幅度调整；方便进行顺、逆流混合布置；同时实现多热源、多热汇流体换热等。

在空间应用的热管，有时也设计成将蒸发段和冷凝段分开，增加储液器（Reservoir）控温，增加隔离器（Isolator）使气液隔开，这就是毛细泵环（CPL，Capillary Pumped Loop）。还有不采用储液器，将蒸发段串接了补偿室（Compensation Chamber），这就构成了环路热管（LHP，Loop Heat Pipe）。

除一般管状热管外，还有多种外形的热管，属于广义热管，例如二维的热管扩热板（Heat Pipe Heat Spreader），也称热展板（Thermal Spreader）、蒸汽腔（VC，Vapor Chamber）。

4.1.5.4 是否封闭

根据热管是否完全封闭，可分为闭式和开式热管。前面讲的热虹吸管（Thermosyphon）属于闭式。如果热管的内腔设计成与外部相通，就形成了开式热管（Open Thermosyphon），或称半开式热管（Semi‐open Heat Pipe）。这种热管多为水工质热管，冷源也是水，热管工质通过与外部连接的孔，与冷却水相通。例如，开式热虹吸管启动后建立蒸汽腔，利用重力回流和热管内外工作介质的混合，达到相对稳态平衡，实现传热。

4.1.5.5 尺度大小

按热管尺度及大小划分，有微型热管（Micro Heat Pipe），长热管、异形热管等。1992 年，报道了芯片微型热管，每根水力直径只有 5 μm，热管排采用了一系列的新工艺。首先，在芯片基板上通过刻蚀工艺实现热管的矩形槽道排；其次，通过三次金属蒸汽沉积将矩形槽道覆盖，实现截面为三角形的热管腔排；然后，采用工质的超临界状态实现热管腔体的工质充装和定量；最后，采用封口胶和紫外固化技术，实现整体热管排的试验。与没有采用微型热管排的试验件相比，热管排的整体工作温度水平降低了 5 ℃。

4.1.5.6　新原理和结构

根据新原理、结构来区分，有热管温度放大器、脉动热管等。

高温热管内金属蒸汽的饱和压力和温度同样具有一一对应的关系，压力测量值的分辨率极高，换算到对应的温度值，可以实现很高的温度分度，这就是压力反馈式温度放大器（Temperature Amplifier）[25]。在热管工作时，在蒸发段或冷凝段的汽液界面，克劳修斯-克拉贝龙（Clausius–Clapeyron）方程描述了温度和压力间的微分关系

$$\frac{\mathrm{d}T}{\mathrm{d}P} = \frac{T_v}{\rho_v h_{fg}} \tag{4-32}$$

式中　T_v，ρ_v——分别是蒸汽的温度和密度；

　　　h_{fg}——工质的汽化潜热。

根据式（4-32），蒸汽的温度随压力具有指数变化关系。在高温区，通过测量压力，再将压力转换成温度，可以实现高精度的温度测量与标定。采用高温热管的黑体炉，可以通过连续的压力测量，实现全温度范围的温度标定，即能实现高精度的温度测量技术。

脉动热管（PHP，Pulsating Heat Pipe）是新型热管，也称振荡流热管（OHP，Oscillating Heat Pipe）。它在结构上采用整根毛细管，在结构上蛇形往复于热源和热汇间；在原理上汽泡、液塞在毛细管中单向和往复流动。它不但通过潜热来输运热量，而且主要通过显热来输运。

4.1.5.7　其他

不凝性气体还可以实现特定的热管。对热管充入一定量的不凝性气体，例如氮气，热管工作时它们聚集在冷凝段的末端。它们的体积随着蒸汽压力而压缩或膨胀，冷凝段的工作长度随之增大或减小，冷却能力相应增大或减小。因此，热管的工作温度有自调节作用，从而实现可变热导。

高温钠热管还可以实现所谓气控热管（Gas Controlled Heat Pipe）[26]。一般选择惰性气体充入，例如氩气。钠蒸汽压力增大时氩气会受到压缩，反之膨胀。随着工况的改变，冷凝段相变传热的面积在一定范围内自适应调整。

根据热管壳体材料和工质种类有更直观的称谓，例如，碳钢-水热管、铝-氨热管、不锈钢-钠热管、钨-锂热管等。后两种属于高温和超高温热管。根据热管的应用特点划分，有余热回收热管、电子器件控温热管、异形热管等。

4.2　热管的工作原理

热管的工作原理如图 4-5 所示。在热源和蒸发器间一定传热温差的作用下，蒸发器内液体通过蒸发变成蒸汽，即蒸发相变传热。蒸发带走大量的热，但是由于汽化潜热大，因而质量流量小、流阻小。在微小压差的推动下，蒸汽沿热管中心流向冷凝器。在冷凝器和热汇间一定传热温差的作用下，冷凝器内蒸汽凝结成液体，即冷凝相变传热，同时向热汇放出大量的热。液态工质在毛细芯弯月面产生的毛细力作用下，从冷凝器回流到蒸发

器。通过相变传热、工质的循环流动，热管将热源的热量不断传递到热汇。

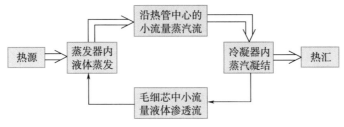

图 4 - 5　　热管的工作原理

4.2.1　相与相变

相（Phase）是物质存在的状态，指物质中任一物理与化学性质、状态都均匀的部分。相是宏观热力学的概念，原则上应满足热力统计要求并具有一定的界面，即在宏观尺度上，具备连续介质力学中成分和结构都相同的性质。成分指组成物质的分子或原子等，结构指分子或原子的排列和运动方式。所以，在一个相内可以采用连续介质力学的方法来处理相和相变问题。物质通常具有固、液、气三种状态，相应地也称为固相、液相和气相。若整个系统只有一个均匀状态，称为单相，否则称为混合相或者多相。

物相之间的转变称为相变（Phase Change），相变通常伴有潜热的传递和密度的剧烈变化。热管在充装前已经排出了不凝性空气，其他杂质的量也很少，因此内部的工质属于两相系统。两相间的交界面厚度一般很小，可以假定为零，如图 4 - 6 所示，系统中相和相之间具有界面，单相系统和环境之间也有界面，如虚线所限。

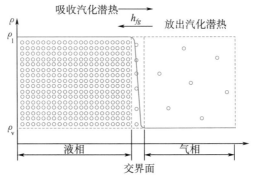

图 4 - 6　　液相、交界面及气相的密度示意

动力学理论表明，气液相界面上分子的进出，即蒸发和冷凝是动态过程[27]。

对于凝结，撞击相界面的蒸汽分子中只有部分在界面被液相留住，其余部分仍返回到蒸汽中。从气相撞击相界面的总分子数中，留在液相的份额称为凝结系数（Condensation Coefficient），或冷凝系数，用 f_c 来表示。没有凝结成液相，返回到气相的流率份额为$(1-f_c)$。

对于蒸发，从液相到气相穿过相界面的总分子数中，留在气相的份额称为蒸发系数

（Evaporation Coefficient），用 f_e 来表示。部分蒸汽分子相互碰撞，又返回到液相，流率份额为（$1-f_e$）。

在没有相变，即热平衡时，相界面上从液相到气相的分子流率，等于从气相到液相的分子流率，$f_e = f_c = f$。在相界面发生相变时，即使是动态情况，文献中通常也假设 $f_e = f_c$，虽然这个假设的普适性受到怀疑。因此，f 同时被称为汽化系数、蒸发系数、凝结系数，或者是协调系数（Accommodation Coefficient）。

保罗（Paul）对很多工质的蒸发编辑了协调系数的程序。但是，f 在不同文献中有较大的差异。米尔斯（Mills）建议，当工质或表面有污染时，f 应该小于纯净情况的值。由于热管工艺处理过程要求严格，工质纯净，所以取均一的 f 值是可以的。

热管工作主要依靠相变传热。液体从蒸发段毛细芯表面，即气液界面蒸发；在冷凝段，蒸汽按有无不凝性气体两种情况在液体表面，即气液界面上凝结。热量和质量交换均在相界面进行，界面法向蒸汽流率倍受关注。

4.2.1.1　相变传热

在气液交界面上发生凝结时，进入液体的蒸汽分子流超过离开液体进入气相的蒸汽分子流，蒸发过程与此相反。施拉格（Schrage）描述了凝结和蒸发的气体动力学过程，对于每个方向分别考虑了凝结和蒸发的质量流率，并在假设离开界面和接近界面的分子间相互作用处于平衡的条件下，获得了界面的净流率方程

$$\dot{m}_j = \frac{q_j}{h_{fg}} = f \sqrt{\frac{M_v}{2\pi R}} \left(\frac{\Gamma p_v}{\sqrt{T_v}} - \frac{p_1}{\sqrt{T_1}} \right) \tag{4-33}$$

式中　f——协调系数；

　　　R——通用气体常数；

　　　M_v——蒸汽的分子量；

　　　q_j——通过界面的热流。

函数 Γ 由下式给出

$$\Gamma(a) = \exp(a^2) + a\sqrt{\pi}[1 + \mathrm{erf}(a)]$$
$$\Gamma(-a) = \exp(a^2) - a\sqrt{\pi}[1 - \mathrm{erf}(a)] \tag{4-34}$$

式中　a——与速度有关的组合参数。

a 由式（4-35）确定

$$a = w_0 \sqrt{\frac{M_v}{2\pi R}} \tag{4-35}$$

式中　w_0——相界面处气流的法向当量速度（Bulk Velocity）。

蒸汽凝结时，当量速度从气相朝向界面，$w_0 > 0$。对于蒸发，当量速度从界面朝向气相，$w_0 < 0$

$$w_0 = \frac{q_j}{\rho_v h_{fg}} \tag{4-36}$$

对于中、高温时工质的蒸发和凝结过程，a 通常很小，式（4-34）可以化简成

$$\Gamma = 1 + a\sqrt{\pi} \tag{4-37}$$

从式（4-34）、式（4-35）和式（4-36）看，Γ 函数是 q_j 的函数，式（4-33）得到的界面热流密度并不是显式表达式。如果 p_l 和 p_v 分别是相对于 T_l 和 T_v 的饱和压力，式（4-33）可表示成

$$q_\delta = f h_{fg} \sqrt{\frac{M_v}{2\pi R}} \left[\frac{\Gamma p_{\text{sat}}(T_v)}{\sqrt{T_v}} - \frac{p_{\text{sat}}(T_l)}{\sqrt{T_l}} \right] \tag{4-38}$$

Silver 和 Simpson 将式（4-37）代入式（4-38），并考虑式（4-35）、式（4-36），利用理想气体的状态方程来表达式（4-36）中的 ρ_v，整理得到了 $\dot{m}_j$ 和 q_j 的隐式表达式

$$\dot{m}_j = \frac{q_j}{h_{fg}} = \frac{2f}{2-f} \sqrt{\frac{M_v}{2\pi R}} \left(\frac{p_v}{\sqrt{T_v}} - \frac{p_l}{\sqrt{T_l}} \right) \tag{4-39}$$

式（4-39）在苏联文献中称为库车罗夫-瑞肯拉兹（Kucherov - Rikenglaz）方程。

对于 a 值较小的情况，凯瑞（Carey）假定 $(p_v - p_l)/p_v \ll 1$ 和 $(T_v - T_l)/T_v \ll 1$，利用克劳修斯-克拉贝龙方程，导出了式（4-39）的显式表达式

$$q_j = \frac{2f}{2-f} \frac{h_{fg}^2}{T_v v_{lv}} \sqrt{\frac{M_v}{2\pi R T_v}} \left(1 - \frac{p_v v_{lv}}{2 h_{fg}} \right) (T_v - T_l) \tag{4-40}$$

相界面处，与气流的法向当量速度方向一样，凝结时 q_j 为正，蒸发时 q_j 为负。容易得到界面的传热系数 h_j，这也为显式

$$h_j = \frac{q_j}{T_v - T_l} = \frac{2f}{2-f} \frac{h_{fg}^2}{T_v v_{lv}} \sqrt{\frac{M_v}{2\pi R T_v}} \left(1 - \frac{p_v v_{lv}}{2 h_{fg}} \right) \tag{4-41}$$

通过方程联立求解，可以得到热管中蒸发和凝结过程的参数。热管蒸发和凝结过程的传热系数 h_j，数值一般较大，因此，热管能在很小的温差下传递大量的热。如果 h_j 较小，相变界面热阻的影响就须考虑，尤其是对低温热管。

4.2.1.2　相变的强弱

在相界面上，当条件变化导致蒸发流不等于冷凝流时，蒸发或冷凝过程的强弱取决于偏离平衡的程度。这时液体表面温度会偏离饱和蒸汽温度，即在相界面上存在温度跳跃（Temperature Jump）。由力的平衡条件决定，相界面上也存在压力跳跃（Pressure Jump）。因此相界面上压力与温度的对应关系是偏离通常的饱和状态情况。

气体分子运动论阐明，在液面为平面的冷凝或蒸发过程，有强弱之分。对于弱相变过程，偏离平衡相对较小。这种情况下，即缓变的蒸发和冷凝时，按照拉伯脱索夫（Labuntsov）的物理模型，其相变质量流率可以写成

$$\dot{m} = \left(\frac{f}{1 - 0.4f} \right) \left(\frac{p_0 - p}{g} \right) \sqrt{\frac{M}{2\pi R T_0}} \tag{4-42}$$

式中　f——蒸发或冷凝系数；

　　　R——通用气体常数。

当 $(p_0 - p)/p \leqslant 0.1$ 时，式（4-42）的误差很小。

对于强相变过程，即对于偏离平衡较大的过程，用萨布丁（Subbotin）等的结果可以

得到强蒸发与冷凝的近似表达式

$$\dot{m} = \frac{8p}{g}\sqrt{\frac{M}{2\pi RT}}\left(\frac{1}{f} - \frac{1}{2} - \sqrt{\frac{1}{f^2} - \frac{1}{f} + \frac{1}{4}\frac{p_0}{p}\sqrt{\frac{T}{T_0}}}\right) \qquad (4-43)$$

对于冷凝，质量流率为正值；对于蒸发则为负值。蒸发到真空中的质量流率为

$$\dot{m} = f\frac{p_0}{g}\sqrt{\frac{M}{2\pi RT_0}} \qquad (4-44)$$

由式（4-44）可见，液体表面温度给定时，蒸发的质量流率有一个最大值。它取决于蒸发或冷凝系数 f 的大小。液体表面杂质的影响可能很大，甚至可使 f 降低到接近于零。

纯物质蒸发（或冷凝）系数的数值可在一个很宽的范围内变化。锂、钠、钾和水银的热管试验表明，清洁的液态金属相界面，蒸发（冷凝）系数接近于 1。

另外应该注意，蒸发时分子逸出加速、冷凝时蒸汽减速，在相界面上会有一个冲击力。它源于动量转移，以及相变而造成的相间压力跳跃，这个冲击力反映到压力，表示为

$$\Delta p_{ph} = \dot{V}w_0\rho_v \qquad (4-45)$$

式中　ρ_v——蒸汽密度；

　　　w_0——蒸汽的法向当量速度；

　　　$\dot{V}$——相界面单位面积上蒸汽的容积流率。

4.2.2　表面力作用

毛细力的本质是表面张力，由毛细芯的骨架边缘上的气液弯月面（Meniscus）产生。沿热管轴向，弯月面曲率梯度导致毛细力梯度，它驱动了液体工质的回流。有 3 个因素决定了弯月面曲率：毛细孔的几何结构和大小、液态工质的表面张力系数、液体在固体表面的润湿能力（由接触角反映）。它们决定了在毛细芯骨架边缘，液体工质在相界面蒸发时气-液-固三相线及弯月面的稳定性。

4.2.2.1　弯月面和毛细力

热管的工作方式是蒸发、凝结和回流，形成基本稳定的循环。为了维持蒸发和凝结相变过程，热管中的液体必须连续不断地供应到蒸发相界面。传统热管中，液体是通过毛细芯供应的。热管启动时，蒸发段中液体蒸发，毛细芯中形成弯月面凹坑、曲率增加，表面张力发生作用。弯月面中形成毛细压力 ΔP_{cap} 来平衡表面张力。毛细压力可以通过确定弯月面曲率半径来确定。

图 4-7 所示为有两个曲率半径 r_x 和 r_y 的弯月面及其两个方向的微变化[3,28-33]。xy 表面足够小，使两个方向的曲率半径 r_x 和 r_y 保持恒定。xy 表面向外有一个微变化（$x +$ dx）（$y +$ dy），忽略二阶小量，有面积变化如下

$$\Delta S = y\,\mathrm{d}x + x\,\mathrm{d}y \qquad (4-46)$$

驱动这个表面变化所需的能量为

$$\mathrm{d}E = (y\,\mathrm{d}x + x\,\mathrm{d}y)\sigma \qquad (4-47)$$

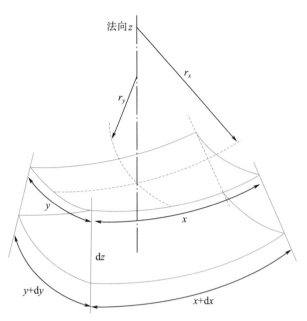

图 4 - 7　有两个曲率半径 r_x 和 r_y 的弯月面及其两个方向的微变化

由于弯月面的拉伸，在弯月面的两侧也有一个压力差 ΔP，在 xy 表面的法向上移动 $\mathrm{d}z$。所作的功或所需能量归因于这个压差的产生，即

$$\mathrm{d}E = \Delta P x y \mathrm{d}z \tag{4 - 48}$$

由图中的几何关系有

$$\frac{x + \mathrm{d}x}{r_x + \mathrm{d}z} = \frac{x}{r_x} \tag{4 - 49}$$

$$\mathrm{d}x = \frac{x \mathrm{d}z}{r_x} \tag{4 - 50}$$

同理有

$$\mathrm{d}y = \frac{y \mathrm{d}z}{r_y} \tag{4 - 51}$$

两个表面相对平衡，所需能量的表达式应相等

$$\sigma(x \mathrm{d}y + y \mathrm{d}x) = \Delta P x y \mathrm{d}z \tag{4 - 52}$$

$$\sigma\left(\frac{x y \mathrm{d}z}{r_x} + \frac{x y \mathrm{d}z}{r_y}\right) = \Delta P_{\mathrm{cap}} x y \mathrm{d}z \tag{4 - 53}$$

$$\Delta P_{\mathrm{cap}} = \sigma\left(\frac{1}{r_x} + \frac{1}{r_y}\right) \tag{4 - 54}$$

式（4 - 54）是计算毛细力的基本方程，称为杨-拉普拉斯（Young - Laplace）方程。在热管系统中，沿着气液弯月面，温度变化较小，表面张力系数 σ 保持不变。ΔP_{cap} 仅是曲率的函数，只决定于界面的几何形状。

毛细管中液体的上升现象是说明杨-拉普拉斯方程应用的典型例子，如图 4 - 8 所示[7,34]。

在图 4-8 中，假设液体润湿毛细管壁面，封闭系统中液柱的重力由毛细力平衡。毛细管的半径 r 越小，液体工质爬升的高度 h 越大。

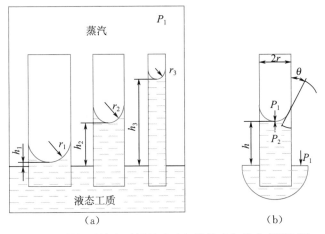

图 4-8　封闭系统中不同尺寸毛细管的毛细提升高度不同

考虑图 4-8（b）中作用于弯月面上力的平衡，弯月面上部蒸汽的压力是 P_1，下部液体的压力是 P_2，弯月面周界上受表面张力的作用，润湿角为 θ，有力的平衡

$$\pi r^2 (P_1 - P_2) = 2\pi r \sigma \cos\theta \qquad (4-55)$$

$$\Delta P_{cap} = P_1 - P_2 = \frac{2\sigma\cos\theta}{r} \qquad (4-56)$$

可见，弯月面下面液体的压力 P_2 小于弯月面上面蒸汽的压力 P_1，因此有 h 高度的液柱被吸上来，通过重力来平衡这一压差

$$h = \frac{P_1 - P_2}{\rho_1 g} = \frac{2\sigma\cos\theta}{r\rho_1 g} \qquad (4-57)$$

同时，毛细压力 ΔP_{cap} 与表面张力系数 σ 成正比，与毛细管半径 r 成反比，并随着润湿角 θ 的增大而减小。对于热管，希望工质完全润湿毛细芯，$\theta = 0$，弯月面成为一个半球面，从而能产生最大毛细力

$$\Delta P_{cap} = \frac{2\sigma}{r} \qquad (4-58)$$

应该注意，对于弯月面为柱形的毛细芯，例如轴向槽，甚至周向槽，根据式（4-54），其中一个方向的半径为无穷大，最大毛细力为

$$\Delta P_{cap} = \frac{\sigma}{r_1} \qquad (4-59)$$

式中　r_1——柱弯月面的半径。

4.2.2.2　薄液膜和脱离压力

脱离压力和毛细力同时影响着毛细孔内弯月面的前缘乃至气-液界面轮廓。弯月面通常在毛细孔壁口产生。微观上，考虑这附近一个固-液-气系统，固体表面上有液膜，液膜上面有蒸汽。从力的角度看，如果固体表面的液膜较厚，气液界面不受固体表面影响，即

液体在气液表面蒸发时，固体表面对气液表面没有作用力。但随着热流的增加，如果液膜薄到一定程度，成为薄液膜（Thin Liquid Film），气-液表面就会受固体表面影响，固-液表面对气-液表面就会产生另一种表面力，即脱离压力（Disjoining Pressure）[35-46]。

　　本质上，脱离压力是相互靠近的不同物质分子间的范德华作用力。因为薄液膜两侧的固液界面和液气界面相距足够近，以致产生脱离压力。它影响着薄液膜的形成，进而对相变传热过程起着重要的作用。

　　薄液膜区域的产生、面积大小取决于采用工质的物性、纯度和其在固体表面的润湿情况等，一般随气液弯月面呈动态变化。伴随着薄液膜的形成和运动，脱离压力影响着流动和传热。

　　薄液膜形成时传热系数很大，一般比厚液膜大几个数量级。不同的工质、压力和表面状况条件下，薄液膜的厚度不同，在 10～100 nm 之间。对单个薄液膜区域，相变传热的热流密度很大，但由于其几何宽度很小，长度一般也很小，所以这一单个区域的总传热量一般也不大。

　　固体表面薄液膜区域的数量决定了相变传热的热流密度大小。虽然单个薄液膜区域的面积很小，但如果数量多、蒸发积分起来，高热流密度传热的效果就会体现出来。在热管中，微尺度或小尺度水力直径的毛细芯表面、微小槽道表面相变传热时，会产生很多薄液膜区域，因此热流密度很高。

　　薄液膜相变传热的热阻很小，可以和蒸发热阻相当。从固体壁面到蒸汽，热量传输的路径可分为两段。首先是通过液膜导热，热量从固体壁面到达液体表面，然后才能进行相变、蒸发。路径的长短是影响传热的主要因素之一。前面分析过，气-液表面的蒸发热阻很小，因此液膜的导热热阻是主控热阻。当液膜变薄时，导热路径变短，最大程度地打通了相变传热瓶颈。因此，薄液膜会产生巨大的相变传热效应。

　　薄液膜作用的另一个例子是壁面汽泡产生时的情况。汽泡在固体壁面上存在汽泡底层，这就是一个环形的薄液膜区域。对汽泡底层，由汽泡附着的固体壁面上，由中心向外细分为五个区，依次是：1）接近于圆面的固-气区，固体壁面无液体润湿，无相变传热，处于干涸状态；2）形状接近于很窄圆环的吸附区，其厚度最小，可达到液体的单分子层，此区无相变传热；3）形状接近于圆的固-液-气三相线，是相变传热的分界线；4）形状接近于圆环的薄液膜区域，液膜表面存在剧烈的相变传热；5）液膜较厚的弯月面区（Meniscus），表面存在一定的相变传热。与薄液膜区相比，弯月面区的相变热流密度大幅降低，一般要小一到几个数量级，此区是毛细力产生的区域。

　　根据气-液-固三相线的位置可以确定薄液膜的起始位置[34-45]。薄液膜中液体的性质与大容积中液体或厚液膜中液体的性质有很大不同，这体现在薄液膜的化学势（Chemical Potential）计算上。计算薄液膜力场时需附加上脱离压力项，可表示为

$$P_d = -\frac{C_1}{\delta^3} - \frac{C_2}{\delta^2} \qquad\qquad (4-60)$$

式中　C_1，C_2——固、液分子间相互作用的常数；

　　　　δ——液膜厚度。

从式（4-60）可见，随着液膜厚度的减薄，压力场发生变化，效应为负：压力值减小，脱离压力的绝对值增加。与液膜表面被吸引情况相反，对于液膜表面受所附着的固体表面排斥的情况，这个附加压力项为正值，效应为正。

由于在液膜极薄时 P_d 的绝对值很大，液膜中液体的输运加快。所以，这一附加项在蒸发传热中对液体的流动具有重要作用，尤其对工质是低温液体的情况更是如此。

在很多文献中，脱离压力的计算将工质分为极性分子和非极性分子两种情况。脱离压力取决于液膜分子和毛细孔壁面之间的相互作用，根据德亚金（Deryagin）和佐林（Zorin）的研究，可表示为

$$P_d = \rho_1 R_g T_\delta \ln(A\delta^B) \tag{4-61}$$

其中

$$A = 1.49,\ B = 0.0243$$

式中　R_g——气体常数。

应该指出，式（4-61）是针对水在玻璃表面上形成液膜时，温度在 $4.4 \sim 15.5$ ℃的范围内得到的，这是目前唯一获得的数据。将结果应用于其他温度范围，或液体润湿金属表面的系统，虽然会有误差，但是可以洞悉其物理规律。

对于非极性工质，脱离压力可表示成

$$P_d = A_{\text{slv}}/(6\pi\delta^3) = -\overline{A}\delta^{-3},\ \delta \leqslant 10\ \text{nm} \tag{4-62}$$

式中　角标 slv——固液气；

A_{slv}——汉梅克（Hamaker）常数。

A_{slv} 的一个近似公式为

$$A_{\text{slv}} = 24\pi D_s^2(\sigma_1 - \sqrt{\sigma_1 \sigma_s}) \tag{4-63}$$

式中　D_s——距固体表面的距离。

对于液体完全润湿壁面的情况，$\sigma_s > \sigma_1$，此时 $A_{\text{slv}} < 0$。这意味着，液-固分子力场导致的脱离压力项使液体沿着表面流动，形成吸附薄液膜。

与常规饱和情况不同，对于薄液膜，脱离压力起作用；对于弯月面，毛细力起作用。这两种影响降低了液体表面上的饱和蒸汽压。考虑一个基板表面，存在厚度为 δ 的薄液膜，其表面温度为 T_δ，与 T_δ 相关的正常饱和蒸汽压力为 $P_{\text{sat}}(T_\delta)$。在平衡条件下，两相的化学势须相等，$\mu_1 = \mu_v$。对吉布斯-杜安（Gibbs-Duhem）方程，$\text{d}\mu = -s\text{d}T + v\text{d}P$，进行积分有

$$\mu - \mu_{\text{sat}} = \int_{P_{\text{sat}}(T_\delta)}^{P} v\,\text{d}p \tag{4-64}$$

对气相，采用理想气体的状态方程，$v_v = R_g T_g / P_v$；对液相，采用不可压缩假设，可分别得到蒸汽和液体的化学势。对应上式的两个积分，有

$$\mu_{v,\delta} = \mu_{v,\text{sat}} + R_g T_\delta \ln \frac{P_{v,\delta}}{P_{\text{sat}}(T_\delta)} \tag{4-65}$$

$$\mu_{1,\delta} = \mu_{1,\text{sat}} + v_1[P_1 - P_{\text{sat}}(T_\delta)] \tag{4-66}$$

由于 $\mu_{1,\text{sat}} = \mu_{v,\text{sat}}$，上两式相减，可得

$$P_{\mathrm{v},\,\delta} = P_{\mathrm{sat}}(T_\delta)\exp\frac{v_1\big[P_1 - P_{\mathrm{sat}}(T_\delta)\big]}{R_{\mathrm{g}}T_\delta} \tag{4-67}$$

考虑毛细力和脱离压力的影响，将气相的压力 $P_{\mathrm{v},\delta}$ 和液相的压力 P_1 关联如下

$$P_{\mathrm{v},\,\delta} - P_1 = \frac{2\sigma}{r} - P_d \tag{4-68}$$

上式可以用来消去式（4-67）中的 P_1

$$P_{\mathrm{v},\,\delta} = P_{\mathrm{sat}}(T_\delta)\exp\frac{P_{\mathrm{v},\,\delta} - P_{\mathrm{sat}}(T_\delta) - 2\sigma/r + P_d}{\rho_1 R_{\mathrm{g}}T_\delta} \tag{4-69}$$

对于弯曲界面，$P_d = 0$ 时，上式称为开尔文（Kelvin）方程。

4.2.2.3　毛细管的薄液膜传热

毛细管也称为毛细孔，是毛细芯的理想化基本单元。毛细芯的性能分析可通过所有毛细孔的性能积分表现出来。伴随着传热和流动，毛细管中脱离压力的改变会影响弯月面轮廓，分析时采用的坐标系如图 4-9 所示[47-50]。

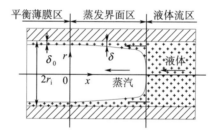

图 4-9　毛细管中稳态蒸发气液界面及其圆柱坐标示意

根据广义的杨-拉普拉斯方程，由毛细力和脱离压力导致的气液界面两侧蒸汽和液体压力之差为

$$P_1 - P_{\mathrm{v}} = P_d - \sigma K \tag{4-70}$$

式中　K——气液界面的曲率。

将式（4-61）代入上式，整理得到，无蒸发传热的平衡薄膜区的初始薄膜厚度为

$$\delta_0 = \left\{\frac{1}{A}\exp\left[\frac{1}{b\rho_1 R_{\mathrm{g}}T_{\mathrm{w}}}\left(\frac{b\sigma}{r_{\mathrm{i}} - \delta_0} - a(T_{\mathrm{w}} - T_{\mathrm{v}})\right)\right]\right\}^{1/B} \tag{4-71}$$

根据毛细管内薄液膜的导热量等于表面蒸发换热量，气液界面的温度可表示为

$$T_\delta = \frac{c_3 aT_{\mathrm{v}} + c_3 b\sigma K + T_{\mathrm{w}}}{c_3 a + c_3 b\rho_1 R_{\mathrm{g}}\ln(A\delta^B) + 1}, \quad c_3 = \frac{(r_{\mathrm{i}} - \delta)h_{fg}}{k_1}\ln\frac{r_{\mathrm{i}}}{r_{\mathrm{i}} - \delta} \tag{4-72}$$

换热系数定义为

$$\alpha = \frac{q_\delta}{2\pi r_{\mathrm{i}}(T_{\mathrm{w}} - T_{\mathrm{v}})} = \frac{k_1(T_{\mathrm{w}} - T_\delta)}{r_{\mathrm{i}}(T_{\mathrm{w}} - T_{\mathrm{v}})\ln\big[(r_{\mathrm{i}} - \delta)/r_{\mathrm{i}}\big]} \tag{4-73}$$

脱离压力梯度，液体、蒸汽流动压力梯度分别为

$$\frac{\mathrm{d}P_d}{\mathrm{d}x} = \rho_1 R_{\mathrm{g}}\ln(A\delta^B)\frac{\mathrm{d}T_\delta}{\mathrm{d}x} + \frac{B\rho_1 R_{\mathrm{g}}T_\delta}{\delta}\frac{\mathrm{d}\delta}{\mathrm{d}x} \tag{4-74}$$

$$\frac{\mathrm{d}P_1}{\mathrm{d}x} = \frac{2k_1}{\rho_1 h_{fg} c_4} \int_0^x \frac{T_w - T_\delta}{\ln(r_i/(r_i - \delta))} \mathrm{d}x - \frac{c_5}{c_4} \qquad (4-75)$$

$$\frac{\mathrm{d}P_v}{\mathrm{d}x} = -\frac{2\tau_\delta}{r_i - \delta} - \frac{\mathrm{d}(\rho_v \overline{u}_v^2)}{2\mathrm{d}x} \qquad (4-76)$$

式 （4-75） 中

$$c_4 = c_6 - \frac{c_7 (r_i - \delta)^2}{2\mu_l} + \frac{c_8}{4\mu_l} [2(r_i - \delta)^2 \ln r_i - r_i^2]$$

$$c_5 = (c_7 - c_8 \ln r_i)(r_i - \delta) \frac{\tau_\delta}{\mu_l}$$

$$c_6 = \frac{1}{8\mu_l} [r_i^4 - (r_i - \delta)^4]$$

$$c_7 = r_i^2 \left(\ln r_i - \frac{1}{2}\right) - (r_i - \delta)^2 \left[\ln(r_i - \delta) - \frac{1}{2}\right]$$

$$c_8 = 2r_i \delta - \delta^2$$

联立式 （4-70） 和液膜表面曲率的计算式，整理有如下液膜厚度的控制方程

$$\frac{\mathrm{d}^3 \delta}{\mathrm{d}x^3} - 3\left(\frac{\mathrm{d}^2 \delta}{\mathrm{d}x^2}\right)^2 \frac{\mathrm{d}\delta}{\mathrm{d}x} \left[1 + \left(\frac{\mathrm{d}\delta}{\mathrm{d}x}\right)^2\right]^{-1} - \frac{\mathrm{d}^2 \delta}{\mathrm{d}x^2} \frac{\mathrm{d}\delta}{\mathrm{d}x} (r_i - \delta)^{-1} +$$

$$\frac{\mathrm{d}\delta}{\mathrm{d}x} \left[1 + \left(\frac{\mathrm{d}\delta}{\mathrm{d}x}\right)^2\right] (r_i - \delta)^{-2} + \frac{1}{\sigma} \left[1 + \left(\frac{\mathrm{d}\delta}{\mathrm{d}x}\right)^2\right]^{1.5} \left[\frac{\mathrm{d}P_1}{\mathrm{d}x} - \frac{\mathrm{d}P_v}{\mathrm{d}x} - \frac{\mathrm{d}P_d}{\mathrm{d}x}\right] = 0 \quad (4-77)$$

利用龙格-库塔法对式 （4-71） ～式 （4-77） 各式求解，可获得图 4-10 所示结果。可见，随着壁面温度的提高，吸附薄膜区中液膜的厚度变小。蒸汽温度不变时，所需气液界面的长度随着壁面温度降低而增加，即换热面积增加。在一定的饱和温度下，当壁面温度升高到使吸附层达到单分子层的厚度时，毛细管的传热过程达到了极限。超过此极限，蒸发界面区不能够稳定存在，表现为气液界面向毛细管内退缩，直到新的平衡。图 4-11 给出了毛细管中两种表面力沿轴向坐标的变化情况。沿轴向，随着液膜厚度的增加，薄液膜变成厚液膜，脱离压力的影响渐变为零，而毛细力的影响逐渐达到最大。

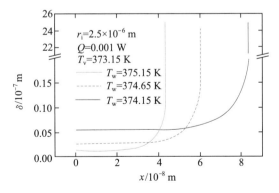

图 4-10　毛细管壁面温度对液膜厚度的影响

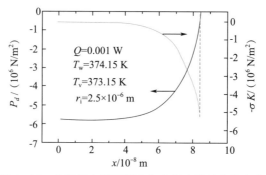

图 4-11　毛细管中脱离压力和毛细力沿轴向的变化

同样地，索罗夫耶夫（Solovyev）和科瓦列夫（Kovalev）采用另一种方法，如图 4-12 所示，把毛细孔附近的液体分布划分为 3 个区域，依次是：1）孔口边缘附近，无传热，具有很小几何尺度的微观平衡液膜区；2）同样具有很小几何尺度，剧烈传热的蒸发液膜区；3）具有宏观尺度的弯月面区。他们详细分析了毛细孔传热和工质流动[51]，同样说明了薄液膜对表面力，乃至换热系数的影响程度。

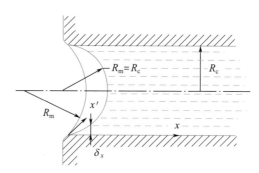

图 4-12　热管毛细孔的弯月面尺度示意图

4.2.3　工质流动

热管理论涉及流体力学和传热学。流体力学理论用来描述毛细芯的轴向液体压降、最大毛细力和蒸汽通道中的蒸汽流。传热学理论用于对进出热管的耦合传热进行建模，以描述壁面和毛细芯的耦合导热、气液界面的蒸发和凝结、蒸汽通道和毛细芯中的传热和流动等。

热管在工作时，蒸发段中工质不断蒸发，冷凝段中工质不断凝结。热管腔中，相应地蒸汽流沿长度方向质量流率不断增加或减小，截面不变而蒸汽流率改变，这不同于一般蒸汽管流。毛细芯中，液体通过孔隙通道从冷凝段返回到蒸发段，是渗透流（Osmotic Flow）[3,4,5,10]。

4.2.3.1　变流率蒸汽流动

热管中心的蒸汽流，在蒸发时质量流率沿轴向不断增加，冷凝时不断减小。从另外角度看，热管的蒸汽流动是一种独特的质量引射器，类似于蒸汽在具有多孔壁管路的流动，伴有气体质量通过管壁小孔的进入和流出。这导致在热管的管壁上摩擦系数不断改变，同时轴向流动雷诺数也发生变化。在研究蒸汽流动时，须考虑径向及轴向速度对变质量流动的影响。轴向压降不但有摩擦影响，而且在很大程度上还有惯性影响。

在蒸发段中，蒸汽加速导致负压力梯度，使压力减小。而在冷凝段中，蒸汽减速产生正压力梯度，使压力增加。热管在低蒸汽压工况下，流速可能会接近声速极限，这时须考虑蒸汽的可压缩性。由于流率的变化，沿管长的蒸汽流可能是层流、转捩流和湍流。

热管工质循环流动时，压力、温度和速度等的分布影响最大传热量和热管的不等温程度。分析中假设蒸发和凝结沿热管长度均匀分布、蒸汽为层流不可压缩。为区分不同流区，给出径向雷诺数

$$Re_r = \frac{\rho_v u_v r_0}{\mu_v} = \frac{1}{2\pi\mu_v}\frac{\mathrm{d}\dot{m}_v}{\mathrm{d}x} \tag{4-78}$$

蒸汽的轴向速度分布是轴对称的。袁（Yuan）和芬科尔斯坦（Finkelstein）得出，轴向压力降可以表示成级数展开的形式。

当径向雷诺数较小时（$Re_r \ll 1$），蒸发段的压力分布沿轴向按照抛物线规律变化，轴向压力降与 $\cos\left[\frac{\pi}{2}\left(\frac{r}{r_0}\right)^2\right]$ 成比例，沿流动方向降低

$$\frac{\mathrm{d}P_v}{\mathrm{d}x} = -\frac{8\mu_v \dot{m}}{\pi\rho_v r_0^4}\left(1 + \frac{3}{4}Re_r - \frac{11}{270}Re_r^2 + \cdots\right)\frac{x^2}{l_e^2} \tag{4-79}$$

当径向雷诺数较大时（$1/Re_r \to 0$），作级数展开有

$$\frac{\mathrm{d}P_v}{\mathrm{d}x} = -\frac{8\mu_v \dot{m}}{\pi\rho_v r_0^4}(0.617 Re_r + 1.325)\frac{x^2}{l_e^2} \tag{4-80}$$

巴斯（Busse）对长圆热管中不可压层流，通过解 NS 和连续性方程，得到 4 阶多项式

$$v(r,\ x) = 2\overline{v}(x)\left(1 - \frac{r^2}{r_0^2}\right)\left[1 + a(x)\left(\frac{r^2}{r_0^2} - \frac{1}{3}\right)\right] \tag{4-81}$$

式中　$\overline{v}$——轴向蒸汽平均流速；

　　　r_0——蒸汽流道半径；

　　　$a(x)$——偏离泊松流（Poiseuille Flow）的修正因子。

在热管蒸发段，在雷诺数趋于零时，泊松流假设是合理的。但是，当流动雷诺数很大时，速度剖面更接近于余弦假设。此时，NS 方程的解是

$$P(x) = P(0) - 4\mu\frac{\overline{v}l_e}{r_0^2}\left[1 + 0.61 Re_r + \frac{0.61 Re_r}{3.6 + Re_r}\right]\frac{x^2}{l_e^2} \tag{4-82}$$

式中　$\overline{v}$——蒸发段末端蒸汽的平均流速。

当径向雷诺数 $Re_r \ll 1$ 时，上式括号中的第一项起决定性作用；而在 $Re_r \gg 1$ 时第二项起主导作用。在中间区，$Re_r \approx 1$，第三项大约占总压降的 10%，式（4-82）对于蒸发段蒸汽流速的估算相当准确。

巴斯（Busse）还发现，绝热段的速度剖面很接近泊松流时，蒸汽压力可表示成

$$P(x) = P(0) - \frac{8\mu \overline{v} x}{r_0^2} \left[1 + \frac{0.106 \, Re_r}{18 + 5 \, Re_r} \left(\frac{1 - \exp(-30x/r_0)}{(x/Re_r)r_0} \right) \right] \quad (4-83)$$

式中，x 的坐标是从绝热段起始，Re_r 是轴向雷诺数。对于蒸汽流速，式（4-83）带来的误差也在 $\pm 1\%$。

在热管冷凝段，只有当径向雷诺数 $Re_r \ll 1$ 时，才能采用 4 阶多项式来估算轴向流速。此时，轴向压力分布表示为

$$P(x) = P(l_c) + \frac{4\mu \overline{v} l_c}{r_0^2} \left[1 - Re_r \left(\frac{7}{9} - \frac{8a}{27} + \frac{23a^2}{405} \right) \right] x \left(1 - \frac{x}{l_c} \right)^2 \quad (4-84)$$

式中　a——速度修正因子，用以修正实际流型偏离泊松流的程度。

此处，a 可表示成

$$a = 0.68 \left[\left(5 + \frac{18}{Re_r} \right) - \sqrt{\left(5 + \frac{18}{Re_r} \right)^2 - 8.8} \right] \quad (4-85)$$

对蒸发段，式（4-85）中，修正因子 a 的变化范围为 $0 \rightarrow 0.665$。$a=0$ 时速度分布对应泊松流，径向雷诺数 $Re_r = 0$；$a = 0.665$ 时对应的径向雷诺数 $Re_r \rightarrow \infty$。在绝热段，a 的变化范围为 $0.665 \rightarrow 0$。绝热段入口处的速度分布为余弦函数，修正因子变化从 $a=0.665$ 开始，按指数规律降低，在轴向长度为大约一个通道水力直径，会降低一个数量级，速度分布又近于泊松流的情况。对冷凝段，蒸汽压力分布取决于径向雷诺数和进口速度分布。

热管的最大压力梯度位置，首先在蒸发段末端，其次是在冷凝段中液体和蒸汽压力相等之处。当冷凝段有足够冷却率时，该点也可能在冷凝段的进口处。这需要先计算蒸发段和绝热段的总压降

$$\Delta P_e + \Delta P_a = \frac{8\mu \overline{v}}{r_0^2} \left[\frac{1}{2} l_e (1 + F Re_r) + l_a \right] \quad (4-86)$$

式中　F——速度修正因子。

F 用来修正流动偏离泊松流时的惯性压降

$$F = \frac{7}{9} - \frac{1.7 \, Re_r}{36 + 10 \, Re_r} \exp \frac{7.5 l_a}{Re_r l_e} \quad (4-87)$$

当冷凝流率很低时，湿点（Wet Point）可能发生在冷凝段的末端。这需要计算各段的总压降

$$\Delta P_e + \Delta P_a + \Delta P_c = \frac{8\mu \overline{v}}{r_0^2} \left[\frac{1}{2} l_e + l_a + \frac{1}{2} l_c \right] \quad (4-88)$$

从以上方程的结果看，一般热管工作的惯性压力梯度不用考虑。计算压降时，采用对泊松流的修正方法是可行的。

4.2.3.2　液体渗透流

液态工质在热管毛细芯的流动是渗透流（Osmotic Flow），属于层流。沿轴向，液体质量流率变化产生的惯性影响可以忽略，达西（Darcy）定律式（4-21）的微分形式为

$$\frac{dP_l}{dx} = -\frac{\mu_l v}{K} \quad (4-89)$$

当毛细芯的空隙全部被液态工质占据时，液体渗透流的压降式（4-21）可以通过对式（4-89）积分得到。毛细芯的横截面积为常数，渗流的最大流速为 $v_{\max}=\dot m_1/(\rho_1 A_{\mathrm w})$，压降为

$$\Delta P_1 = -\mu_1 v_{\max} l_{\mathrm{eff}}/K \tag{4-90}$$

式中　l_{eff}——热管的有效长度。

当湿点在冷凝段的末端时，l_{eff} 由下式给出

$$l_{\mathrm{eff}} = l_{\mathrm a} + \frac{l_{\mathrm e}+l_{\mathrm c}}{2} \tag{4-91}$$

式中　$l_{\mathrm e}$，$l_{\mathrm a}$，$l_{\mathrm c}$——分别为热管的蒸发段、绝热段和冷凝段的长度。

4.2.3.3　驱动力和压力场

热管工作放大图如图 4-13 所示，毛细芯的气液弯月面（Meniscus）在毛细孔端部高度弯曲，沿长度曲率半径增加。而在冷凝段的蒸汽冷凝过程中，毛细孔弯月面几乎为平液面。弯月面两侧的压力不同，压差即毛细力。从蒸发段的左端到冷凝段的右端依次有，$r_1<r_2<r_3<\cdots$，气液界面的曲率沿轴向变化，导致毛细力沿热管轴向递减，形成了毛细力梯度。它可克服液体和蒸汽的压力损失及体积力来驱动液体从冷凝器返回蒸发器，实现流动循环。

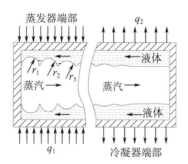

图 4-13　热管工作时气液界面沿轴向的变化（$r_1 < r_2 < r_3$）

蒸发段和冷凝段间的工质存在一定的温差，在多数热管中，与工作介质循环有关的这一温差很小。工质的饱和压力、饱和温度有确定的单调关系。小温差导致小压差，也能驱动蒸汽从蒸发段流向冷凝段。传统热管中，毛细力是驱动力，它要克服总流动阻力[3-5]。

流动阻力（Flow Resistance）简称流阻，有时也称为压力损失（Pressure Loss）。热管稳态时，它包括蒸汽流阻 $\Delta P_{\mathrm v}$、液体渗流流阻 ΔP_1、蒸发段和冷凝段的相变压力损失 ΔP_{ph}，以及体积力作用产生的压力损失 $\Delta P_{\mathrm b}$。驱动力与总流动阻力和压降达到平衡

$$\Delta P_{\mathrm c} = \Delta P_1 + \Delta P_{\mathrm v} + \Delta P_{ph,\,\mathrm e} + \Delta P_{ph,\,\mathrm c} \pm \Delta P_{\mathrm b} \tag{4-92}$$

蒸发段端部的最大毛细力减去冷凝段端部的最小毛细力，就是最大驱动力

$$\Delta P_{\mathrm{c,\,max}} = \left(\frac{2\sigma}{r_{1,\,\min}}\right)_{\mathrm{eva}} - \left(\frac{2\sigma}{r_{n,\,\min}}\right)_{\mathrm{con}} \tag{4-93}$$

蒸汽流阻是由摩擦、惯性和吹吸效应（分别对于蒸发器和冷凝器）导致的。液体流阻

主要来自渗流摩擦力。当蒸汽流率很小时，冷凝器端部的轴向气液界面是平的，压力梯度为零，此时，热管中液体和蒸汽的压力分布如图 4 - 14 所示。

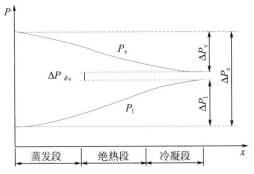

图 4 - 14　低蒸汽流率时热管内压力分布

从图 4 - 14 可见，最大的压力差发生在蒸发器端部。热管在水平时，体积力与流动方向垂直，最大毛细力只需克服蒸汽和液体的流阻。热管蒸发段在上，冷凝段在下，即在反重力时，体积力导致的压差较大，最大毛细力要足够。

如果充装的工质充足，蒸汽流速较大时，热管的湿点在冷凝器的入口，如图 4 - 15 所示。在该湿点处两相分隔的界面几乎是个平面，即 $\Delta P_{cap} \approx 0$。

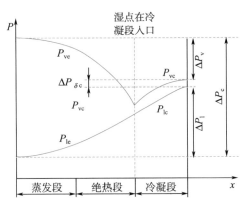

图 4 - 15　热管中等蒸汽流率时的压力分布

从图 4 - 15 还可以看出，热管的蒸汽流率较高时，惯性会影响蒸汽流动压力降，并伴有冷凝段中的压力恢复。在冷凝段，局部气液压差小，冷凝器端部的压力梯度接近于零，这与低蒸汽流时的情况类似。

另外，如果蒸汽流率很大时，液体压降可能会有特殊情况，例如，在冷凝器中，蒸汽压力会低于液体。这种情况下，如果在冷凝段端部，液体和蒸汽的压力相等，那么液体的压降将高于蒸汽压降。如图 4 - 16 所示，湿点并没有在冷凝段中，而是在靠近冷凝段的绝热段中。

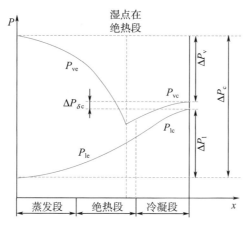

图 4 - 16　热管在高蒸汽流率时压力变化

4.2.4　转换温度

高温和超高温热管启动前工质一般处于固态。启动时，中心蒸汽流可能由于蒸汽稀薄，流动不连续而发生连续流极限。根据稀薄气体的动力理论，分子的平均自由程为[3,52]

$$\lambda = 0.23656\kappa T/(d^2 P) \tag{4-94}$$

式中　κ——玻耳兹曼常数；

　　　d——碰撞直径；

　　　T，P——相应的温度和压力。

理想气体的状态方程可表示为

$$P = \rho R_g T \tag{4-95}$$

从式（4-5）、式（4-94）和式（4-95）出发，连续流和稀薄气体流的密度界限，即转换密度为

$$\rho_{tr} = 0.23656\kappa/(d^2 DKn R_g) \tag{4-96}$$

热管蒸汽处于饱和状态，将努森数界限 $Kn = 0.01$ 代入式（4-94）和式（4-96），并利用克劳修斯-克拉贝龙方程，发生连续性极限时，与转换密度对应的转换压力和转换温度分别为

$$P_{tr} = P_0 \exp\left[-\frac{h_{fg}}{R_g}\left(\frac{1}{T_{tr}} - \frac{1}{T_0}\right)\right] \tag{4-97}$$

$$T_{tr} = \frac{P_0}{\rho_{tr} R_g} \exp\left[-\frac{h_{fg}}{R_g}\left(\frac{1}{T_{tr}} - \frac{1}{T_0}\right)\right] = \frac{P_{tr}}{\rho_{tr} R_g} \tag{4-98}$$

图 4-17 所示为钠高温热管、锂超高温热管发生连续性极限时的温度界限即转换温度，随热管通道水力直径的变化。热管发生连续性极限时的蒸汽温度会远离设计温度，这意味着在启动过程中，热管温度将偏离设计。

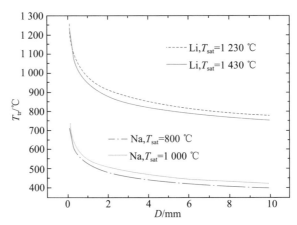

图 4 - 17　钠和锂热管的转换温度随通道水力直径的变化

4.2.5　热管启动

　　热管启动可分为 6 个阶段：1）蒸发段外部热源的热量传入蒸发段，通过管壁和浸满工质毛细芯的导热使液态工质的温度上升；2）蒸发段内液态工质的温度上升到饱和温度，液面蒸发，热量以潜热的方式传给蒸汽，直至达到饱和蒸汽压；3）饱和蒸汽压随着液体温度的上升而升高，蒸汽流向低压部分，即流向温度较低的冷凝段；4）蒸汽在冷凝段的气液界面上凝结，放出潜热；5）放出潜热的热量从气液界面通过充满液态工质的毛细芯和管壁的导热，由冷凝段的外表面传给热汇（冷源）；6）冷凝液通过毛细芯在毛细力的作用下回流到蒸发段，完成循环。

　　在实际应用中，需要了解热管启动的不同状况，这取决于热管的结构、加热和冷却方式以及输入功率随时间的变化情况。通常，热管是在某一温度和功率输入条件下进行启动。所关心的问题是，在给定的加热和冷却条件下，热管能否成功启动，以及启动速度的快慢。

　　根据热管启动时温度分布的不同形式，科特（Cotter）提出了均匀启动、前端启动和具有不凝气体热管的启动 3 种主要方式[1,53-56]。

4.2.5.1　均匀启动

　　热管处于环境温度，工质的蒸汽密度相当高情况下的启动称为均匀启动（Uniform Startup）。此时，只要对热管进行加热，工质就立刻进行循环流动，温度分布比较均匀。这种启动通常能很快地完成而无任何困难。

4.2.5.2　前端启动

　　当热管处于环境温度时，内部工质的蒸汽密度很低，分子的平均自由程超过蒸汽腔的直径，蒸汽腔内也没有不凝性气体，这种启动称为前端启动（Front Startup）。碱金属热管在环境温度下启动时工质常常是固体状态，就属于前端启动。热管前端启动时，随着加热量的增加，加热段内蒸汽密度增大，分子的平均自由程不断变小，加热段内蒸汽流动变为连续流（Continuous Flow）。有时在启动过程中，冷凝段端部蒸汽流态可能仍是自由分子流，这时中间存在过渡流区。这时的可能情况是，在蒸汽流达到声速后，蒸汽的可压缩性流动（Compressible Flow）效应将显现，蒸汽在膨胀流向冷凝段时变为过冷状态，进而可能凝结成液体，甚至冻结而出现冷冻极限（Frozen Startup Limit）。要使热管的前端启动顺利，需要先减小冷却量，使冷凝段内的工质全部融化，再增加冷却量达到额定值。顺利启动的标志是，冷凝段的温度不断提升，直至接近蒸发段。

4.2.5.3　具有不凝气体的前端启动

可变热导热管要充入一定量的不凝气体。热管具有不凝气体的前端启动（Front Startup with Non-condensible Gas）时，蒸汽压力不断增加，蒸汽和不凝气体界面向冷凝段端部方向移动，界面两侧会有蒸汽和不凝气体间相互扩散。随着加热段温度增加，蒸汽压力增大，蒸汽区域扩大，不凝性气体被推压至冷凝段的端部。这种启动能较快完成，发生工质凝固而烧坏热管情况的可能性会很小。

根据蒸汽密度的高低，一般热管启动时的温度分布介于以上 3 种热管启动的极端情况。如图 4-18 所示，科特针对高温热管，研究了启动时间。启动过程中加热量 Q_e 随时间变化。热管的初始温度为 T_1，沿蒸发段均布，直到达到温度 T_2，传热量达到 Q_2 的稳定状态。对于蒸发段和冷凝段，热管的一维能量方程分别写成

$$-A\frac{\partial}{\partial x}\left(k_{\text{eff}}\frac{\partial T}{\partial x}\right)+C_h\frac{\partial T}{\partial t}=\frac{Q_e}{l_e} \tag{4-99}$$

$$-A\frac{\partial}{\partial x}\left(k_{\text{eff}}\frac{\partial T}{\partial x}\right)+C_h\frac{\partial T}{\partial t}=-\frac{Q_2}{l_c}\frac{T-T_1}{T_2-T_1} \tag{4-100}$$

式中　A——热管的横截面积；

k_{eff}——热管的轴向有效导热系数；

C_h——热管单位长度的热容量。

从式（4-99）、式（4-100）可得出两种决定过渡状态的特征时间

$$\tau_1=\frac{C_h l_c(T_2-T_1)}{Q_2} \tag{4-101}$$

式（4-101）表示了第一个特征时间。它与热管提高到最后的工作温度所需加热量有关，对于高性能的典型热管，这一时间在 10～100 s 之间。

$$\tau_2=\frac{C_h l_c^2}{k_{\text{eff}}A} \tag{4-102}$$

式（4-102）表示了第二个特征时间。它与热管的传热过程、强度、有效导热系数 k_{eff} 有关。在低温时蒸汽密度很低，分子的平均自由程远大于管径，热量主要靠管壳和毛细芯的导热传递，这一特征时间通常大于 1 000 s。当蒸汽压力大于 1 Pa 时，汽化潜热的传热份额与壁面和毛细芯的导热相当；当蒸汽压力超过 100 Pa 时，在 100～200 ℃ 的范围内，向连续流的过渡就完成了。有效导热系数增加数倍，此时的特征时间小于 1 s。

当热管温度低于过渡区与连续流区交界点的温度 T_s 时，热管内部各处的传热量不大；任何一点，只要温度大于 T_s，传热就很快，以致于此区域差不多会达到均一的温度。在

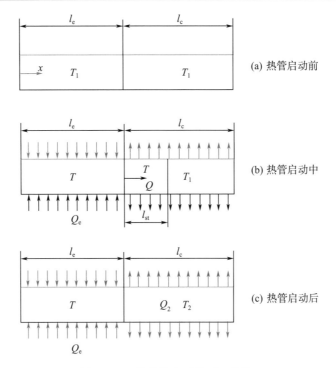

图 4-18　热管的启动模型（科特）

l_e 和 l_{st} 长度上 $T=$ 常数，其余部分温度为 T_1 时，对式（4-99）、式（4-100）积分，得到蒸发段和冷凝段的传热量

$$Q_e = Q + C_h l_e \frac{\mathrm{d}T}{\mathrm{d}t} \qquad (4-103)$$

式中　Q——从蒸发段到冷凝段的传热量。

从冷凝段接收热量的角度，Q 的方程为

$$Q = C_h \frac{\mathrm{d}l_{st}(T - T_1)}{\mathrm{d}t} + Q_2 \frac{l_{st}}{l_e} \frac{T - T_1}{T_2 - T_1} \qquad (4-104)$$

另外，声速极限的热流方程为

$$Q_s = A_v h_{fg} P_{v,0} \sqrt{\frac{\gamma}{R_g T}} \exp\left[R_g h_{fg}\left(\frac{1}{T_{v,0}} - \frac{1}{T}\right)\right] \qquad (4-105)$$

$$\gamma = C_P / C_U$$

式中　$P_{v,0}$——起始温度 $T_{v,0}$ 下的饱和蒸汽压；

　　　γ——比热比。

式（4-103）、式（4-104）、式（4-105）中，变量 Q、T、l_{st} 均与时间有关，联立可以求解。图 4-19 给出了热管启动时热量-温度范围。

两种极端的情况是

1）$T_1 > T_{tr}$ 时，例如图 4-19 中的 T_{1b}，热管在高蒸汽压下启动，启动是均匀的。对于慢速启动，Q_e 从 0 增加到 Q_2 非常慢，热管通过了很多稳定状态。这时热量和温度呈线性关系

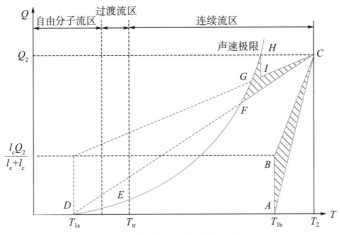

图 4 - 19 热管的启动范围（科特）

$$Q = Q_2 \frac{T - T_1}{T_2 - T_1} \qquad (4-106)$$

上式在图 4 - 19 中对应 AC 线。

对于快速启动，Q_e 从 0 直接增加到 Q_2，有

$$(l_e + l_c)Q = l_c Q_2 + l_e Q_2 \frac{T - T_1}{T_2 - T_1} \qquad (4-107)$$

上式在图 4 - 19 中对应 BC 线。

在慢速启动情况下，启动状态处在 $\triangle ABC$ 中。

2）$T_1 < T_{tr}$ 时，例如图 4 - 19 中的 T_{1a}，热管在低蒸汽压下启动。在 E 点前，只有蒸发段受到加热。此后，系统的状态受声速极限约束。对于慢启动过程，有

$$\frac{l_{st}}{l_c} = \frac{Q_s}{Q_2} \frac{T_2 - T_1}{T - T_1} \qquad (4-108)$$

只要 $l_{st} = l_e$，系统状态就沿直线 FC 变化。

从稀薄流状态开始，热管启动的可能状态是图 4 - 19 中 DEF 和上部的阴影区 $FGHICF$。

4.3 热管的制备和测试

4.3.1 工艺流程

制备热管所选择的毛细芯、壳体材料和工质要使热管在工作温度下不发生化学反应，不产生固体反应物和不凝性气体，毛细通道畅通[9]。

热管制备的基本工艺流程如图 4 - 20 所示。热管各部件在耦合、焊接前必须清洗干净，否则会使工质不能有效地润湿毛细芯，从而降低热管的性能。确定清洁工艺时需考虑壳体材料、毛细芯材料的表面状况，甚至材料冶炼过程的特点，并关注由少量组分可能引起的电化学问题。

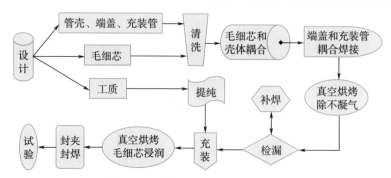

图 4-20 热管制备的基本工艺流程

热管壳体材料的壁面和毛细芯材料的表面不允许有氧化层，因为氧化层会与化学性质活跃的碱金属发生反应。对于钠工质，会生成氧化钠。由于氧化钠的熔点很高，在工作温度下一般不熔化，因此会以固体形态堵塞毛细通道。即使有少量的氧化钠，也会影响热管工作液体的回流。

不同毛细芯要求有不同的清洗液和清洗程序。制备过程要保证工质在毛细芯、支架等表面的润湿铺展性能。如果局部表面有氧化层，在热管的零件耦合焊接前，应先用适当浓度的氢氧化钠溶液浸泡，然后用相同当量的酸液进行中和，再用蒸馏水冲洗，最后进入烘干和耦合焊接程序。如无氧化层，只需用丙酮代替碱液清洗，去掉油污。毛细芯的孔隙直径比较小，清洗过程中须保证清洗液的纯净，必要时要更换清洗液、蒸馏水、二次蒸馏水再清洗。若能采用超声波设备辅助，清洗效果更佳。清洗过程、烘干处理也需注意保持环境清洁。

图 4-20 中两个扁椭圆圆表示真空烘烤，但二者的目的不同。前者是热管在充装工质前对毛细芯和壳体内壁除气，使材料表面释放吸附或结构内吸收的不凝性气体；后者是在充装工质后使工质充分浸润毛细芯。

高温热管的毛细芯结构主要有壁面开轴向槽、叠合金属丝网 2 种或二者的组合。对于丝网耦合结构，毛细芯各层，以及它们和壳体之间都要紧密贴合，必要时需采用支撑结构辅助。

管壳的断面可根据设计要求制成圆形、矩形、三角形等。热防护翼前缘热管的截面形状是不同大小的矩形，如图 4-21 所示。截面 A、B、C 均为矩形，面积不断增大。

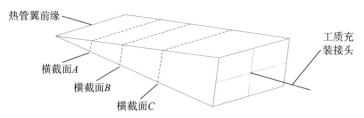

图 4-21 翼前缘高温热管的横截面从 A 到 C 按矩形增大

热管腔还要有端盖和充装管。各连接处的焊接要尽量均匀，端盖壳体及其同充装管间的耦合焊接要保证熔深，使其尽量达到壳壁厚度的水平。最薄弱处的熔深要求达到壁厚的 0.8～1.2 倍。要保证热管的可靠性，需要焊后对焊口进行检漏和射线探伤。

热管零件焊接耦合、检验后，需进行真空高温除气，目的是在充装工质前，清除毛细芯和壳体壁面中所含有的气体。先将待充装的热管置于真空炉中抽真空，到一定的真空度水平后再启动加热，以防止氧化。

除气温度和时间的设定随材料而异。对于铌热管，在 $800 \sim 900$ K 去除氢气，在 2 000 K 排除以 CO 形式出现的碳和氧，而在 2 300 K 以上排除铌氧化物分解的氢气。因此，铌热管管材和毛细芯必须在大于 900 K 的温度和 10^{-4} Pa 以上真空度（Vacuum Degree）下除气才能满足要求。

热管充装前的检漏可以采用氦质谱仪。将系统抽至 10^{-3} Pa 以上的高真空度，用氦气喷吹焊缝。如果焊缝有缺陷，则锁定部位，以备补焊。

在充分除气、保持高真空的情况下，对热管充入高纯度的工质。工质如需提纯，可采用蒸馏法进行。热管充装的基本过程是，在抽真空达到要求后，将提纯的工质从充装管灌入热管，然后对充装管进行封夹和封焊。

4.3.2 抗氧化涂层

在高温下，难熔金属材料的抗氧化能力一般较差。热防护热管要求具备抗高温氧化和抗腐蚀的能力。抗氧化途径主要有[6,57-64]：1）惰性气体保护；2）合金化；3）高温防护涂层等。在碱金属的提纯和保护充装中采用第 1）种途径，将在下一节介绍。

合金化也是提高抗高温腐蚀性能的有效途径。然而，材料在合金化时，抗高温腐蚀能力提高，但高温力学性能却下降。例如，提高 Ni 基、Co 基高温合金的抗高温腐蚀性能，须提高 Cr 和 Al 的含量，超过临界值后，表面才能发生选择性氧化反应，生成具有保护性的 Cr_2O_3 或 Al_2O_3 膜。然而，在 Ni 基高温合金中添加过多的 Cr 会形成脆性相；添加过多的 Al 还会导致合金的塑性下降，加工性能变差。

在高温合金的表面增加防护涂层是较好的办法。涂层主要由 Al_2O_3、Cr_2O_3 和 SiO_2 组成，因此需要 Al、Cr、Si 元素参加反应。保证高温强度主要由基体合金本身来实现。涂层一般都比较薄，不会对基体合金的力学性能造成影响。涂层和基体都可以单独设计，耦合实现后就具有足够高的高温力学性能和抗高温腐蚀性能。

高温防护涂层可以用 $MCrAlY$（$M = Co$, Ni）表示。Al 的作用是形成保护性 Al_2O_3 膜；Cr 的作用是降低 Al 的临界浓度，这种涂层应用广泛。

还可采用改善材料表面抗氧化性能的离子注入技术，例如用铈离子注入不锈钢，能抑制大量氧对金属的氧化作用；还能够改善材料的抗磨损性能，例如，用氮、碳、硼的离子去轰击软钢、碳钢、有色金属和各种合金，硬度一般可以大幅提高。

铌基和钨基材料是超高温热管的重要候选者。铌在 600 ℃左右就开始迅速氧化，抗高温氧化性能差。高强铌合金 WC-3015（Nb-15W-4Ta-28Hf-2Zr-0.1C）虽然具有一定抗氧化能力，但仍不能满足实际要求，热管还需依靠高温抗氧化涂层来保护。保护铌合金效果较好的是 Si-Cr-Fe 系、Cr-Ti-Si 系和 Al-Cr-Si 系涂层。对于如图 4-22（a）所示的铌基材料，采用扩散渗透技术实现的铌合金高温抗氧化涂层，如图 4-22（b）所示。

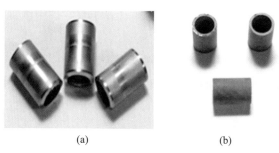

(a)　　　　　　　　　　(b)

图 4 - 22　铌基材料实现抗氧化涂层前后

　　钨的熔点高达 3 410 ℃，但是在有氧环境中易氧化。针对 1 200 ℃以上的有氧环境，采用电镀或化学镀等工艺，可在钨表面涂覆一层 Pt 薄膜。电解质溶液中钨也易氧化，且难实现均匀、致密的 Pt 薄膜。通过对钨表面进行过渡层处理，再采用电镀的方法可获得 2～5 μm厚、均匀致密的 Pt 膜。图 4 - 23（a）显示了电镀薄膜后的钨片，图 4 - 23（b）给出了 Pt 薄膜的表面形貌特征。图 4 - 24 给出了电镀 Pt 薄膜的表面成分分析结果。

(a) 整体外观　　　　　　　　　(b) 局部放大

图 4 - 23　在钨片表面实现的 5 μm 厚的 Pt 膜

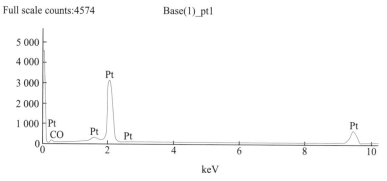

图 4 - 24　Pt 薄膜的成分分析结果

4.3.3 工质的保护充装

对于高温和超高温热管，要保证热管材料的耐腐蚀性，须采用高纯净工质。如果纯度不高，或清洁措施不到位，电化学作用就可能发生，这会使材料的部分成分溶解于工质、毛细结构的均匀性或完整性受到破坏、毛细芯局部阻塞的可能性变大，这些都会降低热管的性能。

碱金属是高温和超高温热管常采用的工质。由于它们在空气中会迅速氧化，处理过程必须与空气隔绝，需在惰性气体的保护下进行。碱金属氧化物的熔点一般比纯单质高很多，可以采用蒸馏的办法对工质进行提纯。

碱金属工质的蒸馏提纯系统如图 4-25 所示[4]，主要由碱金属罐、阀门、蒸馏罐、热管或提纯罐、冷阱和分子泵机组等组成。提纯过程一般采用动真空蒸馏法，即真空分子泵机组一直工作，以防止碱金属在蒸馏时被漏入的少量空气氧化，保证得到的碱金属具有极高的纯度。另外，碱金属罐的上部还通有惰性气体，以保护罐中的碱金属。液位计可以显示碱金属罐中的液面位置，通过换算可以测量碱金属的体积变化。冷阱的作用是防止碱金属蒸汽进入分子泵机组。

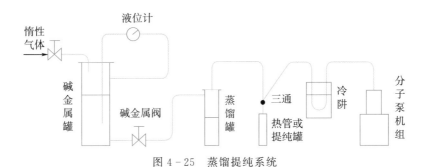

图 4-25 蒸馏提纯系统

碱金属蒸馏提纯的具体过程如下。首先，启动分子泵机组，对整个系统抽真空，在环境温度下达到较高的真空度。其次，采用加热器对热管或提纯罐进行加热，使管壁温度达到 200 ℃，排出内表面吸附的气体，直到真空度恢复到加热前的水平。进而，对碱金属罐、蒸馏罐、管路、碱金属阀进行加热，使其中碱金属全部融化。对于钠，需达到 150 ℃。然后，打开惰性气体阀门，使碱金属罐中的压力保持在 0.1～0.2 atm，再开启碱金属阀，按液位计的指示，将定量的碱金属注入蒸馏罐后，关闭碱金属阀门。最后，对蒸馏罐加热，进行蒸馏充装，直至蒸馏罐中的工质全部蒸发。对钠来说，蒸馏温度应控制在 450～500 ℃，其他部分的温度可控制在 150～200 ℃ 之间。充装完成后，在保持高真空条件下进行后处理。

蒸馏提纯法中碱金属经过了固态→液态→气态→液态→固态 4 个过程，系统复杂、耗能大、后处理麻烦，单次充装的时间较长。

融化提纯法对上述方法进行了改进[65-70]，碱金属经过了固态→液态→固态 2 个过程，典型的装置如图 4－26 所示。这种方法的优点明显：系统简单、耗能小、后处理简单，单次充装的时间短。

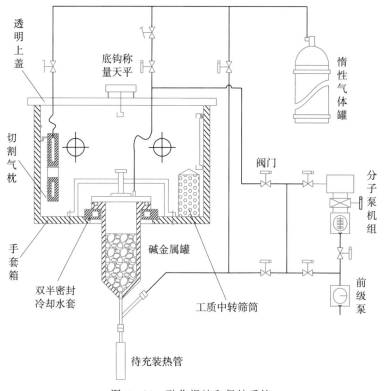

图 4－26　融化提纯和保护系统

　　图 4－26 的中间过程如图 4－27 所示，给出了碱金属融化和气体保护的一个状态。在手套箱内分割工质时，采用偏心孔气枕，气枕上面开有阵列小孔。惰性气体从这些小孔流出，对在气枕上分割的碱金属进行防氧化保护。在工艺过程中，从待充装热管上部三通旁路来的惰性气体通过小孔向上流过筛筒，保护分装过程中落入筛筒的工质。筛筒侧部通过连接副设有触杆，用来锁紧或触动翻底，实现工质的保持或下落。称量天平置于手套箱的外部，可显示出筛筒及内部不断加入工质的总质量。另外，碱金属罐法兰垫圈采用两个半环结构，以使工艺罐能方便地从手套箱取下。碱金属罐的拆装方便，后处理简单。

　　在图 4－26 和图 4－27 中，碱金属罐下部通过三通与待充装热管和真空系统相通。还有一种连接方式，对于设备和热管均采用双工艺接口，通过主工艺接头和副工艺接头连接，如图 4－28 所示。双工艺接口的设计一方面可使热管和工艺罐的排气通道增大一倍；另一方面在工质充装时减小挂壁量。

　　图 4－28 中，主工艺接口既是抽真空通路和惰性气体接口，又是工质的充入口；副工艺接口既是惰性气体通路，也是真空接口。副工艺接口接入热管内部，或者直接设在热管的另一端。副工艺接口与设备通过波纹管的自由端相接。图示工艺对分装工质进行了分步

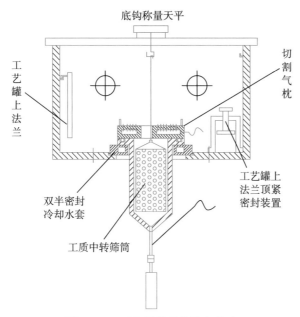

图 4 - 27　碱金属处理的设备状态

保护。分装工质前，副工艺孔通入惰性气体从工艺罐中向上流动，对工质中转筛筒中的工质提供了气罩保护；气枕通入的气流从小孔流出，对处理的工质进行了再保护。

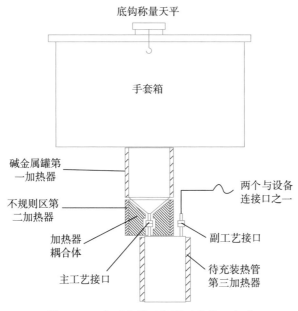

图 4 - 28　主工艺接口和副工艺接口方式

　　在抽真空工艺过程中，对工艺罐体、中间接管和热管采用三段加热和控温的方式，加热器如图 4 - 28 所示。第一加热器，包于工艺罐法兰下一定距离的柱腔壁面。第二加热器，轴向从位于工艺罐下部的锥腔壁外开始，一直到热管主充装管根部区间，并包于过渡耦合体的壁面。第三加热器包于待充装热管或热管板的壁面。各气动阀门、三段加热器等采用程序在线控制（PLC），减小人为操作的影响。

4.3.4　毛细芯泵吸能力试验

毛细芯泵吸能力试验可以判定毛细芯是否满足要求。热管工作时，毛细芯提供工质循环流动的驱动力，起到泵的作用。要使驱动力大，要求毛细芯均匀，有效孔径小。要使流动阻力小，要求毛细芯的有效孔径大。因此，要找到这两个要求矛盾方面的平衡点。毛细芯的最佳设计是，有效孔径足够小、驱动力足够大，但阻力又不大。另外，毛细芯的均匀性也是要保证的。毛细芯结构的均匀程度影响当量毛细孔径和渗透率（Permeability）。

高温热管的毛细芯常采用多层叠合金属丝网，高目数丝网的丝径很细，一般刚度不足。可采用刚度较大的低目数丝网作为支撑。还可以借助弹簧或支撑设计解决刚度问题。要保证不同丝网层间和靠热管壳体壁面一层与壳体的紧密贴合。

毛细芯泵吸能力的测量包括两个试验，孔径测试和渗透率测试试验。毛细芯的孔径测试试验包括测试气泡孔径和差压孔径，它们分别对应最大和最小当量孔径。试验系统如图 4-29 所示，主要有毛细芯耦合匣壳、两端连接的真空密封组件、观察窗等。

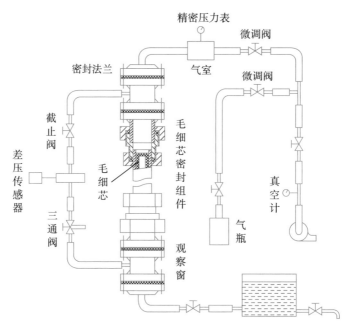

图 4-29　热管毛细芯两种孔径测试系统

气泡孔径测试需保证毛细芯完全被液态工质浸没，试验气体通过阀门缓缓推动毛细芯中的液体工质，根据毛细芯底部观察窗出现第一个气泡时的最小气体压力可计算出烧结芯的最大毛细孔当量直径。差压孔径的测试，在保证毛细芯完全被液态工质浸没后，缓慢向其顶部通入气体。毛细芯两端的差压随通入气体压力而变化，找出变化曲线上斜率明显变化的点，通过差压计算出最大毛细力，进而可得到气泡的试验孔径，即毛细芯最小当量孔径。

毛细芯材料具有可渗透性，渗透率的测量试验台如图 4 - 30 所示。主体包括毛细芯匣体、密封组件、观察窗等。尽量消除重力影响，将试验台主体水平放置。

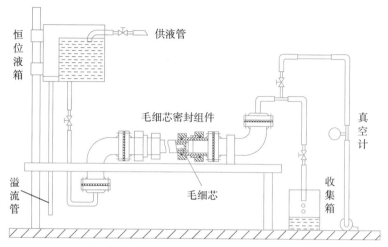

图 4 - 30　毛细芯渗透率测试试验

毛细芯可设计成变管径可穿入式。试验前抽真空，下端供液、上端出液，保证毛细芯充满液体。采用高度可调的恒位液箱，使试验时供液压力恒定。采用容积法测出流量，利用式（4 - 21）的达西定律得到毛细芯的平均渗透率。

4.3.5　高温热管试验

由于设计、制造、工艺控制步骤较多，确定热管的性能尚没有十分把握，试验结果可以成为最终热管产品定型的依据。批量生产也需要进行抽样测试。

热管的性能试验分为两类：1）性能测试，鉴定新研制热管的性能是否达到设计指标；2）探索提高热管性能的途径。后者包括毛细芯结构的优化、热管的尺度、工艺优化等对热管性能的影响。

热管性能试验的具体内容包括：启动性能、传热极限、温度分布、热管的水平和反重力性能等。试验的关键技术是加热方法、传热量、表面温度的测量等。

如果加热热流密度不大，可以用一般传热试验中常用的电热丝、硅碳棒、硅钼棒直接耦合加热，或使用加热炉。对于热流密度大的加热，通常用能量密集的方法。测定传热量时应使热管的加入热量、传出热量和热损失达到平衡，温度场基本稳定。

对高温热管试验，加热有 3 种方式。一是常用的石墨或石英灯高温辐射加热法；二是将热管壳体作为电阻，采用低电压、高电流直接加热法；三是高频线圈感应加热法。下面重点介绍第二、三两种方法。

直接加热系统如图 4 - 31 所示[6]。试验的热管通常采用难熔金属作为壳体，它们的电阻率较大。要获得一定的加热量，需要通过几百到几千安培的电流，而电压只需要几伏特。这就需要配备专门的供电设备。这种大功率加热的热量 Q 仍然由欧姆定律式（4 - 109）来确定

$$Q = I^2 R = \frac{U^2}{R} = UI \qquad (4-109)$$

式中　I——电流强度；

　　　R——电阻；

　　　U——电压。

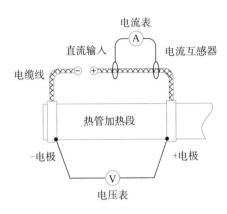

图 4-31　低电压大电流对热管管体的直接加热和测量

　　高频线圈加热是将热管的加热段伸入高频感应圈中，热管壳体受到高频感应产生涡流发热。高频加热具有集肤效应，即在毛细芯和工作流体内不直接生热，只是通过热管的壳体发热。加热器频率约为 1 MHz 量级，热流密度可达 300～500 W/cm²。由于电磁感应漏损严重，感应线圈还需通水冷却，因此加热很难定量。同时，高频强电对测温热电偶弱电信号也会造成干扰，需采取抗干扰措施。

　　如果只进行启动试验，热管冷凝段通过对流和辐射散出热量，管体表面有可能被氧化。防止氧化的办法之一是将热管放置在石英罩内，用惰性气体置换出罩中的空气。要排除气体对流的影响，可以将石英罩抽至一定的真空度。

　　钠热管性能试验系统，如图 4-32 所示[4,6]。采用高频感应加热，将热管蒸发段伸入线圈内，加热后壁面温度会迅速升高。为减小高频电磁场对人体的影响，一般将试验台置于有良好接地金属网屏蔽室内。

　　高频加热时，热管传递的热量需在冷凝段测量。热管的工作温度远超过水的临界温度（Critical Temperature），因此不能用冷却水直接冲刷热管壁面。冷凝段外壁缠绕有薄壁铜管，形成冷却水套。在水套和热管之间有一个厚度约 0.5 mm 的间隙。利用热管壁面与水套内壁之间的辐射换热，再通过间隙中气体的导热，将热量传给冷却水。通过测量冷却水的流量和进出口的温差来确定传热量。

　　在热管性能试验中，加热量和冷却水量要有大的调节范围。加热量可以通过电路比较容易地进行调节；冷却水量可以通过流量和进口温度来调节。但要注意到，热阻主要在气隙，因此冷却调节范围很有限。为此，实际主要调节气隙中气体的导热系数。充入气隙的气体一般采用氦气和氩气的混合气体。氦气的导热系数为氩气的 5 倍多，改变两种气体的混合比即可调节气隙的导热系数。图 4-32 下部所示为通过压力调节改变两种气体混合比

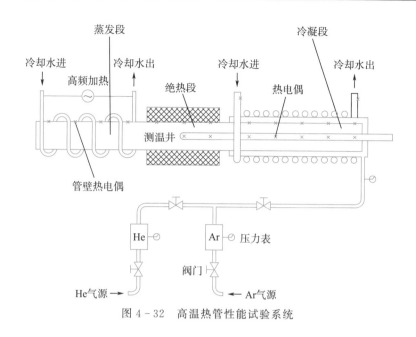

图 4 - 32　高温热管性能试验系统

的方法。

　　试验需要测量热管的壁面温度和管中蒸汽温度沿轴向的变化。蒸汽温度可以通过测温井（Temperature Measurement Well）来实现。测温井与热管制成一体，是从热管端头中心伸入，并与端盖耦合的细盲管，管中沿程布置热电偶。测温井盲端的位置一般在绝热段的中间。热管外壁也要布置热电偶，接点焊在壁面，引线要有延长段贴合壁面，以减小测温误差。

　　热管极限传热量的一般测量方法是，先设定一个热管绝热段的工作温度，不断升高加热器功率，同时增加冷却量。当蒸发段出现局部温度陡然上升点时，停止加热。改变工作温度，重复以上步骤，即可得到一系列的极限传热量。一般在每次试验开始前，增加工艺步骤，使毛细芯再次浸润。

　　钠热管在做传热极限测试前，一般先进行辐射和自然对流冷却试验。图 4 - 33 所示为试验情况[65]。试验温度为 800 ℃，此温度下散热量为 1 250 W。试验测得的热管冷却段轴向温差很小，而且整根热管的亮度均匀，表明热管的性能达到要求。

图 4 - 33　辐射和自然对流冷却条件下高温钠热管的试验状态

　　表 4 - 6 列出了一些常用液态金属热管蒸发器工作时的热流密度，最高热流密度在 $100 \sim 400$ W/cm² 的量级，壁面过热度（Degree of Superheat）在 $10 \sim 20$ ℃范围内。对于

蒸发器，不希望壁面产生汽泡而破坏弯月面，使毛细力丧失，因此不希望进入沸腾工况，给出这些上限值是必要的。对于冷凝器，工质的膜状凝结热流密度比采用努塞尔（Nusselt）凝结理论的计算值要低得多，碱金属蒸汽凝结的热流密度在 100 W/cm² 的量级[6,9]。

表 4 - 6　　液态金属热管蒸发器的热流密度

来源	工质	温度/℃	热流密度/（W/cm²）
RCA	Li	1 200	94.6
RCA	Li	1 450	253
LaSL	Li	1 300	200
LaSL	K	725	69
LaSL	Na	850	104
LaSL	Ag	2 000	400

RCA：美国无线电公司；LaSL：美国洛斯阿拉莫斯科学实验室。

通过大热流密度测试出热管出现局部干涸点，即达到极限传热量的方法，也是检验热管性能是否达到要求、检验毛细芯结构的设计和工艺的一种手段。

4.3.6　过载试验

热防护热管实际在加速、振动等动态环境中工作，这会影响毛细芯中液体的回流和热管的传热效果。热管要能在振动及加速环境中保持工作状态和性能，就要通过过载试验，即在实际振动和加速度作用下进行性能测试。

由运动引起的外加体积力对热管工质的回流和工作性能是否有影响，需要在离心工作台上进行过载状态下的性能测试[3,66-69]。图 4 - 34 所示为热管过载离心测试台系统。

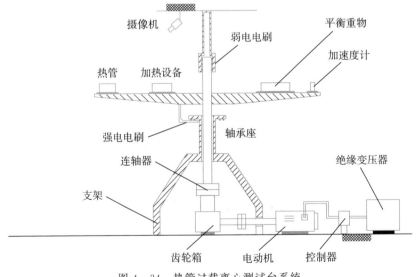

图 4 - 34　热管过载离心测试台系统

　　系统的主要部件是装在竖直轴上的一个水平转台。转台通过齿轮箱、电动机和控制器的带动而旋转。安装的加速度计可以测量径向、切向和竖直等方向的加速度。平衡重物的安装位置可调节动态平衡。安装在转台上的热管，通过强电电刷接入加热的电力。从热电偶和加速度计采集的信号，通过装于上部的弱电电刷输出到计算机。转台上，热管及加热设备要采取有效隔热措施。

　　转台上所安装热管的几个有代表性的位置如图 4-35 所示。其中，E 代表蒸发端，C 代表冷凝端，ω 表示角速度，直线或弧线表示热管形状。

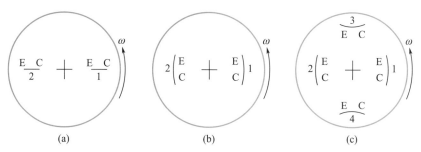

图 4-35　离心测试台上热管的安装方位

1、2、3、4—热管；E—蒸发端；C—冷凝端

　　不同的安装位置对热管可能产生有利或不利的影响。这取决于过载方向同毛细芯回流驱动力方向的异同。当热管沿径向放置时，稳态旋转的附加加速度的体积力 G 只作用在热管的长度方向，如图 4-35（a）所示。热管蒸发端靠近转台轴心时，由加速度导致的体积力与毛细芯中液态工质回流的方向相反。当热管冷凝端靠近轴心时，附加体积力与液态工质的回流力方向相同。当热管周向安装时，如图 4-35（b）和图 4-35（c）所示，体积力主要作用在热管的横向方向。这时，对于结构形式不同的直热管和弯热管，热管长度方向所受的附加体积力是不均匀的。图 4-35（a）、（b）、（c）中所示热管安装方位所产生的加速度对于热管液态工质回流的影响见表 4-7。

表 4-7　离心测试时热管的安装方位

安装方位	图 4-35	对于热管各段的离心加速度	是否有利液体回流
Ⅰ. 径向：1. 蒸发端靠近转台中心 　　　　2. 冷凝端靠近转台中心	(a)	不均匀	1. G（径向），否 2. G（径向），是
Ⅱ. 周向：1. 蒸发端朝着旋转方向 　　　　2. 冷凝端朝着旋转方向	(b)	均匀	1. G（切向），否 2. G（切向），是
Ⅲ. 切向：1、3. 蒸发器朝着旋转方向 　　　　2、4. 冷凝端朝着旋转方向	(c)	不均匀	1、2. G（径向），否 3、4. G（径向），是 1、3. G（切向），否 2、4. G（切向），是

转台速度对应着一定的加速度 a_R，可以由下式获得

$$a_R = \sqrt{a_r^2 + a_y^2} \qquad (4-110)$$

式中　a_y——重力加速度，$a_y = 1g$。

对热管蒸发器加热，一般可按一定时间步长和台阶大小来增加输入功率。当监测的蒸发器温度陡升，接近干涸时停止试验，回到初始状态后，再进入另一状态试验。转台旋转方向的影响一般不大。

径向加速度可以表示成

$$a_r = \omega^2 r = \left(\frac{2\pi N}{60}\right)^2 r \qquad (4-111)$$

式中　N——每分钟转速，rpm。

切向加速度可表示为

$$a_t = r\frac{\mathrm{d}\omega}{\mathrm{d}t} \qquad (4-112)$$

对于稳态分析，a_t 和竖直方向的加速度不予考虑。

$10\,g$ 以下速度负荷可通过 100 rpm 的转速和 1 m 长的转台实现。对于干道毛细芯热管，相对于水平方向的倾角为 ψ，在 1 g 过载力场中，传输能力由下式给出

$$\int_0^L (F_1 + F_v)Q\mathrm{d}x = \omega^2 r = \frac{2\sigma}{r_c} + \rho_1 g d\cos\psi + \rho_1 g L\sin\psi \qquad (4-113)$$

为说明由附加加速度 a_R 产生的体积力，将式（4-113）增加一项改变成

$$\int_0^L (F_1 + F_v)Q\mathrm{d}x = \omega^2 r = \frac{2\sigma}{r_c} + \rho_1 a_r d\cos\psi + \rho_1 a_r L\sin\psi + \int_0^L \rho_1 a_t \mathrm{d}x \qquad (4-114)$$

旋转加速度引起的体积力的减小或增加，取决于 a_r 的振幅和方向，同时也取决于热管的安装位置和转速。对于周向安装的稳态条件，式（4-114）右端的最后一项为零。对切向安装热管，毛细传输极限也可采用式（4-114）进行估算。液体干道的有效毛细半径 r_c 可以根据倾斜状态的测试结果，由下式计算

$$r_c = \frac{2\sigma\cos\theta}{\rho_1 g H} \qquad (4-115)$$

在过载状态下，邦德（Bond Number）数表示附加体积力与表面张力之比。当热管周向安装时，横向加速度对邦德数也有影响。如果将圆弧形热管水平安装在转台，使热管长度方向置于固定半径为 1 m 的圆弧上。在稳定的转速下，径向加速度沿热管的长度方向是均匀的。液态工质的流动取决于力的平衡。为保持径向加速度下工作时毛细芯的有效润湿，径向过载引起的体积力要小于等于最大毛细力。

对于长度为 L、直径为 d、孔隙度为 ε、毛细孔半径为 r_c，横截面和孔隙率均匀的毛细芯，有

$$\frac{\pi d^2}{4}\frac{L\varepsilon(\rho_1 - \rho_v)}{Ld}a_r \leqslant \frac{2\sigma\cos\theta}{r_c} \qquad (4-116)$$

体积力与表面张力之比用邦德数表示成[76-77]

$$Bo = \frac{a_r(\rho_1 - \rho_v)dr_c}{\sigma} \qquad (4-117)$$

化简式（4-116）、式（4-117），有

$$Bo \leqslant \frac{8\cos\theta}{\pi\varepsilon} \qquad (4-118)$$

如果过载加速度阻碍液态工质回流，上式取等号的条件代表了液体能否正常回流的边界。

对某一热防护热管的毛细芯，假定工质完全润湿毛细芯材料表面，液态工质的润湿角 $\theta = 0$。如果毛细芯的孔隙率 $\varepsilon = 0.4$，代入式（4-118），有

$$Bo \leqslant 6.37$$

对热防护热管的液体工质，邦德数是负荷 g 和工作温度的函数。对于带液体干道（Liquid Artery）的钠热管和锂热管，图 4-36 给出了分别在 $80\ g$ 和 $60\ g$ 附加体积力下能正常工作时邦德数随温度的变化的边界线。在毛细芯参数 r_c、θ、ε 给定时，邦德数、液体的总量和局部存量等均会影响液体干道中液体的连续性，从而也就决定热管是否能正常工作。如果毛细芯未被液体吸满，即处于部分充装状态，也会影响热管在附加负荷下的传输极限。

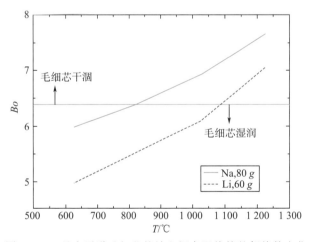

图 4-36　具有干道毛细芯的钠和锂高温热管的邦德数变化

4.4　热防护异形热管

热防护异形热管属于高温热管和超高温热管。温度较低时，管壳材料可选不锈钢（304、306 等）、镍、因康乃尔（Inconel）等。温度超过 $1\ 200\ ℃$ 时，热管需选用铌、铌-锆合金或钨、钽、钼等作管壳和毛细芯。对 $2\ 000\ ℃$ 以上的更高温度，热管要采用钽、钨或铼作管壳和毛细芯。材料选定后，根据金属的纯度或合金材料的技术要求，要保证材料的可加工性、焊接熔深等工艺。另外，要确定热管外表面与接触材料和环境的相容性和抗

氧化性，有时需考虑抗氧化涂层要求。确定热管材料后，根据相容性要求选定工质。本节首先分析比较工质的物性，然后介绍热防护异形热管。

4.4.1　工质的物性

4.4.1.1　温度和压力关系

进行高温热防护热管设计时，所选工质在工作温度下蒸汽压力应适当[74-75]。一方面，工作压力决定了热管壳体的强度。另一方面，如果蒸汽压力过低、蒸汽密度较小，会导致蒸汽流动过程中压力降偏大，热管的等温性变差。

图 4 - 37 给出了常用高温和超高温热管的饱和蒸汽压力随温度的变化关系。可见，所列工质的饱和压力随温度都有从缓慢上升到快速上升的单调过程。压力-温度曲线的陡度较大区域，斜率较大。在此区域，工质温度变化随一定压力降的变化可以很小，有利于热管等温性的实现。因此，图 4 - 37 中曲率变化较陡的区域，就是推荐工质的工作温度范围。另外，压力也要适当，不要太高，给热管壁面的密封和强度设计留有空间。

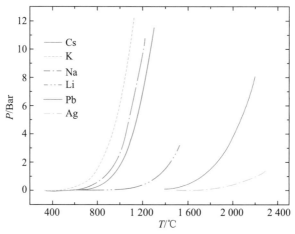

图 4 - 37　工质蒸汽的饱和压力和温度的对应关系

4.4.1.2　汽化潜热

工质的汽化潜热（Latent Heat of Vaporization）决定了相同额定工况下工质流率的大小。图 4 - 38 给出了 Cs、K、Na、Li、Pb、Ag 等高温和超高温热管常用工质的汽化潜热的相对大小。这里用水作比较对象，水的汽化潜热是 2 251 kJ/kg，也标在了图中。

从图 4 - 38 可见，Na 的汽化潜热比水大一些；K 的汽化潜热比水略小，它们也是高温热管的常用工质。Li 的汽化潜热比水大近一个数量级，极少量的工质蒸发，就能带走大量的热。因此热管工作时工质的循环流率和循环流阻很小，所带来的好处是，热量的传输距离大。

4.4.1.3　表面张力系数

表面张力系数（Coefficient of Surface Tension）大小代表相同毛细芯结构时的毛细力

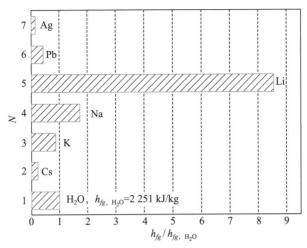

图 4 - 38　几种液态金属的汽化潜热和水相比的相对大小

的大小。图 4 - 39 给出了几种液态金属的表面张力系数的相对大小。Li、Pb、Ag 的表面张力不同，可以提供不同的毛细力。用水作比较基准，水的表面张力是 0.059 N/m，Na、Li 的表面张力系数是它的 2 倍和 4 倍，Ag 的表面张力比水大出了一个数量级，它们使热管具有不同的毛细力，乃至传输能力。

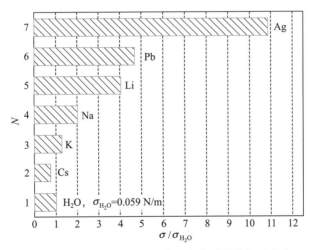

图 4 - 39　几种液态金属的表面张力系数的相对大小

4.4.1.4　工质的综合特性

根据相容性候选出高温和超高温热管的金属工质。壳体要满足工质在工作压力范围内，最大压力下的强度要求。工质的表面张力、密度、汽化潜热等综合特性也是金属热管工质选择的重要依据。图 4 - 40 给出了高温和超高温热管各种工质的品质因数随温度的变化情况。可见，Li 的 M 值比其他工质大很多倍。

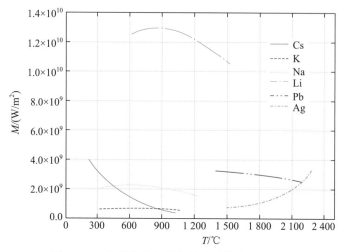

图 4-40　几种液态金属的品质因数的相对大小

4.4.1.5　二聚效应

如果热管采用碱金属钠和锂工质，在理论分析时，要考虑温度影响的 2 个阶段。即由液体生成单原子蒸汽的开始阶段，以及发生部分原子间两两聚合的二聚效应（Dimerization Effect）阶段[72]。

钠和锂蒸汽的饱和蒸汽压也包括两部分，即单原子蒸汽分压和二聚化分子蒸汽分压。二聚效应按对应的温度和份额，由平衡常数建立平衡，会影响总蒸汽压。

钠的饱和蒸汽在 300 ℃ 以下均以单原子状态存在。随着饱和温度的升高，蒸汽中出现双原子分子 Na_2，它们与单原子钠处于动态平衡

$$Na_2 \leftrightarrow 2Na \tag{4-119}$$

液态钠在一个大气压下的沸点为 881.4 ± 0.6 ℃，钠饱和蒸汽中双原子分子的份额约为 16%。

锂蒸汽同钠一样，也会产生二聚效应，是原子与分子蒸汽的混合物

$$Li_2 \leftrightarrow 2Li \tag{4-120}$$

4.4.2　"J" 和 "V" 形热管

单根 "J" 形热管如图 4-41 的右上部分所示。热管弯曲部分，即 $\pm S$ 坐标内的部分是蒸发段，受到加热后。热管将得到的热量传送到长直段部分，即冷凝段。热管工作时实现热量移峰填谷的效果，如图 4-41 左下部分的两块面积所示[76-79]。图中标出 $T \leqslant 1\,538$ ℃，指所采用材料在保证强度条件下的允许温度。

对于一个传热结构设计，与壳体耦合的 "J" 形热管需要多根，每根需单独制备，再与壳体进行整体耦合焊接。热管蒸发和凝结传热的当量导热系数一般比金属壳体材料大 2 个量级以上，因此热管受热后，热量会从加热壁面迅速扩展到内腔其他壁面，再通过壁面的导热散出。传热瓶颈得到打通，传热速度会大幅提高。与包覆壳体耦合的多根热管是一

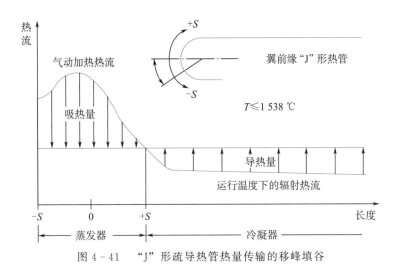

图 4 - 41　"J"形疏导热管热量传输的移峰填谷

种典型的布置，这里介绍"O"截面和"D"截面的"J"形热管。

如图 4 - 42 所示，各"J"形热管交错与包覆的金属壳体耦合。金属壳体的纵垂剖面为"V"字形，内嵌的各热管的直段一长一短。采用"J"形交错布置主要是考虑热管直段的换热面积够用，而且需要耦合定位和焊接工艺的空间。如果直段的换热面积不够，热管外形可采用近于"V"形，即热管的两个直段近于相等的结构改进。

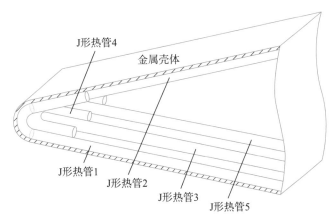

图 4 - 42　与金属壳体耦合的交错"J"形热管

金属壳体的纵向剖面为"V"形，耦合体在顶部即热管的弯曲区受热，热管工作后将热量铺展到壳体平面区。通过热防护热管的工作，不但会使结构前缘的热量有效铺展和散出，从而使前缘表面的最高温度降低，并使高温区域缩小，同时也使材料内部温度的均匀性得到改善。

图 4 - 43 给出了近于"V"形高温热管布置，并与外围结构耦合后的耦合件，热管为圆形截面，尺度为 $\phi 8 \times 1 \times 500$（mm）。

图 4 - 44 所示为"O"形截面热管与包覆金属壳壁的焊接耦合方式。为了提高热管的

图 4-43　交错的"V"形高温热管耦合件

导热效果，增大取热和散热的面积，并使质量最小，可对"O"截面热管设计进行改进和优化。图 4-45 所示为优化改进的"D"形热管与碳-碳（C-C）材料壁面整体耦合的设计方案[80-81]。

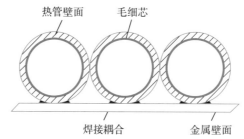

图 4-44　"O"形截面热管与金属壁面的耦合

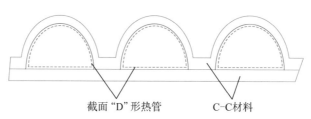

图 4-45　"D"形截面热管与碳-碳壁面的耦合

　　综合热管与外壳耦合的形状、材料、整体性能、工艺复杂程度和成本等方面的要求，"J"形、"V"形热管的横截面设计可以在"O"形和"D"形间选择。与"O"截面的"J"形热管相比，"D"截面热管的质量减小了 40%。"D"截面热管对于碳-碳结构的翼前缘设计，在价格和材料耗量上均具有竞争优势。但是，"D"截面热管的制备工艺变得复杂。

　　关于热管与碳-碳材料的耦合方式，如图 4-46 所示，碳-碳材料中埋入了"D"截面、薄壁壳体热管。热管壳体选用在工作温度下不和碳-碳材料发生化学反应的难熔金属。还要考虑不同材料具有不同的热膨胀系数，工作时在材料界面会产生热应力的影响，严重时会使两种材料界面处产生缝隙。所以，在热管与碳-碳材料进行结构耦合时，应尽量采用释放热应力的工艺，并采取措施减小耦合界面的附加热阻。

　　如果各"V"形热管的顶部所受热流密度不大，而且较均匀，则前缘的温度分布比较均匀，图 4-46 所示与碳-碳材料的"D"形热管耦合方案是适用的。对于较高热

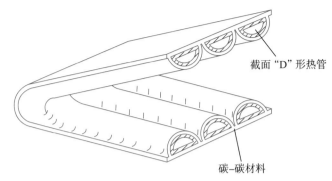

图 4 - 46　"D"形截面热管与碳-碳材料耦合结构

流，尤其对各"V"形热管所受热流密度不均匀的情况，需考虑增加横向热管方案，如图 4 - 47 所示[82-83]。在前缘的碳-碳结构中埋入一月芽形截面的横向直热管，将"D"截面的"V"形热管在拐弯处相连，达到了消除不同前缘位置的热不均匀性的目的。

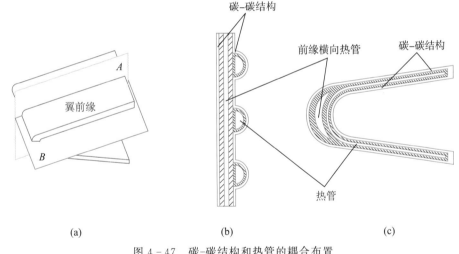

图 4 - 47　碳-碳结构和热管的耦合布置

图 4 - 47 所示的设计中，"D"热管壳体采用难熔薄壁金属材料，特点是尺寸、质量、热阻均很小。耦合实现工艺有两种：1）采用二维的预浸料坯碳-碳结构；2）采用碳-碳三维编织。它们的特点是质量小，在 1 650 ℃时具有高强度。前缘横向热管对不均匀加热具有横向拉平的作用，避免了翼前缘横向出现局部过热，增加了前缘各点的温度均匀性。

4.4.3　翼前缘腔体热管

利用广义热管的概念，飞行器翼前缘的热防护还可采用带蒸汽腔（VC，Vapor Chamber）的腔体热管。沿着气流方向，热管的外壳设计可随飞行器的翼外形顺势而变。

热管的高导热性、高等温性及蒸发段和冷凝段之间的变热流密度能力，使加热区的热量得到有效散出。

　　翼前缘腔体热管的设计可以有内壳体，也可以没有[84-85]。这两种结构的主要区别是工质的充装量和工质的流场不同，性能有一定的差异。

　　有内壳结构的热管，内外壳体间的夹层可形成蒸汽腔（VC）空间，如图 4-48 所示。图 4-48（a）示意了蒸汽腔的结构和热流分布变化。加热区对应热管的蒸发部分，热流分布不均匀，在前端点最大。热管通过蒸汽流将热量传送到后部。在后部壁面，通过辐射向环境排散热量，放热区对应热管的冷凝部分。加热区与放热区的交界线位置根据具体工况呈动态变化。热管将加热区的热量传到放热区，实现热量的移峰填谷。通过热管的变热流密度能力，放热区排热的热流密度远小于加热区的驻点。图 4-48（b）给出了 $A-A$ 截面的局部放大结构。可见，外壳内壁面、内壳外壁面都有毛细芯覆盖，并耦合有加强筋支撑。

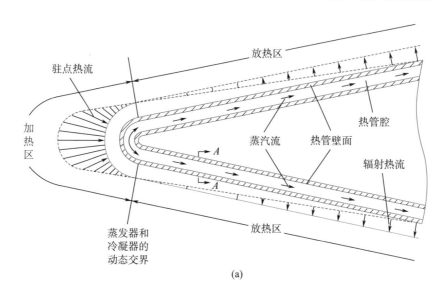

(a)

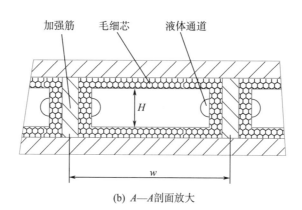

(b) $A-A$ 剖面放大

图 4-48　夹层蒸汽腔热管的结构、热流分布和局部剖面结构

不带内壳结构的热管，如图 4 - 21 所示。外壳体内部直接形成蒸汽腔空间，在两侧面需有毛细芯结构，并有加强筋支撑。这种蒸汽腔热管在不同位置的横截面均为矩形，但沿长度方向，横截面积不断增加。在另两个方向的纵向剖面分别为等腰三角形、矩形。图 4 - 49 给出了不带内壳蒸汽腔热管的内部结构示意，有加强筋与覆有毛细芯的壁面耦合〔见图 4 - 49（a）〕、与两侧端盖耦合〔见图 4 - 49（b）〕，以及与尾盖、充装管等耦合〔见图 4 - 49（c）〕等效果[92]。

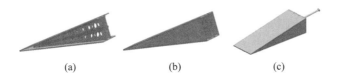

（a）　　　　　　　　　（b）　　　　　　　　　（c）

图 4 - 49　加强筋和毛细芯壁面、端盖等耦合成整体蒸汽腔热管

关于不带内壳蒸汽腔热管的建模，直角坐标系或圆柱坐标系都不适合用来描述其变截面结构和热质传递。热管壁面和毛细芯区域需采用三维模型，并用贴体坐标来描述物理过程。蒸汽流动可作一维简化。

如图 4 - 50 所示，不带内壳蒸汽腔热管的外形和加热区也是动态变化的，图中标出了基本的几何尺寸[3,86]。整体蒸汽腔热管属于热防护高温热管，加热时热流密度很大，因此对于工作的瞬态过程，需考虑壁面和毛细芯的温降。

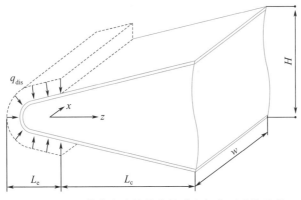

图 4 - 50　整体蒸汽腔热管的外形和加热区受热示意

4.4.4　特点比较

对于一个飞行器的翼前缘热防护结构，与采用多根交错的"J"形或"V"形热管布置相比，在同样外形尺寸下，对带内壳或不带内壳的蒸汽腔热管的特点归结如下。

1）翼前缘半径可以设计更小，甚至能减小一个量级，这是因为蒸汽腔热管的制备不需要单根热管的弯管成形工艺；

2）翼前缘全部横向长度得到全部充分利用，成为蒸汽腔热管的蒸发区，而对于交错的"J"或"V"形热管，由于受各热管壁厚和焊接耦合工艺的限制，只有近一半前缘长度的蒸发区；

　　3）蒸汽腔热管只需一次充装、制备，而每根"J"形或"V"形热管需每根单独制备，再耦合；

　　4）蒸汽腔热管的水力直径较大，热管的性能易得到发挥；

　　5）蒸汽腔热管的质量较小，热容小，热惯性小。

　　但是，蒸汽腔热管的制备工艺要求高，体现在复合毛细芯的制备、耦合等方面。壳体、毛细芯需要定位模具，才能焊接。

　　另外，文献中提到并研究了球锥热管[87-90]，头部为球面（Nosecap），身部为圆锥面，外壁面和内壁面间为蒸汽腔热管腔。值得说明的是，这只是一个算例，实际采用的可能性不大。

参 考 文 献

［ 1 ］ COTTER T P. Heat Pipe Startup Dyanmics ［C］. Palo Alto，California USA：Proceedings of Thermoionic Conversion Specialist Conference，1967：42－45.

［ 2 ］ PETERSON G P. An Introduction to Heat Pipes ［M］. A Wiley Interscience Publication，John Wiley & Sons，Inc. 1994：19－23.

［ 3 ］ FAGHRI A. Heat Pipe Science and Technology ［M］. Taylor & Francis Publishers，1995：71－75，263，711－736.

［ 4 ］ 马同泽，侯增祺，吴文铣. 热管 ［M］. 北京：科学出版社，1983.

［ 5 ］ 伊凡诺夫斯基 M N. 热管的物理原理 ［M］. 潘水密，等译. 北京：中国石化出版社，1991.

［ 6 ］ 邓恩 P D，等. 热管 ［M］. 周海云，译. 北京：国防工业出版社，1982.

［ 7 ］ 大岛耕一，松下正，村上正秀. ヒーィパィプ工学 ［M］. 东京：朝仓书店，1979.

［ 8 ］ 池田义雄，伊藤谨司，槌田昭. 实用热管技术 ［M］. 商政宋，李鹏龄译. 北京：化学工业出版社，1986.

［ 9 ］ 李亭寒，华诚生. 热管设计及应用 ［M］. 北京：化学工业出版社，1987.

［10］ 靳明聪，陈远国. 热管及热管换热器 ［M］. 重庆：重庆大学出版社，1986.

［11］ LIANG J，CAO Y. Closed－form Analytical Solutions for the Radially Rotating Miniature High－temperature Heat Pipes Including Non－condensable Gas Effects ［J］. Int. J. of Heat & Mass Transfer，43，2000：3661－3671.

［12］ QU W，MA H B. Theoretical Analysis of Startup of a Pulsating Heat Pipe ［J］. Int. J. of Heat & Mass Transfer，50，2007：2309－2316.

［13］ QU W，YANG B. Operational Mechanism of Square Capillary Looped Pulsating Heat Pipe ［C］. Washington：Proceedings of 14th Int. Heat Transfer Conference，ISBN 978－0－7918－3879－2，IHTC14－22331，2010：1－6.

［14］ QU W，LI S J，et al. Thermal Performance of a Thin Flat Plate Heat Pipe ［C］. San Francisco，USA：ASME 2009 Summer Heat Transfer Conference，HT2009－88421，ISBN：978－0－7918－3851－8，2009：1－6.

［15］ QU W. Hydrodynamics of Two－phase Loop Thermosyphon ［J］. Frontiers in Heat Pipes，2010：1－7.

［16］ 曲伟，马同泽. 新型热管的研究进展和应用现状 ［J］. 南京工业大学学报，2003，（25）：79－93.

［17］ QU W，YANG B. Thermal Resistance and Ratio of Transferred Latent Heat to Total for Circulating Operation of Looped Pulsating Heat Pipe ［C］. Clemson，USA：Preprint of the 15th Int. Heat Pipe Conference，Session XIII－1，2010：1－5.

［18］ QU W，XUE Z H，AI B C. New Wick Design and Performance of a Thin Heat Pipe Heat Spreader ［C］. Moscow：Second Int. Conference "Heat Pipe for Space Application"（2HPSA），2014：1－8.

［19］ SVIRIDENKO I，SHEVELOV D. Autonomous Thermosiphon System for WWER－1 000 Pressurizer Cool Down ［C］. Minsk，Belarus：Proceedings of the 8th Int. Seminar "Heat Pipes，

Heat Pumps, Refrigerators, Power Sources", 2011.

[20] LI F, QU W, AI B C, Temperature Oscillation and Frequency of a Capillary Driven Heat Pipe with Reservoir [J]. Int. J. of Engineering Science and Innovative Technology, 3 (4), 2014: 42 - 49.

[21] QU W, MA T. Experimental Investigation on Flow and Heat Transfer of a Pulsating Heat Pipe [C]. Moscow, Russia: Proceedings of the 12th Int. Heat Pipe Conference, 2002: 226 - 231.

[22] 曲伟, 周岩, 马同泽. 高功率脉动热管的流动和传热特性 [J]. 工程热物理学报, 2007, 28 (2): 328 - 330.

[23] QU W, LIU X Y, et al. The Prediction of the Incipient Boiling in Two - phase Closed Thermosyphon [C]. Tsukuba Japan: Preprints of the 4th Int. Heat Pipe Symposium, 1994: 38 - 42.

[24] QU W, YANG B. Performances of Flat Plate Pulsating Heat Pipes [J]. J. of Energy and Power Engineering, 4 (8), 2010: 1 - 8.

[25] MERLONE A, ZHANG A, et al. INRIM and NIM Cooperation on the Temperature Amplifier [J]. Int. J. of Thermophysics, 29 (5), 2008: 1867 - 1875.

[26] MERLONE A, MUSACCHIO, et al. Twenty Years of Progress in the Use of Gas - controlled Heat Pipe for Thermodynamic Measurements [C]. Lyon France: Proceedings of the 16th Int. Heat Pipe Conference, 2012: 13 - 25.

[27] CAREY V P. Liquid Vapor Phase Change Phenomena, An Introduction to the Thermophysics of Vaporization and Condensation Processes in Heat Transfer Equipment [M], Hemisphere Publishing Corporation, 1992: 31 - 35.

[28] XUE L, KEBLINSKI P, et al. Effect of Liquid Layering at the Liquid - solid Interface on Thermal Transport [J]. Int. J. of Heat & Mass Transfer, 47, 2004: 4277 - 4284.

[29] QU W, LUO X G, AI B C. Theoretical Analysis on Capillary Flow and High Performance of Pulsating Heat Pipes [C]. Beijing: The Proceedings of the 11th Int. Heat Pipe Symposium, 2013: 15 - 25.

[30] QU W, MA T Z. Vapor - liquid Flow and Heat Transfer Characteristics in a Capillary at Constant Wall Temperature [C]. Beijing: The 5th Int. Symposium on Heat Transfer, Higher Education Press, 2000: 474 - 479.

[31] STRAUB J. The Role of Surface Tension for Two - phase Heat and Mass Transfer in the Absence of Gravity [J], Experimental Thermal and Fluid Science, 1994: 253 - 273.

[32] QU W, HOU Z Q, et al. Study on Characteristics of Steady Flow Condensation Heat Transfer in a Tube under Zero - Gravitation [J]. J. of Thermal Science, 5 (3), 1999: 217 - 222.

[33] QU W, MA T Z. Investigation on Operational Unsteady Characteristics of CPL, The Effects of Evaporator and Reservoir [J]. Beijing: J. of Thermal Science, Science Press, 8 (2), 1999: 114 - 119.

[34] 刘纪福. 热管换热器 [G]. 哈尔滨工业大学热工教研室, 1986: 13 - 42.

[35] FAGHRI A, ZHANG Y W. Transport Phenomena in Multiphase Systems [M]. ELSEVIER, ISBN 13: 978 - 0 - 12 - 370610 - 2, 2006: 347 - 351.

[36] WAYNER P C, KAO Y K, et. al. The Interline Heat Transfer Coefficient of an Evaporating Wetting Film [M], 1976: 487 - 492.

[37] WAYNER P C. Thermal and Mechanical Effect in the Spreading of a Liquid Film Due to a Change in the Apparent Finite Contact Angle [J]. ASME J. of Heat Transfer, 117, 1994: 938 - 945.

[38] TRIPATHI A, KHANDEKAR S, PANIGRAHI P K. Oscillatory Contact Line Motion inside Capillaries [C]. Preprint of the 15th Int. Heat Pipe Conference, Session XIV - 4, 2010: 1 - 4.

[39] QU W, QU Y T, MA T Z. Mechanisms of Coupled Heat Transfer and Flow of High Heat Flux Pulsating Heat Pipe [C]. Rochester, New York, USA: Proceedings of the 2nd Int. Conference on Microchannels and Minichannels (ICMM2004), ISBN: 0791841642, 2004: 875 - 881.

[40] QU W, ZHANG L C, et al. Evaporation Heat Transfer of Thin Liquid Film and Meniscus in Narrow and Circumferential Crevices of Micro Scale [C]. Proceedings of the 12th Int. Heat Transfer Conference, France, 2002: 425 - 430.

[41] QU W, MA T Z, et al. Effects of Radius and Hear Transfer on the Profile of Evaporating Thin Liquid Film and Meniscus in Capillary Tubes [J]. Int. J. of Heat & Mass Transfer, 45, 2002: 1879 - 1887.

[42] QU W, MA T Z. Effects of the Polarity of Working Fluids on Vapor - liquid Flow and Heat Transfer Characteristics in a Capillary [J]. Microscale Thermophysical Engineering, 6 (3), 2002: 175 - 190.

[43] QU W, MA T Z. Effects of the Surface Roughness of Capillary Wall on the Profile of Thin Liquid Film and the Evaporation Heat Transfer [J]. J. of Thermal Science, 10 (3), 2001: 240 - 246.

[44] 曲伟,马同泽. 微小空间薄液膜相变传热的微尺度效应 [J], 航天器工程, 2004 (2): 141 - 150.

[45] QU W, FENG J C, M T Z. Thin Liquid Film Profile Near the Interline Region in a Capillary Tube [C]. Int. Conference on Integration and Commercialization of Micro and Nano Systems, MNC2007 - 21268, 2007 by ASME, ISBN 0 - 7918 - 3794 - 7, Sanya China, 2007: 829 - 833.

[46] QU W, MA T Z. Effects of Roughness of Solid Surface With Nano - Relief on Liquid - Wall Contact Angle [C]. Int. Conference on Integration and commercialization of Micro and Nano Systems by ASME, MNC2007 - 21531, ISBN 0 - 7918 - 3794 - 7, Sanya China, 2007: 927 - 933.

[47] QU W, ZHANG L C, et al. Evaporation Heat Transfer of Thin Film and Meniscus in Micro Capillary [J]. J. of Enhanced Heat Transfer, 10 (2), 2003: 131 - 148.

[48] QU W, MA T Z. Characteristics of Two - phase Flow and Evaporation Heat Transfer in a Capillary at Constant Heat Fluxes [J]. Microscale Thermophysical Engineering, 6 (3), 2002: 191 - 207.

[49] QU W, MA T Z. Evaporation Heat Transfer of Steady Thin Film in Micro Capillary Tubes of Micro Scale [J]. Heat Transfer - Asian Research, 31 (7), 2002: 513 - 523.

[50] QU W, ZHANG L C, et al. Evaporation Heat Transfer of Thin Film and Meniscus in Micro Capillary and on Substrate with Nano - relief [J]. J. of Enhanced Heat Transfer, 9 (3 - 4), 2002: 161 - 170.

[51] SOLOVY'EV S L, KOVALEV S A. Mechanism of Evaporation of a Liquid from a Porous Surface [C]. Proceedings 5th Int. Heat Pipe Conference, Tsukuba Japan, Preprints 2, 1984: 77 - 82.

[52] 曲伟,马同泽. 微型热管的最大传热能力分析 [C]. 广东湛江: 第七届全国热管会议论文集, 2000: 7 - 11.

[53] JANG J H, FAGHRI A, CHANG W S, et al. Mathematical Modeling and Analysis of Heat Pipe Startup from the Frozen State [J]. ASME J. of Heat Transfer, 112, 1990: 586 - 594.

［54］ JANG J H，FAGHRI A，CHANG W S. Analysis of the One‐dimensional Transient Compressible Vapor Flow in Heat Pipes ［J］. Int. J. of Heat & MassTransfer，34，1991：2029‐2037.

［55］ ISSACCI S，CATTON I，GHONIEM N M. Vapor Dynamics of Heat Pipe Startup ［J］. ASME J. of Heat Transfer，113，1991：985‐994.

［56］ 冯剑超,曲伟. 高温热管的启动和传热极限分析 ［C］. 乌鲁木齐：第一届气动力/热研讨会，2007：1‐6.

［57］ MOCHIZUKI M，SINGH R，et al. Completely Passive Heat Pipe Based Emergency Core Cooling System For Nuclear Power Reactor ［C］. Proceedings of the 16th Int. Heat Pipe Conference，Lyon France，2012.

［58］ LIANG J，CAO Y，et al. Experimental Investigation of a Radically Rotating Miniature High‐temperature Heat Pipes ［J］. J. of Heat Transfer，123，2001：113‐119.

［59］ QU W. Progress Works of High and Super High Temperature Heat Pipes，Developments in Heat Transfer ［M］. Intech，Croatia，In Open Access Publisher，Chapter 25，ISBN 978‐953‐307‐317‐0，2011：503‐522.

［60］ 曲伟. 高温热管及超高温热管的研究进展 ［C］. 深圳：第十二届全国热管会议论文集，2010：2‐20.

［61］ 曲伟,马同泽. 毛细管内薄液膜轮廓和传热特性研究 ［J］. 工程热物理学报，2001，22（1）：66‐69.

［62］ MERRIGAN M A，KEDDY E S. High Temperature Heat Pipe for Waste Recovery ［C］. Proceedings of the 15th AIAA Thermophysics Conference，Snowmass，Co.，LA‐UR‐80‐1481，1980.

［63］ QU W，CHEN S Y，YU J J. Design and Performance of One Sodium Heat Pipe Furnace ［C］. Second Int. Conference "Heat Pipe for Space Application" （2HPSA），Sept. 2014，Moscow Russia：1‐9.

［64］ QU W，AI B C，YU J J. Precise Differential Mechanism，Sodium Charging Equipment and Heat Pipe Performance ［C］. Proceedings of the 17th Int. Heat Pipe Conference，India，2013：20‐25.

［65］ 姜贵庆,艾邦成,俞继军. 高温热管在疏导式防热技术中的应用 ［C］. 威海：第11届全国热管会议论文集，2008：72‐78.

［66］ PONNAPPAN R，YERKES K L，et al. Analysis and Testing of Heat Pipes in Accelerating Environment ［C］. Proceedings of the 8th Int. Heat Pipe Conference，Beijing，1992：250‐255.

［67］ KISEEV V M，ZILKIN K A. The Influence of Acceleration on The Performance of Oscillating Heat Pipe ［C］. Preprints of 11th Int. Heat Pipe Conference，Musashinoshi Tokyo Japan，1999：154‐158.

［68］ KISEEV V M，BELONOGOV A G，BELYAEV A A. Influence of Adverse Accelerations on the Operation of an Anti‐gravity Heat Pipe ［J］. J. Engineering Physics，50，1986：394‐398.

［69］ PENG X F，PETERSON G P. Acceleration Induced Depriming of External Artery Heat Pipes ［J］. AIAA J. Thermophysics，6，1991：546‐548.

［70］ RITTIDECH S，YORDLUK L，TERDTOON P，MURAKAMI. Effect of Bond Number on Internal Flow Patterns of an Closed‐End Oscillating Heat Pipe at Normal Operating Condition ［C］. Proceedings of the 13th Int. Heat Pipe Conference，2004：19‐25.

［71］ SAMMARCO T S，BURNS M A. Thermocapillary Pumping of Discrete Drops in Microfabricated Analysis Devices ［J］. AIChE J.，45（2），1999：350‐366.

［72］ 钱增源.低熔点金属的热物性［M］.北京：科学出版社，1985.

［73］ JACOBSON D L，SOUNDARARAJAN P. Failure Analysis of a Sodium Heat Pipe with Integral Lithium Fluoride Thermal Energy Storage［C］. Preprints of Proceedings of the 5th Heat Pipe Conference，Tsukuba Japan，1984：115 - 120.

［74］ ZHANG S H，SHEN H J. Molecule Physics and Thermodynamics［M］. Beijing Science and Technology Press，ISBN7 - 5304 - 0023 - 1/Z，1987：75 - 76.

［75］ JACOBSON D L，WANG J H. Failure Analysis of a Sodium，Inconel 617 Heat Pipe［C］. Preprints of the 5th Heat Pipe Conference，Tsukuba Japan，1984：121 - 125.

［76］ 斯梯格 M. 钠的制造、性质及用途［M］. 沈贯甲译. 北京：化学工业出版社，1959.

［77］ 格里申 B K，格拉祖诺夫 M T. 锂的性质［M］. 如镜译. 北京：中国工业出版社，1966：10 - 23.

［78］ BOMAN B L. Heat Pipes for Wing Leading Edges of Hypersonic Vehicles［R］. NASA CP - 181922，1990：1 - 10.

［79］ GLASS D E. Closed Form Equations for the Preliminary Design of a Heat Pipe Cooled Leading Edge［R］. NASA CR - 1998 - 208962，1998：1 - 15.

［80］ SILVERSTEIN C C. A Feasibility Study of Heat Pipe Cooled Leading Edges for Hypersonic Cruise Aircraft［R］. NASA/CR - 1857，1971：1 - 11.

［81］ 曲伟.高温热管在疏导式热防护中的应用和模拟研究［J］. 气体物理，2010，5（2）：161 - 168.

［82］ TOWRE L K，KAUFMAN W B. High Temperature Heat Pipe Research at NASA Lewis Research Center［R］. AIAA78 - 438，1978：303 - 311.

［83］ BACIGALUPI R J. Fabrication and Testing of Tungsten Heat Pipes for Heat Pipe Cooled Reactors［C］. The Thermionic Conversion Specialists Conference，NASA TM X - 67941，1971：1 - 7.

［84］ BACIGALUPI R J. Fabrication and Evaluation of Chemically Vapor Deposited Tungsten Heat Pipe［C］. The 3rd Int. Conference on Chemical Vapor Deposition，NASA TM X - 67987，1972：1 - 8.

［85］ FORTINI A J，ARRIETA V M. Rhenium Heat Pipes for Hypersonic Leading Edges［C］. Preprints of 15th Int. Heat Pipe Conference，Clemson USA，2010：1 - 6.

［86］ CAMARDA C J. Thermostructual Applications of Heat Pipes for High Speed Aerospace Vehicles［C］. The Proceedings of the 3rd Int. Heat Pipe Symposium，Tsukuba Japan，1988：31 - 43.

［87］ CAO Y，FAGHRI A. A Transient Two - dimensional Compressible Analysis of High Temperature Heat Pipes with a Pulsed Heat Input［J］. Numerical Heat Transfer，18，1990：483 - 502.

［88］ FAGHRI A，Cao Y. Numerical Analysis of Leading Edge and Nosecap Heat Pipes，Advances in Heat Pipe Science and Technology［C］. Proceedings of 8th Int. Heat Pipe Conference，Beijing，Int. Academic Publishers，1992：303 - 308.

［89］ CAO Y，FAGHRI A. Analysis of Transient and Steady State Performances of Nosecap and Wing Leading Edge Heat Pipes［C］. ASME HTD 221，1992：43 - 52.

［90］ CAO Y，FAGHRI A. Conjugate Modeling of High Temperature Nosecap and Wing Leading Edge Heat Pipes［J］. ASME J. Heat Transfer，115（3），1993：819 - 822.

第 5 章 热防护试验技术

　　热防护试验就是根据热环境的测量和计算结果，建立对飞行器各部位热环境具有模拟意义的试验条件，对防热材料或飞行器分部位模型进行试验，考察其热响应特性，或预示、评估防热设计的效果。

　　飞行器热防护一般包括防热材料的选用和防热结构设计两部分，二者相互依存，共同完成对飞行器的防热保护。它既要保护飞行器不被烧坏，又要保证有效载荷部分（战斗部、仪器舱、载人舱等）的温升在规定范围之内，这是热防护的基本任务。防热系统是飞行器的非有效载荷，它在飞行器的质量和体积中所占的比例越小越好。以最小的质量、体积（厚度）为代价，完成对飞行器防热保护任务就是热防护研究的目标。而试验研究则是热防护研究中不可替代的重要手段，它可以为热防护方案的选择和评价提供客观标准，并可直观地展现或预示防热设计的效果。

　　从试验内容来看，热防护试验主要包括材料试验和结构试验两方面。材料（含用于防热的某些元器件）试验是热防护试验最多的内容，它几乎伴随飞行器研制乃至生产的全过程。在一个新型号的方案论证和研制阶段，都需要通过试验对拟用防热材料（不论是已有材料，还是新研制材料）进行选择。即在所需要的热环境模拟条件下，对拟用材料试件进行试验，考察其热响应特性是否满足要求，如烧蚀性能和温度响应性能等。这类试验一般统称为材料筛选试验。在型号定型后的批生产阶段，每个批次产品所用的防热材料，都需要抽出一些样品进行试验检查，在同研制定型试验一致的条件下，考察批产材料的热响应特性是否保持稳定。这类试验通称为材料抽检验收试验。热防护试验中的结构试验，主要指热结构试验，即在热环境模拟条件下对防热结构件进行热响应特性考察试验。它通常包括：1）热应力试验，即在某特定结构设计中热脆性材料的热应力破坏考察试验；2）热匹配试验，即不同材料界面处的热膨胀性能匹配、烧蚀同步性能匹配、界面热阻等考察试验；3）热密封试验；4）隔热试验等。此外，还有一些热结构试验除热载荷外，还同时对结构试件加其他载荷，如力、声载荷等，以考察在综合加载条件下的结构响应特性。例如热气动弹性试验、热噪声试验等。

　　从试验性质来看，热防护试验可分为研究性试验和考核性试验两类。二者都可以有材料试验，也都可以有结构试验。研究性试验针对某一个飞行器型号，一般是在型号方案论证阶段，重点服务于热防护方案的确定。包括各部位防热材料种类、厚度的选择研究，合理的结构设计研究等。研究性试验也可以不针对某一具体型号，而是对某一类型飞行器防热的共性问题进行研究，例如飞行器表面常会遇到的突起、凹陷、台阶、接缝等局部结构防热规律研究等。研究性试验还包括一些热防护新技术、新途径、新探索所需要的原理性、方法性试验等。考核性试验一般是指为对已有防热设计的效果进行评估所安排的试验。它可以是单项（单一材料或结构）单目标的考核，也可以是对某一防热部件或部件组合体进行的烧蚀、温度响应、热应力、热匹配、热密封、热隔绝等多方面的综合评估考核。

　　从试验的技术实现来看，热防护试验主要涉及热环境模拟技术、模型试验技术和参数测量技术 3 个方面。任何地面试验都不可能完全模拟飞行条件，热环境模拟技术主要是指模拟参数的选择和技术实现。模型试验技术是指为达到某一试验考察目的，需要选用什么样的试验模型（包括材料、结构、形状和大小等）、配合什么样的试验流场条件、测量哪些试验参数等。热防护试验没有气动力试验那样简单明确的相似准则，因此每项试验都要有它自己的一套模型试验方法。参数测量包括热环境参数和模型热响应参数的测量，它是试验获取定量结果的必备手段，也是热防护试验技术的一个重要组成部分。

　　飞行器热防护的方法很多，迄今为止，应用最广、最有效的是烧蚀防热。因此，各种热防护试验技术也主要是围绕烧蚀防热建立的。近些年，在大气层中长程飞行成为高超声速飞行器发展的一个重要方向。为保证长时间飞行时外形不变，飞行器需要采取新的非烧蚀热防护方法。相应地，对热防护试验技术也提出了一些新要求。比如，长时间加热环境的模拟和复杂外形热结构试验所要求的大尺度试验条件等。但是就热防护试验的一般原则和常用方法来说，非烧蚀试验和烧蚀试验没有本质的差别。本书虽然主要介绍非烧蚀防热中的疏导式热防护，但从知识的完整性和继承性的实际出发，热防护试验技术的介绍，还是需要将烧蚀试验包括在内，然后对非烧蚀试验的特殊需求再做专门叙述。

　　本章从分析热防护试验的特点入手，首先介绍热环境模拟和热防护模型试验的一般性考虑；继而在阐述热防护试验常用技术的基础上，重点介绍一些典型材料筛选试验和热结构试验；同时对热防护试验密切相关的热环境参数、热响应参数测量技术做较系统的介绍；最后针对疏导防热试验的特点和需求，专门介绍一下它们的技术实现方法和典型实例，并以疏导式热防护原理性试验作结尾。本章原则上不讨论试验设备方面的内容，仅在5.1 节的加热方式选择中，从应用的角度简单介绍一些常用试验设备的特点。考虑到电弧加热是热防护试验应用最为广泛的加热方式，若无特别说明，本章所介绍的试验与测试技术，都是在电弧加热设备上进行的。

5.1　热防护试验的特点和模拟

5.1.1　热防护试验的特点

　　热防护试验属实验空气动力学范畴，但它与一般气动力试验所关注的问题不同，因此二者有着很大的差异。气动力试验重点关注的是在空气动力作用下模型的受力状态。它一般可以利用理想气体假设，通过马赫数、雷诺数等简单相似参数的模拟，对飞行器几何缩比模型，测定其无量纲气动力系数。而热防护试验，主要关注的是热环境条件下模型的热响应特性。它在气流状态、气流与模型的作用机制、模拟参数的选择，以及模型试验的规范性等各方面同气动力试验有很大的不同。概括起来主要有以下几个特点[1]。

5.1.1.1　来流非理想气体

热防护试验所考虑的飞行器飞行速度范围同气动力试验不尽相同，它主要是马赫数在 5 以上的高超声速，而且随着马赫数的增加，气动加热愈加严重，致使飞行器周围气体温度可达数千甚至上万摄氏度。模拟这种高温的试验气流，其气体分子将会发生离解甚至电离。因此在气流特性的描述和处理上，就不像理想气体那样简单。特别是较高马赫数喷管流动产生的非平衡效应，使气流状态更加复杂。

5.1.1.2　复杂的气流与模型作用机制

模拟实际飞行，在高温气体加热条件下，试验气流对模型的作用主要有 3 个方面，即热、力和化学作用。气流加热（包括对流和辐射）不仅使模型表面和内部温度升高，而且还会使模型材料发生相变（熔化和升华等），进而造成材料表面形状和流态改变以及向边界层的质量引射；力的作用包括压力和剪切力，剪切力来自表面速度梯度。它们对模型的作用，既可使熔融表面的液态层流失，也可以使加热固体表面产生机械剥蚀；化学作用包括模型表面反应和烧蚀引射气体在边界层中的气态反应两部分。它们除使模型材料产生热化学烧蚀外，还对边界层性状产生一定影响。显然，不同的防热材料，与加热气流会产生不同的化学反应，从而产生不同的反应产物和热效应。实际上，这三种机制是互相关联、同时起作用的，其宏观结果是防热层温度分布的改变和防热材料的消耗。不同防热材料在不同的飞行热环境条件下，各机制作用的结果是不同的。只要有外加热量，防热层温度分布就会有变化。但防热材料的消耗却会因材料和环境相对强弱关系的差异而不同。在高热流密度的加热条件下，烧蚀性能相对较弱的防热材料会有大的烧蚀量；相反，低热流密度的加热环境下，耐烧材料或者特殊的高效防热设计会使防热材料消耗减小，甚至趋近于零，从而达到非烧蚀热防护。这就是说，从气流和物面的相互作用机制上看，烧蚀防热同非烧蚀防热有着密切的联系。因此，对二者的研究方法也有许多共同点，用于烧蚀热防护研究的许多试验技术，大都可以推广应用于非烧蚀热防护的研究。

5.1.1.3　多参数绝对值的热环境模拟

气流对防热材料多方面的作用机制，决定了热环境模拟的多参数。这些参数主要包括：影响热效应的热流密度、焓值（温度）、边界层流动状态；影响热量积累效应的加热时间和总加热量；影响力作用的压力和剪切力；影响化学作用的温度、压力和气流成分等。由于各作用机制所起作用的强弱取决于各相关参数绝对值的大小，因此，热环境模拟也主要是指对这些参数绝对值的模拟。这一点同一般气动力试验中几个无量纲相似参数的模拟有很大的不同。

5.1.1.4　分部位模型试验

空气动力学地面试验有一条极其重要而且非常实用的模拟准则，即几何相似原则。就是说它可以用同飞行器实物外形相似（对应角相等，对应边成比例）的几何缩比模型，在风洞中进行试验，获取可供飞行应用的试验数据。热防护试验则不然，它没有几何相似准则可以遵循。在加热条件下，物体表面向内传输的热量及其响应特性，不仅取决于物体的材料、形状和结构，而且同它的尺度大小有关。例如，取两个大小不同的同质实心球，放在相同的热环境中加热，一定时间后二者的内部温度分布是不会相同的，当小球各部分温度趋于均匀时，大球中心或许还没有开始升温。因此，热防护试验不能用几何缩比模型。高超声速飞行器在飞行时，各部分所受的气动加热是不同的，特别是复杂外形飞行器，其不均匀受热更为突出。例如，头部驻点和身部大面积的热流密度可有量级之差，有翼飞行器翼前缘受热与翼面相比也大致如此。根据受热差异，不同外形的飞行器，可以有不同的部位划分方法。轴对称简单外形可分为驻点、端头、锥面、柱面，底部等部位；有翼（舵）飞行器的翼（舵）前缘和翼（舵）面需有区分；面对称飞行器的身部往往还需要区别迎风面、背风面和侧面等。此外，飞行器表面的天线窗、姿控发动机等功能部件构成的凹凸不平局部结构、各部件的结合部、活动部件的连接部等都是热防护试验需特别关注的部位。飞行器各部位受热状况不同，所采用的热防护措施（材料、结构）也不一样，热防护试验的模型将随考察部位的不同而不同；相应地其所需试验气流参数也不可能模拟飞行器整体的热环境，只能根据试验模型所处部位的热环境条件来确定。这就是说热防护试验需要根据飞行器各部位的不同加热环境，建立不同的气流模拟条件，进行相应的分部位模型试验。

由于热防护试验具有以上这些特点，所以它不像常规气动力试验那样有比较规范的试验方法。它几乎是一事一议，即对每项试验，都必须有针对性地考虑其模拟条件和模型选择。这一方面说明了热防护试验的复杂性，另一方面也说明了试验技术研究在热防护试验中尤显重要。

5.1.2　热环境模拟的参数选择

热防护试验要建立对飞行热环境具有模拟意义的试验条件，首先需进行合理的热环境参数选择。不同部位、不同试验目的模拟参数的选择是不同的，这里仅对各种试验通用的主要参数，简单地做一分类介绍。

5.1.2.1　热流密度、焓值、压力

气动加热环境的主要表征参数是热流密度，即单位时间单位面积上通过的热量，它是气流对物面作用最直接的因素，因此任何热防护试验的首选模拟参数都是热流密度。热量的传递取决于气流同物面的温度（焓）差，气流温度指物面处气流的恢复温度。物面初始温度一般都是环境初始温度，随着加热过程的进行，物面温度在不断升高，与气流的温差不断减小，热流密度也相应地在不断降低。变化的物面温度为热流密度的试验测量带来困难，实际测量时往往采用固定物面温度（如水冷）或快速扫描等方式，使所测热流密度有一个相对确定的值，这样测出的热流密度应为冷壁热流密度，即物面温度保持初始温度时的热流密度。显然，冷壁热流密度在应用时还需进行温度修正。

气流温度（焓）不仅主导着热流密度的大小，而且直接影响防热材料的物理变化和化

学反应。因此也是热防护试验的一个重要模拟参数。在一定条件下，温度和焓值所表征的气体特性是一致的，例如，在不太高的温度下，气体比热是个常数，焓差等于比热乘温差，二者有比例互换关系，用温度更直观一些。但当温度高到一定程度，气体分子可能发生振动松弛、离解或电离，比热不再是常数，温度也是个不确定的值。因为分子平动、转动和振动温度不一致，电子温度同离子温度差别也很大。这时，应用焓值表征气流特性更为合理。焓在这里指单位质量气体所包含的热量（比焓），可以在试验中直接测定。试验测量的焓是加热状态相对于初始状态的焓差。

影响热流密度大小的另一个重要因素是压力。它不仅影响热流密度，还是防热材料机械剥蚀等力作用的主导因素，同时也对相关化学反应产生直接影响。因此，压力也是热防护试验的一个重要模拟参数。

热流密度、焓值、压力这三个量中，焓值、压力可以看成独立变量，影响热流密度大小的除焓值、压力外，还有其他参数，因此，三者不能互相代替。较理想的热环境模拟试验条件应该是同时模拟热流密度、焓值、压力，但这对一个具体的试验设备来说非常困难。实际工作中，若有两个量能模拟到就可以了，但热流密度是必须选择的，焓和压力选择其一。在烧蚀防热试验中，根据具体试验目的和对象，选择焓值和压力中比较敏感的那一个；对非烧蚀热防护试验，一般应选焓值。对比较特殊的飞行热环境，在地面试验中，通过焓值、压力的适当调节，能实现热流密度的模拟，但焓值、压力往往是一个过量，一个不足。这时应该在保证热流密度模拟的条件下，调几种焓、压不同的状态进行试验，从中总结规律，用试验外推法，得到更符合模拟要求的试验结果，或者对模拟不足所带来的影响程度做出评估。例如，高空超高速飞行所对应的高焓低压环境，地面试验一般焓值不足，压力有余。这时可以通过适当的焓、压调节，在保证热流密度达到模拟要求的条件下，获得多个不同焓、压的试验状态，将在这些状态下试验的结果绘成曲线，就可以推得更高焓值的试验趋势，或者可能的试验结果。

5.1.2.2　试验时间与总加热量

由于飞行器在飞行过程中对外流响应的热积累效应，热防护试验一般还应考虑加热时间和总加热量的模拟。对那些沿轨道飞行热流密度变化不大的情况，可以考虑用平均热流密度乘以试验时间等于总加热量的方法，确定试验状态。也可以在热流密度变化范围内选几个典型热流密度值（例如最大、最小、时间最长等）进行试验，给出试验件热响应特性的变化范围。

对于那些飞行时间长，参数变化范围大的飞行状况，地面试验需要采用轨道模拟技术。在某种条件下，所用试验设备的参数可以连续调节，而且热流密度变化范围包含了所有飞行值，这时即可按照飞行条件下的热流密度随时间变化曲线，调试试验状态。这是最理想的轨道模拟，但这种情况并不多见。更一般的做法是，将飞行条件下的热流密度随时间变化的曲线，分成若干个小的时区，使每个时区中热流密度的变化不大，以每区段内的热流密度平均值和相应时间为模拟对象，在同一次试验中，通过调节气流参数，分段模拟加热过程。这时将各时段的热流密度平均值用折线连起来，就构成一种阶梯形加热状态，用它来近似模拟飞行连续变化的加热状态。这时折线下各小矩形面积之和应该等于飞行热流密度曲线下的总面积，即为总加热量。

5.1.2.3　马赫数和雷诺数

热防护试验不模拟外流马赫数。因为影响各部位热环境的是当地马赫数，不同部位的当地马赫数是不同的，而且一般也不等于外流马赫数。气流对物体的作用发生在边界层内的物面区域，那里的气流速度也不等于边界层外马赫数所对应的速度。只有那些马赫数具有主导作用的试验项目，才考虑马赫数的模拟。例如表面凹凸不平的局部结构试验，其热环境伴有显著的激波干扰特征，激波强度同马赫数关系密切，因此，需要模拟马赫数，这里指的是当地马赫数。

飞行器近物面处气流的速度梯度是产生剪切力的主要因素，但由于直接测量困难，一般不选作模拟参数。若有必要，可以直接选择剪切力作为模拟参数。

热防护试验一般不需要考虑雷诺数绝对值的模拟。但由于层流加热和湍流加热有着巨大的差异，所以边界层流动状态应该作为模拟对象。特别是某些需要考虑边界层转捩位置变化的试验，如端头烧蚀外形试验，应充分考虑模拟转捩。由于加热气流本身的湍流度较高，热防护试验模型的转捩雷诺数一般低于常规风洞试验。

5.1.3　热响应特性的主要参数

热响应特性是指在加热条件下，热防护材料或结构发生了物理或化学变化的那些性质，如温度、应变、相变、烧蚀、碳化等。本节重点介绍一些热防护试验可以直接测量的主要热响应特性参数。

5.1.3.1　温度

不论烧蚀与否，温度都是热防护试验必须测量的热响应参数。它可以分为物体表面温度，防热层（含隔热层）背面温度和防热材料的内部温度等。物体表面温度不仅影响防热层表面性状，而且是热量输入和传出的主要边界条件，尤其在非烧蚀防热时，物体散热主要靠表面辐射，而表面温度以四次方关系影响着辐射散热的多少；防热层（含隔热层）背面温度直接影响飞行器内腔温度，是防热设计的一个目标参数。对给定的防热设计和外流条件，测量规定时间所能达到的背面温度，或者测量达到规定背面温度所需要的时间，均可以直接评价防热设计的优劣；包括防热层、隔热层内外表面温度和材料内部温度在内的防隔热层温度分布，是热响应特性的一项重要表征。一方面，由温度梯度产生的热应力在材料或结构热应力破坏考察试验中是个主要参数；另一方面，它是理论计算与试验配合，用试验来验证计算方法最方便的测量项目。此外，在某些试验中还需要专门测量一些缝隙温度和界面温度。

5.1.3.2　应变、位移和变形

在热结构试验中，各功能材料在加热条件下的伸胀和应变、连接结构处各部分相对位置变化、宏观外形变化等参数的测量是评价防热结构设计合理性、可靠性的重要表征。

5.1.3.3　烧蚀

在烧蚀热防护试验中，防热材料的质量烧蚀率、线烧蚀率以及由烧蚀引起的表面性状变化是其热响应特性的重要表征。质量烧蚀率指一定加热条件下，单位时间内材料烧损的质量。它是材料烧蚀性能的主要表征参数。根据它可以求得材料的有效烧蚀热（单位质量消耗所带走的热量），同时它也是防热层质量设计的主要依据。线烧蚀率指一定加热条件下，单位时间材料的厚度（或长度）烧损量。它是材料烧蚀性能的另一种表征形式，是防热层厚度设计的主要依据。理论上，在稳定烧蚀条件下，质量烧蚀率与线烧蚀率成正比，比值与材料的线密度有关。实际上，特别是烧蚀量较小时，这一定量关系不一定成立，甚至在一定条件下线烧蚀率可能出现负值，即烧蚀后材料厚度会增加。这是因为当材料组分中含有易分解挥发物质时，在烧蚀初期，材料厚度的损耗还不太明显时，由于组分分解或挥发气体的逸出，导致材料疏松所致。同时由于烧蚀，材料表面性状会发生变化，从宏观上看，它可以引起飞行器外形的变化；从细观上看，它可以改变烧蚀表面的粗糙程度。烧蚀外形的变化主要会影响气动力特性，例如端头的不对称烧蚀可能诱导产生一个附加俯仰力矩，而大面积不对称烧蚀则会诱导产生一个附加滚转力矩，从而影响飞行的稳定性或落点精度。烧蚀表面粗糙度的增加，可以直接产生粗糙壁热增量，也可以改变边界层流动状态和转捩位置，进而影响热流密度和烧蚀外形的变化。因此，某些热防护试验需要给出烧蚀外形或外形变化历程，以及烧蚀表面粗糙度的大小。

5.1.3.4　碳化

碳化在这里主要指树脂基复合材料、涂层材料和有机密封材料等在受热分解易挥发组分逸出后，余下碳质结构的变化过程。碳化后的材料不再能完全保持原材料的物理化学特性，因此严格地说碳化是烧蚀的一个组成部分。在稳定烧蚀阶段，碳化层厚度可视为不变，在烧蚀防热的厚度设计中，需要考虑材料碳化部分。在地面试验中，碳化层厚度可以由烧后模型直接测出。在非烧蚀防热中，对于那些局部加热严重位置或有机材料密封缝隙等易碳化部位，在长时间加热后，有可能发生由于材料碳化失效而导致的意外。因此尤其需注意材料碳化的热响应问题。

5.1.4　热防护试验的简化

热防护试验若严格按照前述的特点和要求进行，将会是非常复杂而困难的。考虑到作为一个工程问题，热防护的目标是保证飞行器的安全：一是不被烧坏，二是有效载荷不超温。这不是一个精确的定量要求，它可以有一定的近似范围，这就为热防护试验研究的简化提供了可能。

5.1.4.1　试验简化

热防护试验的简化主要包括 3 个环节，即试验目的简化、试验模型简化和试验模拟简化。

试验目的简化是整个试验简化的前提。一项试验不期求完成多种任务，只要明确一个目的，依此选择主要模拟参数和制作相应模型。将热防护试验分为材料试验、结构试验、研究性试验和考核性试验等不同类型，为简化试验目的创造了良好条件。这些不同类型试验实际上还可继续细分，如材料试验可分为驻点和大面积等不同部位试验；结构试验还可分为热应力、热匹配、热密封、隔热、局部结构等不同种类。在此基础上，结合具体研究对象所需考察的具体问题，试验目的的简化就更加现实可行。

试验模型简化是试验简化的中心环节，它可以大大降低对试验设备、参数调节和测量等方面的要求，同时为与理论计算配合提供了方便。试验模型简化至少可以从 3 个方面进行，即形状、大小和结构。形状简化是根据所考察部位与气流相对位置的不同，将模型制作成简单规则的几何外形。常用的简化形状有：正面迎气流驻点试验的圆柱模型；顺气流大面积试验的平板模型；表面同气流呈一定角度的锥面模型（轴对称）和楔面（二维）模型。外形简化模型的大小是在能代表所考察部位全貌的前提下，主要根据试验设备口径的大小而确定。驻点试验的圆柱模型端面有一定面积，不是点；平板和楔面模型的试验材料，不论是专门制作，还是部件剖片，其尺度都远小于它所代表的部件；锥面模型的大小需依据考察的具体问题而定，研究性试验多用缩比模型。这里的缩比只是模型简化的一种方法，不能视为具有几何相似准则。结构简化主要是分析实际结构特点，提炼结构要素而使模型简化的方法。例如，各种凹凸不平的局部结构大都可以分解成不同形态的台阶和缝隙两种要素，连同材料匹配、缝隙密封等试验都可以用平板镶嵌方式制成简化模型，它可包括不同材料接界；不同形状、不同高度、不同方向的台阶；不同走向、不同尺度（宽窄、深浅、长短）、不同形式和密封介质的缝隙，以及它们的某些组合等。

试验模拟简化首先是模拟量的选取，一般考虑的是对单一试验目的下的简化模型，在模拟热流密度和总加热量（时间）的基础上，另外选择一个与所考察问题联系最密切、最直接或最敏感参数作为模拟量。例如对易剥蚀材料试验选压力或剪切力、对热应力试验选温度梯度、对隔热试验选表面温度、对局部结构有激波干扰因素时选当地马赫数等。确定模拟量后，在试验过程中，还需注意保持试验状态的稳定，每调出一个试验状态，都要求流场参数均匀稳定，有确定的数值，以便进行数据处理。在有烧蚀存在时，一般还需要考虑试验模型的自动送进，以补偿模型的烧损，保证烧蚀界面气流参数的稳定。

5.1.4.2　试验模型

常用的热防护试验模型大致有 4 种：即简化模型、全尺寸实物模型、测试模型和专项研究试验模型。

各种形式的简化模型（如图 5-1 所示）主要用于各种单一目的的材料、结构试验和研究性试验。驻点试验的圆柱模型，可以是平头，也可以是球面钝头。其基本要求是保证端面一维受热和均匀烧蚀。平板模型的尺度选择一方面要注意不受边界的三维流动干扰影响，保证二维传热（或烧蚀），另一方面要注意边界层流动状态的模拟，即层流试验在模型上不能出现转捩，湍流试验必须有足够尺度的湍流流动区。锥面和楔面模型的前缘一般采取钝头形式，以保证流场的逼真。其锥角和楔角应同实物保持一致，但当用其他方式不能保证物面热流密度的模拟时，也可用改变锥角、楔角的办法调节热流密度。

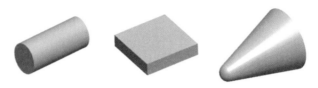

图 5 - 1　典型简化试验模型

全尺寸部件或部件组合体实物模型是最能体现热防护试验特点和要求的试验模型，主要用于该部位防热设计的综合考核和评估。这类模型试验对设备口径和参数要求比较高，模型的制作和试验程序也比较复杂。

不论是简化模型还是实物模型，在正式试验前必须先安排表面参数测试模型试验。最常用的测试项目是热流密度分布和压力分布。热流密度是个界面参数，必须在试件表面上测量；气流通过压力对物体所起的作用，最确切的表述是表面压力。热流密度和压力测量需要在试件上安装传感器或开测压孔，这会导致材料表面结构的破坏，因此不能在正式试验模型上装测。测试模型的外形与大小必须同正式试验模型保持一致，但材料不一定相同。对于某些常用典型外形，测试模型可以做成金属水冷形式，以便重复使用。除热流密度和压力外，根据试验要求，还可以制作其他项目的专用测试模型。

专项研究试验模型，是指为研究某一机理、规律、方法、现象而安排的专项研究所用的试验模型。它在形状、大小、材料、结构上没有一定的要求，只要能达到所期望的试验目的即可。例如，用于疏导式热防护机理研究的试验模型，用于局部复杂结构烧蚀现象观察的试验模型等。

5.1.4.3　相对比较试验

在热防护设计中，许多新材料、新技术的应用，往往都是在原有基础上的改进、发展和提高，这就使得对相应热防护试验的要求具有一定的相对性。从而可以采用相对比较试验，重点研究那些改变了的内容，这是另外一种试验简化的方法。相对比较试验大致可分为两种类型，一是相同试验条件下不同模型的比较，二是相同模型在不同试验条件下的比较。例如，材料筛选和性能评估试验，用已有成熟的材料为比较基础，在相同试验条件下，考察新材料的烧蚀、传隔热等性能同原有材料的差异。粒子侵蚀试验则可用相同的模型，在烧蚀试验的基础上，比较有无粒子和不同粒子参数（大小、浓度、速度等）下的差异。对于某些新型防热机制研究和新设计思想的应用等试验，可以根据这些新机制、新思想的特征制作模型，在一定试验条件下，与不包含这些新特征的相应模型进行对比试验，以考察其效果。

5.1.4.4　试验同理论计算的配合

经过简化的热防护试验，有很大程度的近似性，热防护试验所提供的热响应参数也不一定能直接应用于工程设计，因此试验必须有相应的理论计算做配合。其主要内容有：

1）试验方案的确定。对复杂的工程问题，通过理论分析，分解出单项试验，明确试验目的，并确定主要模拟参数；通过飞行热环境计算，给出各模拟参数的量值范围，确定试验条件；提出模型设计方案和主要测试项目。2）在试验过程中，通过计算流场参数、模型表面参数和各响应参数，与试验测量结果进行互相比较和验证。3）对试验结果进行理论分析，确定其合理性和可靠性；并通过相关性分析等方法将试验结果合理应用于工程设计。4）多项试验结果的综合应用。

5.1.5　加热方式选择

　　热防护试验常用的加热方式有 4 种，即电弧、燃烧、高频感应和热辐射。不同的加热方式具有不同的模拟特点，可根据试验需要进行选择。本节对各种加热方式及其对应设备的主要特点，做简要的介绍。

5.1.5.1　电弧加热

　　电弧加热设备有 2 种形式，风洞和将加热气体直接喷入大气的自由射流装置。它们的工作介质是空气（某些特殊试验也可用其他介质），热流密度、温度（焓）、压力等参数便于调节，而且调节范围很大，是热防护试验应用最广泛的主力设备。它可以用于各种材料的筛选和性能评估试验、热防护机理和规律的研究试验、一定尺度模型的热结构试验和综合考核试验等。其主要缺点是受功率制约，设备口径不能做得很大，且焓、压特性互有影响，不能完全独立调节，这些都限制了它在大模型、高参数试验的应用。另外，由于电弧加热不可避免地有电极烧损，导致对气流造成一定污染，影响了它在某些以化学反应为主要特征的试验应用。

　　随着飞行器热防护对试验设备要求的不断提高，电弧加热设备的设计和调试技术也在不断发展。数十兆瓦大功率、数千秒长时间的电弧加热器已在运行，而且品种多样，各有特色。例如，以高压为特点的管式加热器、高焓为特点的叠片加热器（如图 5 - 2 所示）、中压中焓的长分段加热器、多电弧运行的交流加热器等，这些技术的发展，大大提高了电弧加热设备在热防护试验中的应用范围。

图 5 - 2　叠片电弧加热器

5.1.5.2　燃烧加热

以燃烧加热为特征的燃气流设备也可有风洞和自由射流两种形式。易于实现大功率（可达数百兆瓦）和大口径（如 2 m 以上）是燃气流设备的突出特点（如图 5-3 所示）。它的压力和温度可以独立调节，但温度调节范围不大（不高于所用燃料的当量燃烧温度），且在同一次试验中变化参数比较困难。原则上燃气流设备的试验时间没有限制，只取决于燃料容器的大小，没有什么技术难度。燃气流设备的主要缺点是气流成分非空气（二氧化碳、水蒸汽、氮气等）。这就决定了它最适于承担那些对气流成分要求不高的大尺度模型试验。例如，全尺寸部件或部件组合体的热结构试验等。

若需要在燃烧气流中模拟空气的氧化作用，可以在燃气中补充一定量的氧气，使气流中氧气的含量相当于空气。

图 5-3　燃气流试验设备[2]

5.1.5.3　高频感应加热

热防护试验所应用的高频感应加热设备，一般都是风洞形式（如图 5-4 所示）。它能提供无污染的纯净高温（几千甚至上万摄氏度）空气流，且运行时间长。但由于功率限制（目前国际上最大功率为 1.2 兆瓦），设备口径较小，一般为负压运行，所以压力速度可调节范围不大。根据这些特点，它最适宜进行对气流成分要求高，以化学反应为主要特征的试验。例如，材料催化特性及抗氧化特性研究，烧蚀产物对流场理、化特性影响研究等。此外，由于高频感应加热设备的气流量较小，更换工质容易，因此，也常用来做一些变工作介质试验。例如，模拟火星的低压二氧化碳大气环境试验等。

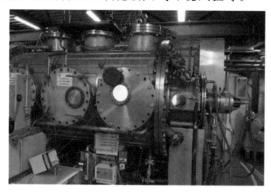

图 5-4　高频感应加热风洞[3]

5.1.5.4　辐射加热

辐射加热设备多为各种形式的试验舱，加热元件多为石墨或石英灯管（如图 5 - 5 所示）。与前述几类加热方式不同，辐射加热一般不用于加热气流，而是直接加热试验件，即形成一个无外流的静态加热环境。由于它的温度、热流密度可以连续调节，所以多用于材料的热物理特性测量。在热防护试验中，可用于非表面内部传热机理与特性的研究和测试。例如防热设计中的隔热性能与效果试验。辐射试验舱能够做成密封形式，可以通过抽真空措施进行大空域气压环境模拟。由于辐射加热不受时间约束，所以它还可用作电弧加热或燃烧加热的辅助加热手段，以延长它们的试验时间。即对于那些气流冲刷作用不太大的高空飞行环境，可用辐射加热方式在主气流开启之前先预热模型，以期模拟其热积累效应。

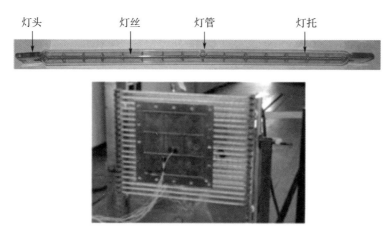

图 5 - 5　石英灯辐射加热试验装置[4]

5.2　热防护试验技术和典型试验

5.1 节介绍了热防护试验常用的 4 种加热方式，即电弧加热、燃烧加热、高频感应加热和辐射加热。不同的加热方式具有不同的模拟特点，可根据试验需要进行选择。其中电弧加热因其能大范围模拟热流密度且气流焓压数值便于调节，同时具有较为真实的气流组分，半个多世纪以来，一直广泛应用于飞行器防热材料及部件考核试验。因此，本节以电弧加热设备为主，首先介绍了常用的热防护试验技术，如自由射流技术、导管/包罩技术、轨道模拟技术等；随后介绍这些试验技术在实际典型试验中的应用，如材料防热性能试验、多层结构隔热试验、热结构/热匹配/热密封考核，热脆性材料应力试验等；最后还对电弧加热设备上进行的一些特种试验进行了简要介绍，如烧蚀外形试验，烧蚀/侵蚀试验等。

5.2.1　常用热防护试验技术

气动热地面试验不可能完全模拟飞行条件，而且没有气动力试验那样简单明确的相似准则，实际应用中往往是抓住材料或结构所处部位的局部流动特征，利用地面试验设备模拟其主要热环境参数。因此，针对不同飞行器各部位的防热材料和结构的热环境特点，发展了多种电弧加热的试验技术。如针对简化模型的材料试验和小尺度部件的考核试验，发展了自由射流（free jet）试验技术；针对飞行器高加热状态或大尺寸结构的考核试验，需更充分地利用电弧加热能量，发展了导管、包罩等受限射流（confined jet）试验技术；针对飞行器大空域飞行环境参数变化的模拟要求，发展了利用数个台阶逼近真实飞行环境的轨道模拟试验技术等。

5.2.1.1　自由射流试验技术

当气流从管道流出后，不受固体边界的限制，在某一空间中自由扩张的喷射流动称为自由射流。电弧加热自由射流试验技术是指由电弧加热器加热的高温、高压气流（一般为空气），流过混合稳压室，经喷管加速喷射后，在试验段内形成高温、高速自由射流流场，对安放在射流均匀区内的试验模型进行防热性能考核的技术。该试验技术可较为真实地模拟飞行器不同部位的来流环境。由于没有固体边界的限制，它还可以模拟飞行器局部结构（如突起、凹坑、缝隙）的干扰加热流场。射流流场均匀区大小及模型表面参数数值由电弧加热设备（主要是电弧加热器、喷管等）特性决定，一般用来进行小尺度防热材料或结构的筛选、考核试验，并通过测量模型表面/背面温度、线烧蚀率、质量烧蚀率、有效烧蚀热、烧蚀形貌等参数对试验模型（防热材料或结构）的防热性能进行评价。

（1）平板试验技术

对于简化的平板类试验模型，如平板或钝楔，可采用平板自由射流进行试验。模拟参数主要有恢复焓，表面冷壁热流密度，表面压力，表面剪切力等。平板类模型作为飞行器大面积区的一种简化被广泛应用，模型表面还可以设置一些突起物或缝隙，用以研究窗口台阶、控制翼、传感器等局部结构的烧蚀情况[5]。

平板自由射流试验原理如图 5-6 所示[6]，喷管一般选择超声速矩形或半椭圆形状，在紧接喷管出口处放置平板模型，使二者齐平无缝隙连接，模型上的气流边界层即是喷管壁面边界层的自然延伸。模型放置也可以同气流有一定夹角，通过平板前缘斜激波造成的逆压梯度，来提高模型上参数模拟的范围。在电弧加热器参数及喷管马赫数一定的情况下，通过增大模型与气流的夹角，可以提高模型表面压力、热流密度等参数，但为避免气流产生压缩拐角分离，夹角一般不超过 20°。

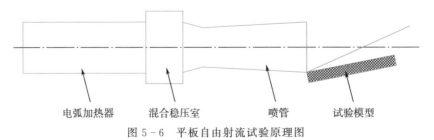

图 5-6　平板自由射流试验原理图

钝楔自由射流试验原理如图 5-7 所示，一般选择超声速轴对称圆形喷管，将由水冷结构或耐高温材料制作的钝头楔置于高温超声速流场中，其头部会产生一道斜激波，沿楔面形成高温边界层流动，距头部前缘一定距离之后的表面压力和热流密度分布较均匀。钝楔表面形成的压力梯度还可以模拟一定的表面剪切力，同平板自由射流一样，只需改变钝楔的倾角就可以改变模型表面参数。待考察防热材料或结构安装在钝楔表面均匀区域内，即可进行防热材料的筛选或防隔热性能试验，同时也可考核几种材料的烧蚀匹配性能，组合接缝及局部热结构性能等。

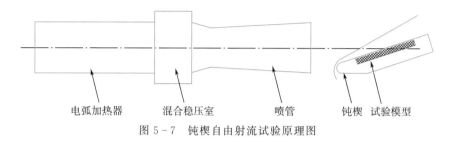

电弧加热器　　　混合稳压室　　　喷管　　　钝楔　试验模型

图 5-7　钝楔自由射流试验原理图

平板表面的气动加热率可采用下列成熟的工程公式进行计算，平板层流气动加热[7]

$$q_x = 0.332\,Pr^{-2/3}\rho_e u_e \left(\frac{\rho^* \mu^*}{\rho_e \mu_e}\right)^{0.5} (Re_x)^{-0.5}(h_r - h_w) \tag{5-1}$$

平板湍流气动加热

$$q_x = 0.029\,6\,Pr^{-2/3}\rho_e u_e \left(\frac{\rho^*}{\rho_e}\right)^{0.8}\left(\frac{\mu^*}{\mu_e}\right)^{0.2} (Re_x)^{-0.2}(h_r - h_w) \tag{5-2}$$

式中　ρ^*, μ^*——参考焓 h^* 对应的密度和粘性系数；

h_r, h_w——恢复焓和壁焓。

参考焓 h^* 取埃克特（Eckert）提出的公式

$$h^* = 0.28h_e + 0.22h_r + 0.5h_w \tag{5-3}$$

增加气流夹角后，由于斜激波压缩导致的压力升高，可按普朗特斜激波关系式进行计算，峰值热流可按压力干扰法进行估算[8]，见式（5-4），对于层流时 $n=0.5$，湍流时 $n=0.2$；平板剪切力可按式（5-5）进行计算

$$\frac{q_2}{q_1} = \left(\frac{p_2}{p_1}\right)^{1-n} \tag{5-4}$$

$$\tau = \frac{Pr^{2/3}q_w u_e}{h_r - h_w} \tag{5-5}$$

（2）驻点试验技术

对于简化的驻点类试验模型，采用驻点自由射流技术进行试验。模拟参数主要有总焓、冷壁热流密度、驻点压力等。驻点类模型可以是飞行器头部形状、翼/舵前缘的局部结构或简化结构，也可以是研究材料烧蚀性能的球头或平头模型。试验一般采用超声速轴对称锥形喷管，模型放置在距喷管出口一定距离的中心轴线上，试验原理如图 5-8 所示。

喷管出口静压等于或高于环境大气压力的自由射流试验可以直接在大气环境中进行。

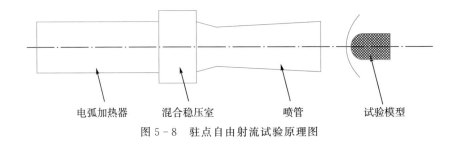

电弧加热器　　　混合稳压室　　　　喷管　　　　试验模型

图 5－8　驻点自由射流试验原理图

电弧加热的高温空气经喷管加速后流经试验模型，对试验模型进行防热性能考核，试验气体和模型烧蚀产物直接排入大气。喷管出口静压低于环境大气压力的自由射流试验需要在风洞的真空环境中进行[9]。

驻点热流密度可按费-里德尔半球驻点理论公式计算，考虑空气离解，忽略气流分离可得下式[7]

$$q_s = 0.763 \cdot Pr^{-0.667} \cdot \left(\frac{\rho_w \mu_w}{\rho_s \mu_s}\right)^{0.1} (\rho_s \mu_s)^{0.5} \left\{1 + (Le^a - 1)\frac{h_B}{h_s}\right\} \sqrt{\left(\frac{du_e}{ds}\right)_s} (h_s - h_w)$$

$$(5-6)$$

其中

$$Le = \rho D c_p / \lambda$$

热力学平衡状态

$$\alpha = 0.52$$

冻结状态

$$\alpha = 0.63$$

式中　Le——路易斯（Lewis）数；

　　　h_B——离解焓；

　　　h_s——驻点焓。

驻点速度梯度 $\left(\dfrac{du_e}{ds}\right)_s$ 可从修正的牛顿公式得到

$$\left(\frac{du_e}{ds}\right)_s = \frac{1}{R_0}\sqrt{\frac{2(p_s - p_\infty)}{\rho_s}}$$

$$(5-7)$$

式中　R_0——球头半径；

　　　p_s——正激波后总压，即球头驻点压力；

　　　ρ_s——正激波后驻点密度；

　　　p_∞——来流静压。

由于空气的 Le 接近于 1，$\left(\dfrac{\rho_w \mu_w}{\rho_s \mu_s}\right)^{0.1} \approx 1$，则费-里德尔半球驻点热流密度公式可化简为

$$q_s = 0.763 \cdot Pr^{-0.667} \cdot (\rho_s \mu_s)^{0.5} \sqrt{\left(\frac{du_e}{ds}\right)_s} (h_s - h_w)$$

$$(5-8)$$

式中，普朗特数 Pr 可取 0.71；驻点粘性系数 μ_s 可由根据气体分子运动论得出的萨瑟兰（Sutherland）公式计算得到。

有时，为了对飞行器的表面热流作出快速估计，根据对方程（5-6）的大量计算结果，$0°$攻角轴对称驻点热流可以用驻点压力、驻点焓和头部半径近似给出[10]

$$q_{sw} = \frac{0.115}{\sqrt{R_0}} \cdot \sqrt{p_s}(h_s - h_w) \qquad (5-9)$$

式中，驻点压力 p_s 的单位为 atm，头部半径 R_0 的单位为 cm，该式对于工程应用来说是足够精确的。根据模拟驻点热流密度和气流总焓的要求，可由式（5-9）反算驻点压力，继而反算出加热器运行参数，进行状态调试。

5.2.1.2　导管试验技术

采用自由射流试验技术进行气动热地面模拟试验时，大部分能量消耗在无粘流场的建立上，而直接与模型作用的边界层气流能量仅占 10% 左右，也就是说 90% 左右的能量没有被很好地利用，从而导致自由射流试验模型尺度小，试验状态低。大尺度热结构试验或高加热状态的模拟，在功率不太大的电弧加热风洞设备中，用自由射流无法做到。因此发展了亚/超声速导管试验技术，它利用固体壁面限制高温气流的自由扩张，在有限电弧加热功率和喷管尺寸的条件下，可容纳大尺度模型试验或模拟高状态的气动加热环境[11]。

超声速矩形湍流导管是最常用的导管，是指气流通道横截面为矩形、边界层处于湍流状态，通常一侧为试验模型、其余为水冷壁的试验装置，如图 5-9 所示。导管试验技术原理如图 5-10 所示，由电弧加热的高温空气经混合稳压室，并通过喷管加速形成超声速气流，在导管试验段形成湍流边界层并对试验模型进行加热考核[12]。平板试验模型试片安装在导管试验段侧壁凹槽内，与喷管及导管过渡段内壁保持平齐，防止台阶产生激波干扰加热。试验模拟参数主要有气流恢复焓，表面冷壁热流密度，表面压力等。由于导管试验段气流通道截面尺度一般较小，因此该试验技术大多应用于防热材料在较高气动加热环境下的烧蚀考核试验。如果将收缩喷管放置在试验模型下游，也可以实现试验模型处的亚声速流动状态，即为亚声速导管试验技术，用以模拟高热流低剪力的加热环境。

导管试验中模型表面加热参数可参照式（5-2）进行计算。

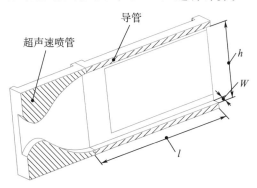

图 5-9　超声速矩形湍流导管

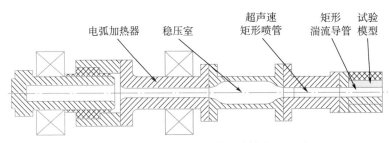

图 5-10　超声速矩形导管试验技术原理图

5.2.1.3　包罩试验技术

　　同导管试验技术类似,包罩试验技术也是将受限射流的有限能量集中在紧贴飞行器表面的边界层内,用以模拟飞行器表面参数,而不是整个流场的模拟。从结构形式上来讲,包罩试验技术可以分为固壁包罩和气壁包罩两种,就是利用固壁喷管或附加气流压缩将高温气流限制在包罩内壁与模型表面之间的通道内,气流通道的横截面尺度很小,这样就可以用较小质量流率但具有环境模拟意义的气流包覆较大尺寸的模型表面。从高温气体的流态来讲,包罩试验技术还可以分为超声速包罩和亚声速包罩。采用超声速固壁包罩进行地面试验时,超声速气流会在模型的前面产生一道弓形激波,激波后的气流总压有一定的损失,同时由于模型的外形在不断地变化,超声速流场中不可避免地会出现激波干扰现象,这对烧蚀试验而言是很不利的。亚声速包罩可以模拟飞行器近壁面边界层内的亚声速流动,流场中无干扰加热现象,因此固壁包罩试验通常采用亚声速流场。

　　(1)　亚声速包罩[13,14]

　　亚声速包罩试验的喷管是与试验模型一起设计的。它可以根据已有电弧加热器的能力确定试验模型的大小(不一定能达到1∶1),也可以根据实际需要的模型尺度来确定电弧加热器的功率,若条件允许应选择后者。包罩喷管内型面的设计主要依据模型形状并考虑表面的热流密度和压力分布,轴对称模型的包罩试验如图5-11所示。包罩喷管入口处的气流通道横截面积最大,随着气体的流动,环形通道横截面积逐渐变小,在某一最小位置处(通常选在模型底部附近)达到声速,此处即为声速喉道,从而保证气体在模型的表面始终以亚声速流动。此时,头部驻点区域的流动与飞行条件下的热环境参数差异很大,不作为考核的主要部位,仅起维持形状结构的作用。锥身大面积区域可以精确而灵活地控制通道截面面积,进而控制热环境参数,因此是试验的主要考察部位。

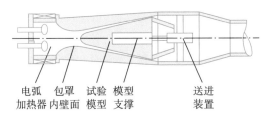

电弧　　包罩　　试验　　模型　　　　　　　　送进
加热器　内壁面　模型　　支撑　　　　　　　　装置

图 5-11　亚声速包罩试验示意图

亚声速包罩试验的一个技术难点是声速截面的控制。在有烧蚀的试验中，模型表面烧蚀会使得声速截面积变大，影响上游流场。为了保持声速截面积不变，对于锥形模型，可以设计模型自动送进装置。一般利用包罩喷管上游稳压室压力变化作为反馈信号来控制模型送进。当声速截面积因模型烧蚀而变大时，稳压室压力降低，自动送进装置推动模型运动以缩小通道截面，直到稳压室压力恢复到设定值为止。

上述包罩试验技术中高温气流横截面通道为圆环截面，它仅仅能模拟球锥外形周向均匀分布的热环境，相当于轴对称简单外形零攻角飞行状态。对于空气舵、天线罩等弹体上大部件再入过程中热环境的模拟，则需要改变包罩喷管的形式，根据模型真实外形和气流通道的要求对包罩喷管气动型面进行设计，得到满足试验需要的异形气流通道，称之为异形包罩试验技术。对于有攻角的飞行，飞行器迎风面受热严重，而背风面不严重，在地面模拟试验中，可以将有限能量的高温气体限制在模型表面大致 $180°$ 的范围内，集中模拟迎风面热环境，而另外一半的表面上无气流通过，用以近似模拟飞行器在飞行时的不对称受热情况。用此方法，可在设备能力不足的情况下，使得真实尺寸飞行器的烧蚀试验得以进行，这就是半包罩试验技术。

（2）气壁包罩[15,16]

气壁包罩试验技术是用一个大流量的冷气环流，将高温气流压缩在中心核心流区内，并通过喷管共同加速，在其出口形成超声速的包罩流场，提供模型试验。这时试验设备提供的加热气流，只需布置在模型表面不太厚的一层（相当于边界层）即可，因此，对一定功率的试验设备，可以进行更大尺度的模型试验，如图 5 - 12 所示。能否形成包罩流场的关键在于罩流喷管的设计和冷热气流的调节与控制，保证冷热气流不发生混合，即保证冷热气的交界面上两流静压相等。

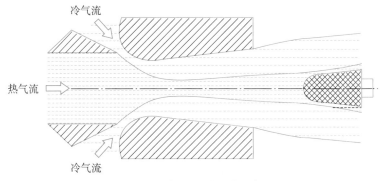

图 5 - 12　气壁包罩试验示意图

5.2.1.4　轨道模拟试验技术

高超声速飞行器在长时间大空域飞行过程中，随着飞行速度和飞行高度的变化，气动加热环境是不断变化的，存在着固有的瞬态特征，任何地面模拟设备都不可能实现对连续变化气动加热过程的完全模拟。常用的方法是将飞行过程分为若干时间段落，在每一个小段落内热流密度变化不大，用其热流平均值，代表该时间段内的气动加热环境。将各段平均热流值连起来，就构成一条台阶式的折线，用它来代替连续变化的加热曲线，即可近似模拟飞行器沿轨道飞行的热环境，这就是轨道模拟试验技术，如图 5 - 13 所示。该技术的约束条件除保证典型的平均热流台阶外，飞行轨道和台阶模拟的总加热时间和总加热量也应该基本相同。其技术实现是通过台阶方式逐次定时调节（增加或减少）输入电弧加热器的电源功率和空气流量，使得高温流场的主要气动参数（气流恢复焓、冷壁热流密度和压力等）能够按照预先设定的要求随时间变化。管状电弧加热器因其结构较为简单，用作轨道模拟相对比较成熟，而叠片加热器由于结构复杂，实现轨道模拟运行较为困难。

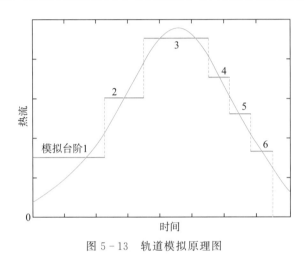

图 5 - 13　轨道模拟原理图

5.2.2　典型热防护试验

飞行器防热系统的典型热防护试验主要包括材料防热性能的考核试验和结构可靠性的热结构试验两类。前者一般在防热系统设计初期进行，对材料防热性能进行研究和比较，覆盖材料筛选、优化、定型、验收等各个环节；后者一般用于优化飞行器防热系统设计，考核部件或部件组合结构的隔热、烧蚀匹配、热匹配、热密封、热应力等性能，以及某些活动部件（如控制舵、FLAP 等）在受热情况下能否正常动作等。

5.2.2.1　材料防热性能试验

材料防热性能试验几乎伴随飞行器研制乃至生产的全过程。在型号的方案论证和技术攻关阶段，有材料筛选试验；在研制初样、正样阶段，有材料优化及改进试验；在型号定型后的批生产阶段，有材料抽检和验收试验等。这些防热材料试验的目的都是考核材料的防隔热、抗冲刷或其他特殊需求性能。由于飞行器外形特点和飞行轨道的千差万别，要求地面试验也需具备模拟各种状态的能力。

按材料制作的模型形状来分，防热材料试验一般分为驻点和平板模型两类，根据材料在飞行器上的应用部位是属于驻点区域还是大面积区域来选择采用哪类考核试验方法。如前所述，驻点考核试验的试验模型一般为简化的球头、平头圆柱或舵/翼前缘等简单外形，或者只是截取部件的一部分而不作缩比设计，试验主要采用驻点自由射流试验技术进行。平板考核试验的试验模型一般为简化的平板模型，外形多为方形、长方形平面或楔面，尺度越大，模型的边界影响越小。尺度的选择一般根据试验需求并受限于试验设备的能力。试验大多采用平板或钝楔自由射流试验技术进行，对于热环境参数特别恶劣的也可采用导管试验技术。如果飞行轨迹基本明确的话，可以选取典型的台阶参数进行全飞行弹道的轨道模拟。

下面以最常见的驻点防热材料烧蚀试验为例，详细介绍试验过程中的方案设计、状态调试、模型试验、参数测量等各环节，以期给读者一个典型热防护试验的基本认识。

试验过程一般分为试验准备和试验实施两个步骤，如图 5 - 14 所示。

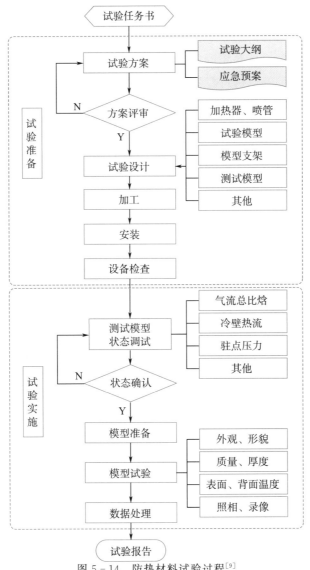

图 5 - 14　防热材料试验过程[9]

试验方案设计和状态调试是整个试验过程的关键环节，以驻点防热材料筛选试验为例，在确定好试验模型尺度（直径和长度）和试验状态（总焓、驻点热流密度、驻点压力）后，可按如下步骤大致预估加热器运行状态和自由流场参数，指导选择合适的加热器类型和喷管尺寸。

1）由式（5-9）可以得到驻点压力 p_s。

2）根据喷管喉道和出口截面比 A_e/A^* 和一维等熵流假设得到喷管出口马赫数 Ma；再由激波前后关系式和驻点压力 p_s，可以求出喷管出口静压 p_e、喷管入口总压 p_0。

3）根据平衡声速法总焓计算公式，由喷管入口总压 p_0 和气流焓值 h_0 可以得到加热器空气流量值 $\dot{m}_g$。

4）根据能量平衡法总焓计算公式，由气流焓值 h_0 和加热器空气流量值 $\dot{m}_g$ 可以得到加热器功率 P。

同时加工与试验模型外形尺寸完全一致的测试模型，在测试模型上安装热流和压力传感器，根据工程预估参数进行状态调试，测量或计算来流焓值、速度、马赫数、剪切力、模型安装位置等，反复调整以达到需要的试验状态。

随着数值计算技术的发展，依托喷管 CFD 仿真、CFD 热环境计算、FEM 模型热响应分析的试验设计方法，将理论计算与试验进行有机结合可以大大提高试验效率。试验设计方法是将工程预估参数作为喷管入口边界值，计算喷管流场，然后将喷管出口气体参数作为模型来流条件，求解模型表面热流和压力分布（热环境）及模型热响应特性。将计算结果与试验状态要求相对比，如果误差在允许的范围内，则选定的喷管和电弧加热器运行参数满足模拟要求，可用于实际试验中。反之，则调整电弧加热器运行参数或更换喷管继续计算，直到满足模拟要求为止[17]。基于 CFD 的试验设计方法流程图如图 5-15 所示。

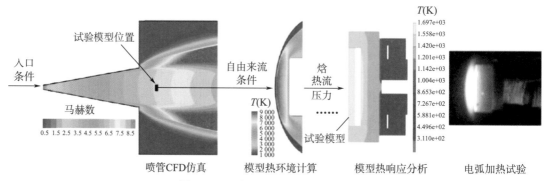

图 5-15　基于 CFD 的试验设计过程

状态调试后进行模型试验，模型一般安装在具有防隔热设计的模型支架上，模型支架根据需要可以配备自动送进装置，即在风洞流场建立后再将模型自动送入流场，这一方面有利于流场的建立和稳定，另一方面也可以根据试验的要求变化模型位置，如驻点模型的前后位置或平板模型与气流的夹角等。典型模型试验照片如图 5-16 所示。

试验参数主要包括模拟热环境参数和模型热响应参数两部分，前者用来确定试验状态，包括来流焓值、模型表面热流密度、模型表面压力、来流马赫数、模型表面剪切力和边界层厚度等；后者用来反映模型防隔热性能，包括模型表面/背面温度、质量/线烧蚀率、碳化层、热解层或原始材料层的厚度、有效烧蚀热、热应变、烧蚀表面形貌特征及变化等。

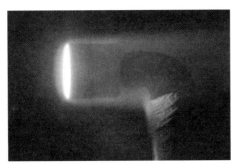

图 5 - 16　典型驻点材料试验照片

　　模型背面或层间温度是考核材料抗烧蚀和隔热性能的重要参数，一般采用预埋热电偶进行测量。根据测温范围不同选择合适的热电偶，常用的有铜-康铜，镍铬-镍硅，铂铑30-铂铑6 等。图 5 - 17 为利用 X 射线拍摄的驻点模型内部热电偶测温位置及典型状态下的温度响应结果[18]。

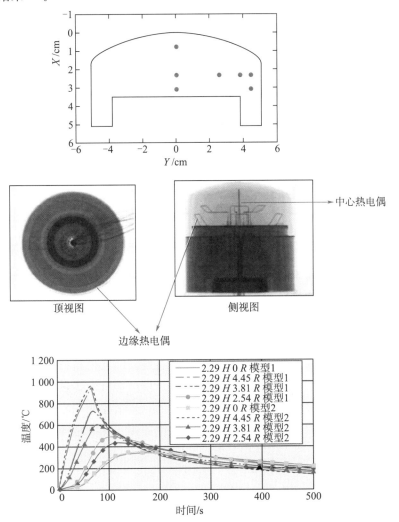

图 5 - 17　试验模型内部温度测点分布和试验结果

　　质量/线烧蚀率是衡量材料烧蚀性能的重要指标，而低烧蚀碳化复合材料（如 PICA）除质量/线烧蚀率外，其碳化层、热解层或原始材料层的厚度对材料特性研究及烧蚀机理分析都至关重要，一般在试验后将模型剖开，通过游标卡尺直接测量，图 5-18 为典型条件下 PICA 剖面照片，从中可以清晰看到各层的分布[19]。

　　　　　　　　　　碳化层
　　　　　　　　　　热解层
　　　　　　　　　　原始材料层

图 5-18　PICA 试验后剖面照片

　　材料防热性能可根据试验结果进行评估，如在同一试验条件下，比较由不同材料制作的同样外形的试验模型。

5.2.2.2　隔热试验

　　隔热试验的目的主要是考察隔热材料或结构设计对外加热量向飞行器内部传递的隔阻效果。其试验模型多为多层平板形式，同飞行器多层隔热设计类似。常见的三层平板模型中间层由待考察隔热材料制成，上表面由实际应用的防热材料制作，用以承受外部加热，下表面为飞行器内壳材料（多为合金）。在两个层间界面和模型背面不同位置处都安装热电偶。当隔热材料较厚时，还可在隔热材料内部不同层面安装热电偶。当模型上表面承受具有模拟意义的外部加热（一般指热流密度和加热时间）时，各温度传感器所测得模型各部位的温度分布，即可反映实际隔热结构的热响应特性。

　　隔热试验重点考察的是内部结构的隔热特性，在试验模型真实的前提下，它的主要模拟参数是外部加热的热流密度或表面温度、加热时间等，对表面流动特性没什么要求。因此对试验设备的选择更加方便，它完全可以在没有空气流动的辐射加热设备中进行。辐射加热的参数调节比较容易，因此更适用于长时间加热、热流密度变化不大的热环境模拟。

　　对以多相隔热理论作为指导制成的高效隔热材料，其相关隔热试验必须注意试验环境和试验机构带来的误差。因为这类材料的隔热性能已超过空气，因此试验舱必须抽真空，并对结构应用的高空环境具有压力模拟意义，以考察环境压力对材料隔热效能的影响；也正因为高效隔热材料的隔热性能远高于一般结构件材料，因此模型各层间的连接结构、试验模型支撑机构等任何同模型有接触的部件，其高于模型本身的传热性能，都会为试验带来误差。对此，一方面应将模型尺度（如平板模型的有效试验面积）加大，将置于边、角部位的连接、支撑等结构的影响减小；另一方面这些连接、支撑结构所用材料，也须尽可能具有高的热绝缘特性。

5.2.2.3　热结构试验

　　单一材料性能（防热或隔热）考核试验后，还需要对整体或局部防热结构进行加热考核，这是因为飞行器热防护系统往往根据热环境差异或功能需求选择不同的防热材料，设计不同的局部结构。因此，为保障飞行器安全，在地面开展热结构试验与评估是非常重要的。热结构试验的目的是通过在地面模拟适当的热环境和气动载荷条件，针对飞行器具体防热设计采用相应的试验模型，考核飞行器结构在气动热环境中的适应性，发现防热结构设计中的缺陷，考核热结构的功能特性，检验防热设计的结构可靠性。

热结构试验除应用电弧加热设备外，对那些尺度较大而气流成分要求不高的试验，可应用燃气流设备（如后述热应力试验），对那些外流流动特性要求不高的试验也可以用辐射加热设备。电弧加热设备中经常进行的热结构试验有局部防热结构试验，烧蚀匹配和热匹配试验，热密封试验和功能考核的综合性试验等。综合考核试验需兼顾多项局部部件的功能性考核需求，即在满足一般防热、隔热、匹配、密封性能的同时，考核功能部件是否还可以正常工作，如控制舵在满足抗烧蚀、热密封性能后是否还可以正常转动；舷窗结构在满足耐烧蚀、抗外压和热密封性能后是否仍可以用于正常观测和通信；舱门结构在满足热匹配、热密封性能后是否还可以正常开启等。综合考核试验需要另加控制系统、作动系统、传输和采集系统等，是多学科的融合和交叉，这里不进行具体介绍。

热结构试验大多采用自由射流试验技术进行。简单结构或单项考核的试验模型可采用简化的平板或驻点形式，复杂部件或综合考核试验需用真实部件结构模型，模型尺度主要是根据试验的需求以及设备的能力确定。试验参数的模拟要求，主要是使模型待考察部位的热流、压力等能够达到实际飞行热环境。对于大尺度部件或热环境参数较高的试验，也可采用包罩技术进行。如果飞行轨道基本明确的话，还可以选取典型的台阶参数进行飞行轨道模拟。

同防热材料试验类似，热结构试验过程一般也分为试验准备和试验实施两个步骤，基于结构件的真实外形和功能试验的特殊要求，热结构试验在方案设计、状态调试和参数测量等各方面均比单纯材料试验更加复杂，周期更长，成本更高。同时，热结构试验同理论分析计算的联系更加紧密，理论分析是热结构试验的设计基础，也是通过试验结果对结构性能进行全面系统评估的重要手段。另一方面，地面试验则是验证理论计算方法合理性与结果可信性的基本方法。

（1）局部防热结构试验

在再入飞行器表面，由于结构和应用的要求，往往会设置一些突起物、空腔和缝隙，如各类连接装置、探测器、电缆罩、操纵面等。这些局部构件（结构）会干扰周围的流场，产生不同于大面积加热环境的干扰加热现象，使局部加热过程变得十分复杂。以表面突起物为例，理论和实践均已证实，无论是超声速还是亚声速条件，无论来流是层流还是湍流，突起物都会引起局部热流密度的增大。更为严重的是，当来流原为层流时，表面的突起会加速流动转捩，这时热流密度的增大就会从局部范围扩大到整个防热层表面。实际上，任何防热系统的失效，都是先从某些局部结构的破坏开始的。因此，在防热系统结构设计的考察中，对局部结构进行试验研究和考核是十分重要的[20]。

局部结构试验状态模拟中，除了常规气动热参数外，一些对局部结构周围热环境有较大影响的参数也应该予以模拟，如当地马赫数，当地流动边界层的厚度和流动状态等。

突起物一般可分为两大类[21]：第一类为细高的突起物，它伸出表面的高度 L 远大于突起物的横向尺寸 D 和当地边界层的厚度 δ；第二类为短粗的突起物；即高度 L 小于或远小于横向尺度 D 和边界厚度 δ（如图 5-19 所示）。

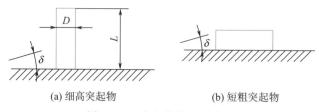

(a) 细高突起物　　　　　　　　(b) 短粗突起物

图 5-19　突起物类型示意图

图 5-20 给出了典型的不同高度（中间高，两边低）方柱突起物烧蚀过程及烧蚀后的照片（气流方向自右向左），峰值热流位于突起物前缘平板内，中间最高突起物（高度 $L=15$ mm）干扰峰值热流最大，干扰因子 $q_{max}/q_u=5.1$，对应位置底板防热材料已经出现明显烧蚀，产生烧蚀坑；两边较低突起物（高度 $L=8$ mm）干扰处烧蚀较少。同时可以看出突起物前缘弓形干扰区的大概外形，分离线逐渐向后延伸，绕拐角时存在膨胀区，当地局部热流密度低于未扰动平板值，随后迅速偏向下游，在突起物两侧及下游再附区可见明显热流增量。

图 5-20　模型烧蚀试验照片

同突起物分类类似，二维空腔或台阶也同样有两个参数起主要作用：空腔的深度（或台阶的高度）H 和空腔沿流动方向的长度 L。根据 H 和 L 的大小不同，流过空腔的超声速稳定流动有两种形式：闭合空腔流动和开放空腔流动[22]。图 5-21 描绘了两种流动的图像。当空腔长度 L 与深度 H 之比很大时，气流先在第一个台阶，即背风台阶处膨胀，随后在第二个台阶，即迎风面台阶前某一距离再附着于空腔底部，最后气流在迎风台阶处分离，这种流动称为闭合空腔流动。当空腔长度 L 与深度 H 之比较小时，气流从第一个台阶直接跳跃到第二个台阶，并且不发生膨胀，也不与空腔底部再附着，这种流动称为开放空腔流动。

由于长度 L 远小于深度 H 的空腔特别狭窄，实际为缝隙。在缝隙里存在着十分复杂

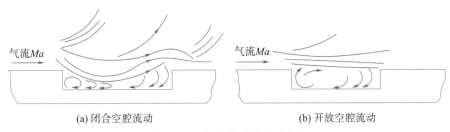

(a) 闭合空腔流动　　　　　　　　　(b) 开放空腔流动

图 5 - 21　空腔流动类型示意图

的分离流动，同时还夹杂着旋涡。缝隙与上述开放空腔不同，它的底部尺寸很小，而侧壁的尺寸却远大于底部的尺寸，因此测量和分析缝隙侧壁上的热流分布也十分必要。图 5 - 22 所示为一个典型的缝隙热流分布图，在缝隙的侧面上，随深度增加，热流密度迅速下降，到缝隙底部热流密度就变得很小。

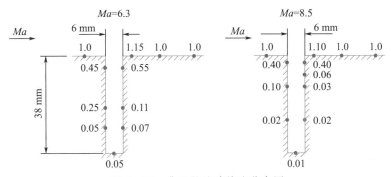

图 5 - 22　典型的缝隙热流分布图

　　对局部防热结构的可靠性考核，最直接的方法是用 1∶1 的实物模型，在具有模拟意义的试验条件下进行试验。但这种试验不仅模型制作复杂，而且对试验设备的要求（尺度、参数、试验时间等）很高，不可能多做。对于防热设计阶段所需数量较多的研究性试验，需要采用简化的方式进行，往往都是将各种局部防热结构简化为上述的台阶、空腔和缝隙 3 种形式，通过试验观察总结规律，为防热结构设计提供试验依据。

　　（2）烧蚀匹配和热匹配试验

　　烧蚀匹配和热匹配试验主要指不同防热材料由于烧蚀性能的差异带来的烧蚀不同步，引起局部凸起和凹陷，从而产生局部流动分离，使气动加热和载荷增大的试验；或不同防热材料由于热膨胀系数不同，受热条件下材料的热变形不匹配可能会导致局部结构破坏的试验。

　　如美国航天飞机，根据前缘、迎风面、背风面和尾部的不同热环境，配用了 4 种不同的防热材料，即 RCC 前缘材料、耐高温可重复使用防隔热材料 HRSI、耐低温可重复使用防隔热材料 LRSI、柔性可重复使用隔热材料 FRSI 等。这些材料具有不同的理化性能，它们互相衔接，构成大量材料匹配环节，因此有必要考核各材料之间在受热条件下的匹配特性。NASA/JSC 在 10 MW 电弧风洞上采用钝楔自由射流试验技术进行了航天飞机货舱门局部结构，成员舱门局部结构，FRSI 和 LRSI 拼接结构的热匹配试验，其中 FRSI 和 LRSI 试验的目的一是为了评估 FRSI 和 LRSI/FRSI 拼接结构的防热性能，二是考核安装在模型表面的飞行传感器（声学传感器，量热计，热电偶，压力传感器等）的防热性能[23]。试验选用 ϕ1 m（40 in）锥形喷管，模型外形尺寸为 508 mm×508 mm，采用 4 块 LRSI 和 FRSI 拼接，在 FRSI 和 LRSI 之间还布置了一段斜坡过渡段，以模拟较为真实的局部防热结构，FRSI 最厚约 8.1 mm，LRSI 最厚约 11.2 mm，如图 5-23 所示。试验模型内部和层间安装了 80 个热电偶，以测量不同位置的温度响应。试验既考核了不同材料的烧蚀、隔热和热匹配性能，也兼顾了对所用应变隔离垫、缝隙填料和高温粘合剂的性能考核。

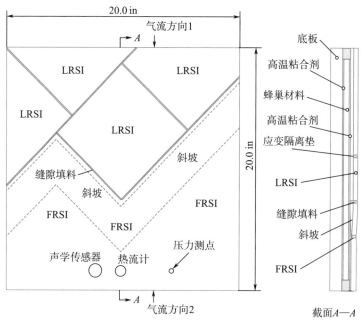

图 5-23　航天飞机热匹配试验模型

应用于 X-33 飞行器下表面迎风面的高温合金防热面板，每块面板边长 460 mm×460 mm，其外层为高温合金蜂窝夹层板结构，里层为封装隔热纤维的高温合金箔盒，金属盒面板由支撑盒的带子固定到起加强机体的复合材料 I 型梁结构上，如图 5-24 所示。金属材料热膨胀系数大，其面板之间及面板和夹层、面板和加强梁之间的热匹配设计非常重要。美国艾姆斯研究中心将 4 块面板组合在一起，面板之间的间隙和固定装置用隔热纤维填满，再用 RTV 胶密封面板和固定装置之间的间隙，通过电弧射流试验检验热匹配设计的可靠性。试验中面板表面温度最高温度接近 1 016 ℃，时间近 11 min，试验后观察面板表面没有因受热引起的损伤，表面氧化颜色从绿铬色转变为暗灰的氧化镍色，整体结构保持完好无损。

（3）热密封试验

飞行器各部段及活动部位的长时间高温热密封是热防护系统的一个关键环节，一般包含静态密封和动态密封两种形式。还是以航天飞机为例，密封环节分布在 3 类不同的部

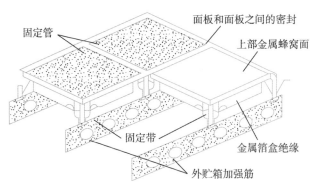

图 5-24　X-33 金属防热面板热匹配模型

位：机身 TPS、机身开口部位及控制面[24]。其中机身 TPS 包括：机头锥/翼前缘，隔热瓦缝隙/接缝，引擎/机身接口等；机身开口部位包括：起落架舱门，货舱门，有效载荷舱门，机组检修门，座舱罩等；控制面包括舵/升降副翼/襟翼，舵轴等。

在电弧射流试验前，热密封性能考核一般还包括热压缩试验，热摩擦试验，密封流动试验等，其目的是考核热密封材料在不同温度、压缩程度、循环载荷和长期静态载荷下的弹性恢复能力、磨损程度、密封性能等。电弧射流热密封试验的目的则是考核热密封结构在真实气动加热环境下的耐受能力，控制面活动导致的密封材料磨损程度，缝隙尺寸和不同压缩程度的影响，为热分析和热密封设计提供依据。

热密封试验状态模拟中除常规气动热参数外，常常还需要模拟密封材料前后的压差，气流的方向等。试验中需要测量密封材料上游和下游的温度和压力响应，以验证密封材料的效果。静态热密封试验相对简单，多在平板自由射流条件下，采用相对比较法对不同密封材料、不同密封结构形式进行考核；动态热密封相对复杂，试验中需要设置动作机构，由此也带来了模型的设计困难。NASA 艾姆斯（Ames）研究中心在 20 MW PTF 电弧加热风洞上采用平板自由射流试验技术进行了相关动态热密封试验[25]，选用长轴 17 in（约430 mm）的半椭圆喷管，试验模型由上游本体结构和可转动的控制面组成，两者缝隙宽度为 0.25 in（约6.3 mm），沿着铰链连接处放置密封材料，试验中密封材料处于20％的压缩状态，控制面可变角度为 0°～10°。试验共布置 34 个热电偶和 7 个压力传感器，用于记录所考察密封材料部位的温度和压力，并监测试验模型的安全，如图 5-25 所示。

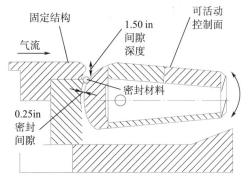

图 5-25　艾姆斯（Ames）研究中心 PTF 中动态热密封试验

5.2.2.4　热应力试验

热应力试验的主要目的是考察热脆性材料部位（如耐高温陶瓷材料端头）在气动加热的高温条件下，热应力破坏的可能性。常用最简单的破坏准则为强度准则，即比较最大热应力同破坏强度的量值关系，当热应力峰值大于破坏强度时，认为结构破坏的可能性大；反之，热应力峰值小于破坏强度时，认为比较安全。

在一定加热条件下，某部件产生热应力的大小与其材料、形状、大小和结构有直接关系。因此，热应力试验的模型必须在这些方面同实物保持一致，包括与该部件相连接部件的材料和结构，而不能用简化模型或者缩比模型。进行热应力试验一般要求试验设备有足够大的尺度，能开展 1∶1 实物模型试验。热应力来自温度梯度，它取决于部件内部的温度分布。不同的加热特点和加热时间，内部温度会有不同的分布状态，即产生不同的热应力。因此，热应力试验的加热条件模拟，除热流密度和总加热量外，还应考虑加热过程，即进行轨道模拟。对此，在试验过程中易于实现变参数运行的电弧加热仍然还是首选方式。若设备口径允许，试验最好在自由射流中进行，若功率不足，可考虑用包罩技术。

热应力试验关注的是材料内部的温度分布和变化，同外部加热气流的成分没有多大关系。对于某些大尺度的实物模型试验，易于实现大口径的燃气流设备，也不失为一种实用而有效的选择。燃气流设备的参数在试验过程中不易改变，难以进行轨道模拟，因此试验必须同理论计算有密切的配合。

随着计算机和计算技术的发展，利用数值模拟方法或工程方法进行热应力计算的技术已比较成熟。但要解决复杂的工程问题，还需在更有针对性的应用条件下对计算方法进行试验验证。用于计算方法检验的试验条件和模型，不一定要完全真实，可以根据实际需要设计成便于试验观测的简化模型。例如，对于球锥端头，就可以设计为有一定厚度的同形状中空模型，在比较方便的电弧加热设备中进行各种状态的试验，通过模型内壁的温度和应变测量来检验相同模型、状态的计算结果，进而考核或修正计算方法。用经过试验验证的计算方法计算部件在应用条件下的热应力，则具有较强的可信性。但由于待考察问题的复杂性，对计算结果用简单的强度破坏准则来预测实际应用时的可靠性，并不一定完全准确，计算热应力大于材料的破坏强度，不一定会坏，反之也不一定就不坏。因此，利用全尺寸实物模型在地面进行考核性试验仍是必要的。

对于燃气流类口径较大但不易进行轨道模拟的试验设备，它的加热参数在一次试验中基本不变，但试验时间可以控制，对于与之相配合的计算工作，首先需要给出合适的试验时间。利用经过试验验证的计算方法，分别计算实物模型在飞行条件和地面试验条件下的温度分布、热应力、应变，以及它们随时间的变化，取地面试验热应力等于或稍大于飞行最大热应力所对应的时间，即可作为热应力破坏可能性考核试验所需要的试验时间。同时在试验模型便于安装传感器的位置，测量试验过程中温度和热应变随时间的变化，并同计算结果互相比对，则可进一步考察试验结果的可信性。

同计算密切配合是简化试验的一种非常有效的方法。对全尺寸实物模型的热应力考核试验，既要求试验设备的大口径，又要求变参数，而且实物模型的测试工作也很困难。用前述同计算配合的方法，可将复杂的试验分解为两个相对简单的试验，计算方法验证试验可以用简化模型和方便的试验条件，不一定要求大尺度；而考核试验虽要求大尺度，但不一定要求加热过程的模拟，即不论用什么方式加热，只要能达到所需要的热应力即可。例如，利用固定的高强度加热，可以在很短时间内将模型表面温度迅速提高，形成大的内外温度梯度，从而产生需要模拟的热应力，而不必进行变参数轨道模拟。

热应力计算要求材料的物性参数比较齐全，例如导热系数、热膨胀系数、弹性模量、泊松比和破坏强度等。对于某些新研制的材料，这些参数不一定齐全，特别是高温物性数据，更不一定完全得到。因此计算方法的验证试验需要多做一些，通过变模型、变试验状态的多种考核，使计算方法能有更好的实用性。

5.2.3　其他热防护试验

5.2.3.1　端头烧蚀外形试验

飞行器在飞行过程中，由于烧蚀，外形会不断变化，特别是端头部分会出现明显的后退和形状变化。这种外形变化将导致飞行器表面热环境的变化，造成局部烧蚀更加严重，同时还会改变飞行器的气动特性，影响落点精度，甚至导致更严重的后果。因此，开展烧蚀外形试验，观测外形随时间的变化过程，研究外形的变化规律及其影响是十分重要的。

针对端头的烧蚀外形试验一般采用驻点自由射流或冷气包罩试验技术，模型多采用半球锥外形，参数测量类同于材料烧蚀试验，并利用高速摄像机记录端头烧蚀外形变化过程。端头烧蚀外形同外流条件，模型材料等有关，影响最大的是边界层流动状态。随着烧蚀过程的进行，表面粗糙度和不规则程度加大，球头表面边界层会经历层流、转捩到湍流的变化过程。全层流烧蚀外形一般是不断加大钝度的球冠形，转捩出现后会变为有凹坑的各种不规则外形，随着转捩点前移至驻点附近，达到湍流稳定烧蚀，碳基材料多呈双锥形，硅基材料多呈尖凸形。图 5-26 为采用冷气包罩流技术进行的石墨模型的烧蚀外形变化历程。

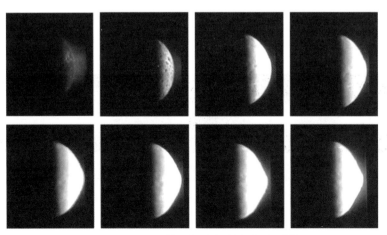

图 5-26　石墨模型烧蚀外形变化历程[26]

　　由于烧蚀过程的随机性，不论哪种外形，都存在一个不对称特性，从而诱导一个附加的俯仰力矩，产生相应的俯仰振动等。身部锥面烧蚀量比头部小，但由烧蚀随机性引起的小不对称，同样会诱导产生一个滚转力矩，由此力矩引起的附加滚转运动，可能导致转速过零，也可能同俯仰振动耦合，发生转动共振。这些都会影响飞行特性，或导致整体破坏。由烧蚀引起的附加滚转力矩是个小量，力矩系数大致在 10^{-4} 量级。由于待测量数值小，而且是气动力参数，这就为试验带来很大难度。身部烧蚀外形试验需解决的两个突出问题是大尺度模型试验和高精度滚转力矩测量。对前者，可采用电弧加热亚声速固壁包罩技术，也可以用燃烧加热自由射流技术；对后者，需设计专门高精度的滚转力矩天平，或采用气浮轴承技术。试验过程可以是边烧蚀边滚转，也可以将烧蚀和测量放在不同设备上进行，一般较为典型的简单方法是，首先用固壁包罩技术在电弧加热设备上进行较大尺度模型的烧蚀试验，然后将烧蚀后模型装于常规高超声速风洞，利用特制天平进行测力试验，考虑到烧蚀过程的随机特征，若要得到可靠结果，试验次数需适当多一些。

5.2.3.2　烧蚀/侵蚀试验

　　高超声速飞行器在再入大气层过程中除了要经受高温和高压下的烧蚀外，还可能经受空气中的云尘、雨滴、冰晶等粒子的高速撞击，它将在材料烧蚀的基础上增加一个侵蚀损耗。因而飞行器上所选用的防热材料除了要求有很好的力学性能和抗烧蚀性能外，还要求有高的抗粒子侵蚀性能，以保证飞行器能在恶劣气候条件下再入大气层。为了考核防热材料的抗粒子侵蚀性能，为材料研究和飞行器设计提供依据，必须对防热材料的抗侵蚀性能进行研究，并开展相应试验[7,27]。

　　当高速粒子正面撞击飞行器头部驻点区域材料时，材料侵蚀率与入射粒子动能通量即粒子相对运动速度，粒子浓度，撞击持续时间等有关。利用电弧加热器进行粒子侵蚀试验一般同烧蚀试验一起进行，并以烧蚀试验为基础，进行有无侵蚀的对比，以考察粒子侵蚀作用的影响。其基本方法是在电弧加热器超声速喷管的入口处注入石墨粒子，粒子同气流一道经喷管加速后撞击防热材料，产生烧蚀和侵蚀现象。主要模拟参数有气流总焓，驻点压力及粒子动能通量等。试验一般采用驻点自由射流试验技术，在距离喷管出口一定距离的中心轴线上，放置试验模型，模型同一般烧蚀试验相同，多为平头圆柱体。粒子播发前后流场照片如图 5-27 所示。

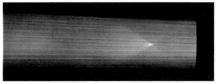

图 5-27　粒子播发前后流场照片[28]

　　在电弧加热器粒子烧蚀/侵蚀试验中，对注入粒子材料的选择应尽量满足如下要求：在弧室和加速喷管中，承受高温而不至于熔化；在加热条件下和碰撞过程中，不致破损；在高温空气中不发生强的热化学烧蚀；具有较低的比重；外形尽可能呈球状。工业用氧化铝粒子由于熔点较低，试验中其表面处于熔融状态，在喷管流动中易结团，不太适宜在粒子侵蚀试验中使用。热解石墨具有 3 000 ℃ 以上的升华温度和较小的比重，更宜用于侵蚀试验，但它外形加工不易规则，参数计算中应考虑非球形粒子进行修正。

为了确保电弧加热器提供的流场参数符合要求，在模型烧蚀/侵蚀试验前需对气流总焓、驻点压力、粒子速度 V_p、粒子浓度 C_c、粒子有效直径 D_p 等参数进行测试和计算。衡量材料抗侵蚀性能优劣一般采用抗侵蚀系数 C_N（单位时间侵蚀掉模型单位质量所需的入射动能）和质量侵蚀比 G（单位面积上的粒子质量流率与模型质量侵蚀率之比值），其定义为

$$C_N = \frac{E_p}{m_t} = \frac{C_c V_p{}^3}{2m_t} \tag{5-10}$$

$$G = \frac{m_t}{\dot{m}_p} \tag{5-11}$$

式中　E_p——单位时间撞击模型单位表面积上的粒子动能，称之为粒子动能通量；

$\dot{m}_p$——模型截面单位面积上的粒子流量；

m_t——模型质量侵蚀率。

5.3　热防护试验的参数测量

试验参数的准确测量是试验有效性的必要条件，电弧加热试验的参数测量主要包括模拟热环境参数和模型热响应参数两部分。前者用来确定电弧加热器模拟的试验状态，包括气流总焓、模型表面热流密度和压力等；后者用来反映模型防隔热性能的优劣及结构的可靠性，包括模型表面/背面温度，质量/线烧蚀率，碳化层、热解层或原始材料层的厚度、有效烧蚀热，热应变，烧蚀过程形貌变化等，本节将对这些测量项目的基本原理和测试方法逐一进行介绍。

5.3.1　热环境参数测量

热防护试验中，常用的热环境模拟参数主要包括气流总焓、冷壁热流密度和压力等，下面分别介绍它们常用的测试方法。

5.3.1.1　气流总焓

热防护试验所测气流总焓是指单位质量的常温气体在加热后获得的总能量，即以常温为参考的焓差，在流动状态时，它包括动能和静焓两部分。在电弧加热器的热防护试验中，测量气流总焓有 4 种常用的方法，即能量平衡法、平衡声速流量法、压力热流反推法、总焓探针法[29]。

（1）能量平衡法

根据热力学第一定律，气流焓值的增量应等于电弧加热器提供的能量与其能量损失之差。也就是说，如要得到气流的焓值（h_0），只需测得气流的质量流量（$\dot{m}_g$）、电弧加热器的电压（V）和电流（I）以及冷却水带走的热量（E）即可。

电弧的功率为

$$P = V \cdot I \tag{5-12}$$

所以气流的平均总焓为

$$h_0 = \frac{P - E}{\dot{m}_g} = \frac{VI - E}{\dot{m}_g} \tag{5-13}$$

能量损失（E）为加热器的前电极、后电极、喷管中冷却水带走热量的总和，即为

$$E = \sum \dot{m}_\omega \Delta T C_p \tag{5-14}$$

则可以将式（5-13）改写成

$$h_0 = \frac{VI - \sum \dot{m}_\omega \Delta T C_p}{\dot{m}_g} \tag{5-15}$$

式中　$\dot{m}_\omega$——前后电极和喷管冷却水的流量；

　　　C_p——冷却水的比热；

　　　ΔT——冷却水进出口温差；

　　　$\dot{m}_g$——进入电弧加热器的气体流量。

利用高精度电流表和电压表可以测出电弧的电流和电压，利用临界喷管或流量计可以测量出气体流量，用流量计（如浮子式、孔板压差式等）或直接称重可以测得冷却水流量，冷却水的温度可以用热电偶测量出来，这样把所测得的数据代入式（5-15），就可以得到气流的平均总焓。

此测量方法的优点是方法简便、直观，无需特殊的仪器仪表就能快速确定气流焓值。其主要的缺点是精度较低，特别是在空气流量较小的情况下更是如此，因为此时冷却水带走了大部分的热量，这一热损失中的微小误差就会带来较大的焓值误差。另外，能量平衡法测得的是气流的平均焓值，对于流场的焓值分布和变化就显得无能为力了。所以在一般情况下此方法只用于估计流场总焓的数量级大小，而不用作气流总焓的精确测定。

（2）平衡声速流量法

电弧加热的高温气流在喷管喉道达到声速，利用这一条件，从高温气体一维等熵平衡流动的方程出发，通过测量气流的质量流量（$\dot{m}_g$）、喉道前气流总压（p_0）和喷管喉道有效截面积（A_{eff}），就能确定气流焓值（h_0），见式（5-16），该式适用的焓值范围为 $2.3 \sim 23$ MJ/kg[30]

$$h_0 = 4.532 \times 10^{-5} \times \left(\frac{p_0 A_{eff}}{\dot{m}_g}\right)^{2.519} \tag{5-16}$$

式中，h_0 单位为 kJ/kg，$\dot{m}_g$ 单位为 kg/s，p_0 单位为 MPa，A_{eff} 单位为 mm²。其中 A_{eff} 可用常温空气进行标定，当常温空气在喷管喉道处达到声速时，按式（5-17）计算

$$A_{eff} = 25.22 \times \frac{\sqrt{T_{01}} \, \dot{m}_g}{p_{01}} \tag{5-17}$$

式中　T_{01}——常温下空气温度，K；

　　　p_{01}——常温下喷管喉道前气流总压，MPa。

将式 (5 - 17) 代入式 (5 - 16)，还可以推导出气流总焓与常温及高温条件下喷管喉道前气流总压比值的关系，见式 (5 - 18)

$$h_0 = 193.5 \times \left(\frac{p_0}{p_{01}} \right)^{2.519} \tag{5 - 18}$$

(3) 压力热流反推法

该方法是利用半球头热流探针和总压探针的测量结果，通过半球头模型的驻点热流、驻点压力和气流总焓之间的关系式来确定总焓。这是一种间接测量方法，在很大程度上取决于高温气体的理化性质、外部绕流和传热机理的数学描述。很多学者根据不同的假设，得到了各种不同简化程度的理论公式，经过多年的试验验证，目前常用的反推公式见式 (5 - 19)

$$h_s = q_s / \left(K \cdot \sqrt{\frac{p_s}{R}} \right) \tag{5 - 19}$$

式中　 h_s ——驻点处气流总焓，kJ/kg；

　　　 q_s ——球头模型驻点热流，kW/m^2；

　　　 p_s ——驻点压力，atm；

　　　 R ——球头半径，cm；

　　　 K ——系数，一般取 1.14～1.23。

(4) 总焓探针法

总焓探针包括水冷稳态总焓探针和瞬态总焓探针两类。水冷稳态总焓探针法与能量平衡法类似，是用冷却水吸收高温气流的热量，使得气流冷却到能用常规方法进行测量的较低温度，通过测量冷却水所带走的能量及冷却后气体的能量之和来确定高温气流的焓值，见式 (5 - 20)。此方法的优点是测量精度较高，缺点是响应时间长，对于焓值的波动难以测量，冷却水的要求又使得探针设计复杂，加工困难，且附属设备和环节较多

$$h_0 = h_{01} + \frac{\dot{m}_\omega}{\dot{m}_g} \cdot C_p \cdot \Delta T \tag{5 - 20}$$

式中　 h_{01} ——冷却后气流焓值；

　　　 $\dot{m}_\omega$, C_p , ΔT ——分别为冷却水质量流量，比热和温升；

　　　 $\dot{m}_g$ ——取样气流质量流量。

在高参数状态的电弧加热试验中，即便是水冷稳态焓探针也是比较容易烧毁的，因此发展了瞬态焓探针。它借助高速送进装置，可在探针未被烧毁前快速扫过气流，瞬态完成取样和测量，其测量原理与稳态焓探针类似。探针一般采用长径比足够大的取样管，以保证抽取气样冷却至可测量的较低温度，与稳态焓探针不同的是对气体的冷却方式，它是通过热量传递给取样管壁的方式来实现冷却的，利用取样管瞬时温升作为气样热容量的测量。因此式 (5 - 20) 中 $\dot{m}_\omega$, C_p , ΔT 则分别为取样管的质量，比热和温升速率，取样管的温升速率可由热电偶、热电阻等温度传感器进行测量。

5.3.1.2　冷壁热流密度

热流密度是材料承受热载荷的主要表征参数，它表示单位时间内加载到单位面积上的热量。常用的测量方法有两类，一类是用于长时间测量的水冷型，根据热平衡原理制成，其典型代表是水卡量热计；另一类是非水冷式的瞬态量热计，常用的如瞬态塞式量热计。另外还有如戈登量热计、薄壁量热计、零点量热计、同轴量热计等多种热流测试手段和方法。以下重点介绍应用最广泛的水卡量热计和塞式量热计。

（1）水卡量热计

水卡量热计又称水冷卡路里计，在 20 世纪 60 年代就出现了，是一种较成熟的量热计[31]。它可以在高热流（大于 5 MW/m²）的环境下长时间工作，具有较高的测量精度和能够重复使用等优点，其缺点是尺寸较大、响应时间长、不能进行瞬态测量，结构也比较复杂。量热计由探芯、隔热套，进水出水管以及热电偶等组成，如图 5-28 所示。测量时，探芯表面接受的热量迅速被冷却水带走并导致冷却水温度升高，并逐渐达到传热平衡，通过热电偶测量进出水温升，并用流量计测定水流量。探芯周围一般采取隔热套进行绝热保护，尽量防止探芯与周围产生热交换。

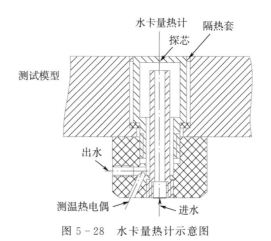

图 5-28　水卡量热计示意图

根据热平衡原理，高温气流传给水卡端面探芯的热量应等于测试冷却水所吸收的热量，因此测出水卡中水流量和水温升就能计算出热流密度

$$q = \frac{\dot{m}_\omega}{A} \cdot C_p \cdot \Delta T \qquad (5-21)$$

式中　q——待测热流密度；

　　　A——探芯受热面积；

　　　$\dot{m}_\omega$，C_p，ΔT——分别为冷却水的质量流量，比热容和进出口温差。

实际应用中可以通过调节冷却水流量控制进出口温差，一般使之低于 20 ℃，因此可以认为水卡量热计测量热流为冷壁热流密度。

（2）塞式量热计

塞式量热计结构简单、易于制造、成本低廉、性能可靠、使用方便并且容易安装，是气动热试验中广泛采用的一种热流测量方法[32]。它由一个质量和受热面积经过精确测定的圆柱形无氧铜量热柱塞、热电偶和隔热套组成,如图 5 - 29 所示。测量时,柱塞表面接受的热量迅速传遍塞体,使其温度上升,通过下表面的热电偶记录温度随时间的变化。塞柱周围一般采取隔热套进行绝热保护,尽量防止探芯与周围产生热交换。

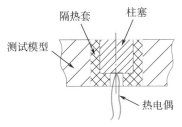

图 5 - 29　塞式量热计示意图

根据一维热传导公式,对端面受热表面积为 A 的塞块,在表面均匀加热而周围绝热的前提下,热流密度 q 可用下式表示

$$q = C_p \cdot \frac{m}{A} \cdot \frac{\mathrm{d}T}{\mathrm{d}t} \tag{5 - 22}$$

式中　C_p,m,A,$\mathrm{d}T/\mathrm{d}t$——分别为塞块的比热,质量,受热表面积和温升速率。

对于密度为 ρ,厚度为 δ 的圆柱形塞块,上式可变为

$$q = \rho\delta C_p \frac{\mathrm{d}T}{\mathrm{d}t} \tag{5 - 23}$$

塞块厚度 δ 的选取根据所测热流范围而定,高热流对应较大的厚度,试验中塞块温度变化一般在每秒几十摄氏度为宜,以此为依据反推 δ

$$\delta = \frac{q}{\rho C_p \dfrac{\mathrm{d}T}{\mathrm{d}t}} \tag{5 - 24}$$

这样得到的 δ 可进一步确定合适的塞块直径。理论上塞块的长径比应不大于 $1/4$,这样才能较好地满足一维传热模型假设。但实际工作中,由于试验模型形状、结构、尺寸的限制,采用这个比例往往不易做到,但至少要求塞块的直径不小于其厚度尺寸。另外需要注意的是,柱塞温度升高势必会导致进入柱塞的净热量减少,此时所测热流为热壁热流密度。

5.3.1.3　压力

压力是一个非常重要而又相对比较易测的参数,所以在各种热防护试验中都会安排压力测量[33]。风洞气流的压力测量包括静压和总压两部分,总压是静压和动压之和,即当气流速度为零时的压力,一般在风洞驻室测量;静压是总压减去动压,可在气流垂直方向取样测量。风洞压力测量大都采用传感器法,即由待测位置的测压孔感受压力,通过测压管传导至传感器,将压力信号变为电信号输出而获得测量结果。不同的压力测量,主要表现在测压孔的开孔位置、方向和方式的不同。

（1）静压测量

静压测量一般有壁面和流场两种。壁面的静压测量，通常是在风洞待测位置的壁面或试验模型的表面沿同表面垂直的方向开测压孔来感受压力的。在壁面上开小孔后，小孔附近的边界层就发生了变化，小孔的前缘边界层会发生分离，后缘会发生气流的滞止。这些变化对当地静压的测量精度将会有一定的影响，试验发现，所产生的误差主要取决于测压孔的几何尺寸、内壁的光滑程度以及气流的马赫数和雷诺数等。如图 5 - 30 所示，在一般情况下，测压孔直径 d 在 $0.5 \sim 2$ mm，h/d 大于 2，则可以获得较为准确的当地静压。

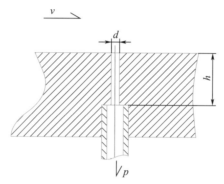

图 5 - 30　壁面静压测量示意图

流场中的静压测量需要在被测点放置一个静压管。所谓静压管是一根一端头密封而在侧壁上开有数个测压孔的管子，其测压孔的开设方法同壁面上开测压孔的方法一样，即测压孔轴线与壁面垂直，孔的内壁及孔口附近的壁面光滑。另外，测压孔在静压管上的位置、静压管的长度和静压管的密封端头的形状等对静压管测压的精度都有很大的影响。图 5 - 31 为半圆密封端头静压管，根据试验经验，一般取 L_1 为 $3D_1 \sim 8D_1$，L_2 为 $8D_2 \sim 20D_2$。当气流马赫数较小时，采用半球型密封端头效果较好，对测量的影响较小，而在跨声速和超声速流场中静压管头部会产生激波，影响测量，这时静压管采用尖锥形密封端头，其尖锥顶角分别不超过 $20°$ 和 $10°$。

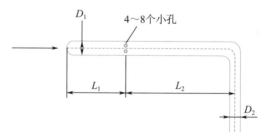

图 5 - 31　流场静压测量示意图

在流场校测时，往往需要测量多个点的静压，这就要用到静压耙。所谓静压耙就是将数根静压管安装在同一支架上，组成的钉耙状的静压排管，如图 5 - 32 所示。为减小各静压管之间的相互影响，根据经验可取 $S/D \geqslant 5$，$L_2/D \geqslant 12$。当气流的速度提高时，这两个值也需相应地增大。

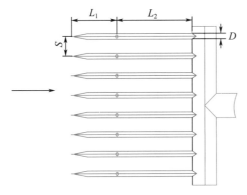

图 5 - 32   流场静压耙测量示意图

（2）总压测量

当需要测量气流流场中的总压时，可在待测流场中放置一总压管（或称皮托管）。最简单的总压管是顺气流方向放置开口圆管，管的开口端面垂直于气流速度方向，另一端用导管同传感器连通，因为当气流进入开口端时不能再流动而被滞止，故总压管测量的实际是管端开口处的滞止压力。在超声速气流中，总压管端面前会出现弓形脱体激波，它所测得的是正激波后面的亚声速流的总压，需要进行计算才能得到激波前的超声速气流的总压。对于气动热试验，模型驻点实际的压力正好就是总压管测得的压力。

根据待测气流的流速、马赫数等条件，总压管被做成平头、半圆头等形状。当待测点不是太靠近壁面且马赫数不是太低时，选用半圆头总压管较好；当气流的偏角较大时用平头总压管较好。总压的测量也有单点和多点之分，单点测量只需用一个总压管就可以了，而多点测量则与静压耙类似，需要把多个总压管按一定的规则组合起来，同时使用，称为总压耙。

在高焓气流的压力测量中，为避免热气流在未达到稳定之前将测压管烧坏，需要在测压管外加上水套，内通高压冷却水，或采用前述瞬态焓探针的方式，借助高速送进装置在探针未被烧毁的时间内快速扫过气流，以实现安全测量。

5.3.2   热响应参数测量

热响应参数是指在加热条件下，热防护材料或结构受热而发生变化的那些量，如材料烧蚀、温度上升、形状变化和结构破坏等。对不同的气动热试验，所关注的热响应参数也有所不同，如考核材料的防热性能，一般需要测量表面和背面温度，质量烧蚀率和线烧蚀率，烧蚀热效率，以及材料烧蚀形貌变化等；考核结构可靠性，一般需测量表面和背面温度，局部热应变和整体外形变化等。

5.3.2.1   烧蚀率

防热材料烧蚀率包括材料的质量烧蚀率和线烧蚀率。通过电子天平测量材料在烧蚀试验前后的质量变化，通过游标卡尺等测量材料在烧蚀前后的长度（厚度）变化，同时记录发生烧蚀作用的时间，即可完成测量。

质量烧蚀率是指防热材料制成的模型在单位时间内损失的质量，其表达式为

$$V_m = \frac{m_1 - m_2}{t} \qquad\qquad (5-25)$$

式中　V_m——质量烧蚀率；

　　　t——试验时间；

　　　m_1，m_2——分别为模型烧蚀前和烧蚀后的质量。

不同试验的模型受热面积可能有所不同，为了便于比较，需要给出模型单位受热面积 A 的质量烧蚀率，其表达式为

$$V_{mA} = \frac{m_1 - m_2}{t \cdot A} \qquad\qquad (5-26)$$

线烧蚀率是指防热材料制成的烧蚀试验模型上某一参考点在单位试验时间内损失的长度（厚度），其表达式为

$$V_L = \frac{L_1 - L_2}{t} \qquad\qquad (5-27)$$

式中　V_L——线烧蚀率；

　　　t——试验时间；

　　　L_1，L_2——分别为模型烧蚀前和烧蚀后的长度（厚度）。

对于驻点烧蚀类试验模型，参考点通常选取驻点，称为驻点线烧蚀率或驻点烧蚀后退率。对于平板类或翼前缘类试验模型，有时需要选取多个参考点，分别给出各点的线烧蚀率，或给出多点线烧蚀率的平均值。为了保证数据的可靠性，消除偶然误差，对同一材料，一般要进行 3～5 次重复试验。不同材料具有不同的烧蚀率，一般数值越小，其抗烧蚀性能越优。表 5-1 给出了两种防热材料驻点烧蚀率的比较，从数据可见，防热材料 A 的抗烧蚀性能要优于防热材料 B，图 5-33 为试验后模型照片。

表 5-1　防热材料烧蚀数据比较

模型编号	m_1/g	m_2/g	L_1/mm	L_2/mm	V_m/（g/s）	V_L/（mm/s）
A_1	16.046	13.739	50.00	44.70	0.772	1.77
A_2	16.070	14.010	50.00	45.46	0.689	1.52
A_3	16.108	13.988	50.00	45.30	0.711	1.58
A_4	16.078	13.986	50.00	45.52	0.702	1.50
A_5	15.992	13.707	50.00	44.64	0.757	1.78
平均					0.726	1.63
B_1	22.226	17.861	50.00	42.24	1.441	2.56
B_2	22.229	18.049	50.00	42.54	1.398	2.50
B_3	22.177	18.161	50.00	43.00	1.343	2.34
B_4	22.020	18.039	49.98	43.00	1.331	2.33
B_5	22.329	18.384	50.00	43.10	1.324	2.32
平均					1.367	2.41

图 5 - 33　试验后模型照片

烧蚀材料有效烧蚀热定义为在烧蚀温度下，材料表面热流密度与材料质量烧蚀率之比，它是防热材料烧蚀性能中的一个重要参数，主要取决于防热材料的性质，并受外界条件的影响，如气流的总焓、压力和气流的流态等。由于在烧蚀过程中材料表面辐射很小，可以忽略，在考虑热流的壁温修正后，有效烧蚀热 h_{eff} 可表示为

$$h_{\text{eff}} = \frac{q_{cw}}{V_m}\left(1 - \frac{h_w}{h_0}\right) \tag{5-28}$$

式中　q_{cw}——冷壁热流密度；

　　　V_m——材料质量烧蚀率；

　　　h_w——材料表面烧蚀温度下的焓，称为热壁焓，由所测得的表面温度查阅高温气体热力学函数表可得；

　　　h_0——气流总焓。

在烧蚀试验数据处理中，可以将试验测得的材料有效烧蚀热、气流焓差、压力等数据，利用最小二乘法，拟合出有效烧蚀热的试验关系式，为实际飞行中计算防热材料烧蚀量和给出合理的烧蚀外形提供试验依据[34]。

5.3.2.2　表面温度

（1）测量原理

物体表面温度通常采用辐射温度仪测量。一切温度高于绝对零度的物体都在以电磁波的形式向外辐射能量，普朗克公式揭示了黑体辐射能量在不同温度下按波长的分布规律，见式（5 - 29），因此只要测得某一波长下的辐射能量即可以得到温度值[35]

$$E_{b\lambda} = \frac{C_1 \lambda^{-5}}{e^{C_2/\lambda T} - 1} \tag{5-29}$$

温度在 3 000 K 以下时，普朗克公式可用维恩公式代替

$$E_{b\lambda} = \frac{C_1 \lambda^{-5}}{e^{C_2/\lambda T}} \tag{5-30}$$

式中　$E_{b\lambda}$——黑体光谱辐射力；

　　　C_1，C_2——辐射常数；

　　　λ——波长；

　　　T——绝对温度。

将普朗克分布对波长从 0～∞ 积分，得全部波长范围内的黑体辐射力

$$E_b = \sigma T^4 \tag{5-31}$$

式中　E_b——黑体辐射力；

　　　σ——斯蒂藩-玻耳兹曼常数。

实际物体的辐射不同于黑体，其光谱辐射力往往随波长作不规则的变化，把实际物体的辐射力与同温度下黑体辐射力的比值称为实际物体的发射率，记为 ε，而 $\varepsilon(\lambda)$ 则为实际物体的随波长变化的光谱发射率

$$\varepsilon = \frac{E}{E_b} = \frac{\int_0^\infty \varepsilon(\lambda) E_{b\lambda}\,\mathrm{d}\lambda}{\sigma T^4} \tag{5-32}$$

（2）测量仪表

辐射测温仪按工作原理可分为全辐射测温仪、单色测温仪、双色测温仪和多光谱辐射测温仪等几类[36,37]。其中全辐射测温仪是根据被测目标在全部波长范围内辐射力的大小而确定温度的，见式（5-31）。它易受外界干扰，测温范围窄，现在已经很少采用。多光谱辐射测温仪则是假定在较小的波段范围内发射率是波长的某一特定函数，在此基础上通过对测试目标表面辐射力进行反演分析确定材料表面温度。该技术从原理上避免了由于发射率的人为设定所导致的随意性，可以提高测试结果的准确度，但因为其测试仪器复杂，发射率假定函数还需要理论支持等原因，目前大多还停留在实验室研究阶段。下面主要对目前常用的单色测温仪和双色测温仪作简单介绍。

1）单色测温仪。这类测温仪是根据被测目标在一定波长范围内（确定的中心波长 λ 和波长间隔 $\Delta\lambda$）黑体辐射力的大小确定其温度的。由于带宽窄，减小了背景辐射的影响，还可根据应用要求选择波长范围，是目前测温仪的主流。表面发射率是影响表面温度测量最主要的因素，而发射率又是测量波长和表面温度的函数，与材料表面状况也有很大关系。另外，因为电弧风洞试验段的真空限制，单色测温仪还受到窗口玻璃透过率的影响。

2）双色测温仪。双色测温仪的工作原理依据是：在选定的两个波长和一定的带宽下物体辐射能量之比 R 随温度 T 变化的规律，由维恩公式可得

$$R = K \cdot \frac{\varepsilon_1}{\varepsilon_2} \cdot \exp^{-\frac{C_2}{T(\lambda_1 - \lambda_2)}} \tag{5-33}$$

一般而言，当两个波长下物体表面发射率相等或者成比例时，双色测温仪可以较好地消除被测目标发射率难以确定，被测目标尺度细小、运动和振动或因测量通道受阻而不能充满现场，以及光路上尘埃颗粒等造成能量衰减等原因引起的测量误差。

（3）仪器参数和选择

辐射测温需根据实际试验要求对测温仪的参数进行选择，主要包括：

1）测温范围：每种测温仪都有自己的测量范围，不同的温度范围要选用不同的工作波段。低温段一般选用 $7 \sim 14\ \mu m$，中温段选用 $3 \sim 5\ \mu m$，高温段选用 $1\ \mu m$ 或 $2\ \mu m$。

2）距离系数：定义为测量距离与测量光斑直径之比。在相同的测量距离情况下，距离系数越大的测温仪，测量光斑的直径越小，空间分辨率越高。

3）温度分辨率：表示测温仪能够辨别被测目标最小温度变化的能力。

4）响应时间：表示测温仪对被测温度变化的反应速度。

5）测温精度：即允许误差，包括系统误差和随机误差。误差可用绝对误差和相对误差来表示，其中相对误差又有对实测值和对满量程的相对误差两种。

（4）电弧风洞中辐射测温的影响因素

使用辐射测温仪器测温，物体表面温度不是直接测得的，而是通过测量辐射力计算出来的。因此，在电弧风洞试验的实际测量中，会受到被测目标表面的发射率和反射率、背景辐射、大气衰减、测量距离、环境温度等因素的影响。

① 发射率的影响

辐射测温中最大的不确定因素是被测物体的发射率。影响发射率的因素很多，主要有材料的种类、材料表面状况、观测角度和物体的表面温度等。表 5 - 2 和表 5 - 3 给出了常用非金属和金属材料在常温条件下的光谱发射率，可在试验中参考设定。高温条件下材料发射率一般未知，可采用比较方法进行简单测定。如利用热电偶和辐射测温仪测量材料同一位置的温度，调节测温仪发射率，使其显示温度等于热电偶所测温度，此时得到的发射率即为被测物体的发射率。或者将材料表面的一部分用无光炭黑涂黑（发射率约 0.98），并测量涂黑部分的温度，然后再测量其邻近区域未涂黑部分的温度，调整发射率直到所显示温度与涂黑部分的温度相等，这时即可得到物体表面的发射率。即便如此处理，由于发射率变化导致的温度测量误差也是难以避免的，后期数据处理可根据下式进行修正[38]

$$\Delta T = \frac{\lambda T^2}{C_2} \cdot \frac{\Delta \varepsilon_\lambda}{\varepsilon_\lambda} \qquad (5-34)$$

式中　λ——辐射测温仪的工作波长；

T，ΔT——被测物体表面温度及其误差；

ε_λ，$\Delta \varepsilon_\lambda$——被测物体表面发射率及其变化；

C_2——第二辐射常数。

表 5 - 2　常用非金属材料光谱发射率

材料	1.0 μm	5.0 μm	7.9 μm	8~14 μm
石棉	0.9	0.9	0.95	0.95
未氧化碳/碳	0.8~0.95	0.8~0.9	0.8~0.9	0.8~0.9
石墨	0.8~0.9	0.7~0.9	0.7~0.8	0.7~0.8
陶瓷	0.4	0.85~0.95	0.95	0.95
平板玻璃	n.r.	0.98	0.85	0.85
木材	n.r.	0.9~0.95	0.9~0.95	0.9~0.95

表 5 - 3　常用金属材料光谱发射率

材料	1.0 μm	1.6 μm	8~14 μm
氧化的铝	0.4	0.4	0.2~0.4
氧化的铜	0.2~0.8	0.2~0.9	0.4~0.8

续表

材料	1.0 μm	1.6 μm	8～14 μm
氧化的钢	0.8～0.9	0.8～0.9	0.7～0.9
氧化的钼	0.5～0.9	0.4～0.9	0.2～0.6
氧化的钛	n. r.	0.6～0.8	0.5～0.6
不锈钢	0.35	0.2～0.9	0.1～0.8
氧化的镍基合金	0.4～0.9	0.6～0.9	0.7～0.95

②窗口玻璃透过率影响

电弧风洞上玻璃窗口的光谱透过率受反射、散射和吸收 3 个因素的影响。常用的石英玻璃的反射率约为 8%，散射率比较小，一般可以忽略，所以石英玻璃在可见和近红外波段（0.3～3 μm）的透过率一般不大于 92%，在中波 3 μm 之后透过率降低很快，此时中波区间（3～5 μm）常选用尖晶石、蓝宝石等作为窗口，其透过率大于 80%；长波区间（7～14 μm）常选用锗玻璃、硫系红外玻璃等，其透过率大于 80%。

除透过波段外，窗口透过率还受到本身温度的影响，试验中应尽量将窗口远离高温流场，实在难以远离的，应该设计专门的冷气流（膜）用以保护窗口。

③高温气流和背景的影响

电弧风洞试验中的表面温度测量还会受到高温气流及试验段背景的影响，被测物体的发射率越高，背景影响越小；当被测物体温度与背景温度相近时，背景影响引起的误差最大。高温气流的干扰光谱多为高温气体离解或电离所产生的线状光谱，如氧原子、氮原子谱线等，在测量和温度计算中应该尽量避免。

5.3.2.3　内部温度[39]

材料的内部温度通常采用热电偶来测量，其基本原理如图 5 - 34 所示。将两种不同材料的导体（或半导体）A 和 B 两端焊接起来，构成一个闭合回路，当两个焊接点 T_1 和 T_2 之间存在温差时，两导体之间便产生电动势，进而在回路中形成一个电流，这种现象称为热电效应。通过测定热电势的大小，即可得到两接点间的温差，固定一个接点的温度（例如将其置于冰水混合物中），即可得到另一接点（测温点）的温度值。

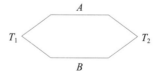

图 5 - 34　热电偶原理图

热电偶可分为标准热电偶和非标准热电偶两大类。标准热电偶是指国家标准规定了其热电势与温度的关系，允许误差，并有统一标准分度表的热电偶，有与其配套的显示仪表可供选用。非标准热电偶在使用范围或数量上均不及标准热电偶，一般也没有统一的分度表，主要用于某些特殊场合的测量。我国从 1988 年 1 月 1 日起，热电偶和热电阻全部按 IEC 国际标准生产，并指定 S、B、E、K、R、J、T 七种标准化热电偶为国家统一设计型热电偶。

　　为了保证热电偶可靠、稳定地工作，对它的结构要求如下：1）组成热电偶的两个热电极的焊接必须牢固；2）两个热电极彼此之间应很好地绝缘，以防短路；3）补偿导线与热电偶自由端的连接要方便可靠；4）保护套管应能保证热电极与有害介质充分隔离。

　　作为实验室最常用的温度检测元件，热电偶的显著优点是：1）测量精度高。因热电偶直接与被测对象接触，没有中间介质的影响。2）测量范围广。常用的热电偶从 $-50 \sim +1\,600\,℃$ 均可连续测量，某些特殊热电偶最低可测到 $-269\,℃$（如金铁镍铬），最高可达 $+2\,800\,℃$（如钨-铼）。3）构造简单，使用方便。热电偶通常是由两种不同的金属丝组成，外有保护套管，用起来非常方便。

　　热电偶与被测表面接触方式常用的有 4 种，如图 5-35 所示。图 5-35（a）为点接触，热电偶的测量端直接与被测表面相接触。图 5-35（b）为面接触，先将热电偶的测量端与导热性能良好的金属薄皮（如铜片）焊在一起，然后再与被测表面接触。图 5-35（c）为等温线接触，热电偶测量端固定在被测表面后沿被测表面等温线铺设至少 20 倍线径的距离再引出。图 5-35（d）为分立接触，两热电极分别与被测表面接触。

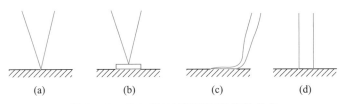

图 5-35　热电偶与被测表面的接触方式

　　不管哪种接触方式，引起测量误差的主要原因是沿热电偶丝的导热损失。热电偶的热接触点从被测表面吸收热量后，其中一部分热量沿热电偶丝导出散逸到周围环境中，而使热接触点温度低于被测表面的实际温度。经常采用安装系数 Z 来衡量测量的准确性。

$$Z = \frac{T_s - T_r}{T_s - T_0} \qquad\qquad (5-35)$$

式中　T_s——被测表面的实际温度；

　　　T_0——环境温度；

　　　T_r——热电偶的指示温度。

　　显然 Z 的数值与热电偶材料的性质、尺寸、安装方法及被测表面材料的性质等因素有关。Z 表示测量误差 $(T_s - T_r)$ 同表面和环境温差 $(T_s - T_0)$ 之比。图 5-35 中 4 种接触方法以图 5-35（c）的误差最小，因为它的热电偶丝沿等温线铺设，热接点的导热损失达到最小；图 5-35（b）次之，热电偶丝的热损失由导热性能良好的金属片补充；图 5-35（a）的误差最大，因为导热损失全部集中在一个接触点上，热量不能得到充分的补充。而图 5-35（d）有两个接触点，其误差将小于图 5-35（a）。

5.3.2.4　热应变

　　热应变测量是电弧风洞热结构试验的主要测量参数之一。目前热应变的测量主要有高温应变片和光纤光栅传感器等方法。

（1）高温应变片

电阻应变片测量技术自 20 世纪 30 年代问世后经历了长期的发展，是目前应变测量的一种成熟技术。电阻应变片由敏感栅、基底、引出线、表面覆盖层和粘合剂等组成，如图 5 - 36 所示。它具有精度高，测量范围广，频率响应特性好等很多优点，已广泛应用于各种工程结构的应变分析。

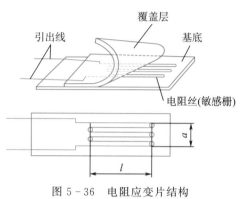

图 5 - 36　电阻应变片结构

与常温应变测量相比，高温应变测试具有如下特点[40]：

1）需采用专门的高温应变片：常温应变片工作温度一般在 $-30 \sim 60$ ℃，更高温度下，应变片所用材料与性能都不大适用。因此需要根据测试要求选择合适的高温应变片，并需要考虑高温带来的热输出影响，目前采用不锈钢或铁铬铝合金作为基底材料，测量温度可达 800 ℃左右；

2）由于构件处在高温环境中，除了应变片本身外，其安装方法也与常温应变片不同，需用点焊固定或者高温固化处理，且连接需用专门高温导线；

3）由于构件在高温工况下一般温度分布不均匀并随时间变化，因此需要在测量应变同时测量各测点的温度分布，这样做一方面是应变片性能与温度有关，另一方面热输出修正也需要知道温度分布；

4）由于高温测量时数据受多种因素影响，所以需要对数据进行相应的修正。

因此高温应变测试在试验前需要对传感器、粘合剂、温度效应等进行静态和动态的标校，以期获得准确的结构应变数据。

（2）光纤光栅传感器

光波传感技术是 20 世纪 70 年代伴随光纤通信技术的发展而迅速发展起来的，它是以光波为载体，光纤为媒质，感知和传输被测量信号的一种新型传感器。光纤布拉格光栅（FBG，Fiber Bragg Grating）传感器是新一代进行应变测量的传感器，可以直接传感温度和应变，也可实现与温度和应变有关的其他参量的间接测量。光纤布拉格光栅的基本原理是利用宽带光源照射光纤及光栅，当光栅受到拉伸、挤压或热变形时，通过解调仪测量反射波长峰值的变化便可得出被测结构温度和应变的变化[41,42]，如图 5 - 37 所示。

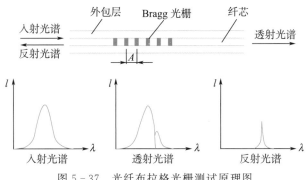

图 5 - 37　光纤布拉格光栅测试原理图

在电弧风洞中的气动热试验中使用时，普通光纤光栅在高温环境下会逐渐退化，如写制在普通硼-锗共掺光纤中的Ⅰ型光纤光栅只适用于 200 ℃以下的工作环境。当温度高于 200 ℃时，其反射率随温度的上升而下降，在 350 ℃的高温环境下几小时光栅就可以完全被擦除，因此Ⅰ型光纤光栅仅适用于常温环境，不能用于高温测量。为了满足高温领域的传感测量需求，开发了多种具有不同高温稳定性的光纤光栅。如采用飞秒激光器刻写的Ⅱ型光纤光栅，能够在 800 ℃的高温环境下正常工作；利用光纤对紫外（UV）激光的双光子吸收效应产生折射率负调制的ⅡA 型光纤光栅，能够承受 500～700 ℃的高温；由纤芯中化学组分的周期性分布规律调制的化学组分光纤光栅，其制作过程中包括光栅的退化和再生过程，也被称为再生光纤光栅，具有优越的高温稳定性，能够在 1 000 ℃的高温环境下正常工作。

另外，不管是高温应变片还是光纤布拉格光栅传感器，传感器的安装工艺都是实际使用过程中普遍存在的应用难题。传统采用聚酯胶、酚醛胶、聚酰亚胺、环氧-酚醛胶等高温粘合剂最多能测到 300 ℃左右，更高的使用温度将使高温粘合剂自身产生膨胀与裂纹等，从而影响应变测量的准确性。近年来，点焊、火焰热喷涂和等离子体喷涂工艺等在传感器安装上得到广泛应用，NASA 德累顿（Dryden）研究中心采用新的安装工艺，对 X - 37 尾翼进行了热结构试验，其测量温度可达 1 000 ℃[43]。

5.3.2.5　热变形

热变形引起的形状变化会导致飞行器热荷载的突然变化，还可能会引起结构的振动甚至造成结构破坏。因此，热结构设计一个重要的约束就是要把结构的热变形控制在合理的范围之内。目前的变形测量技术可分为接触式与非接触式两大类，采用传统的接触式三坐标机或者探针扫描方法在电弧加热试验过程中测量显然是行不通的。光学方法因其固有的非接触、精确和迅速的特点使得测量成为可能，它主要包括飞行时间法，干涉测量法，结构光法，立体视觉法等，其中立体视觉法相对比较成熟，而且可以快速地进行面测量，不像基于干涉原理的测量方法那样对环境震动、噪声和光线要求很高。双目、多目以及多帧图像序列等立体视觉法已经成为目前研究的热点和重点。

以双目立体视觉法为例，它是基于视差原理，由两幅图像来获取物体三维几何信息的方法[44]。即由两个摄像机对同一景物从不同方位成像获得周围景物的两幅数字图像，再通过相关算法匹配出相应像点，从而计算出视差，重建出物体的三维形状与位置变化，进而找出模型烧蚀前后的对应点，两者的差值即为模型的变形量。

双目立体视觉系统包括两台高分辨率的高速摄像机、摄像机同步控制系统、图像采集卡、补光系统、滤光系统、计算机和图像分析软件等，其系统布局示意图如图 5 - 38 所示。

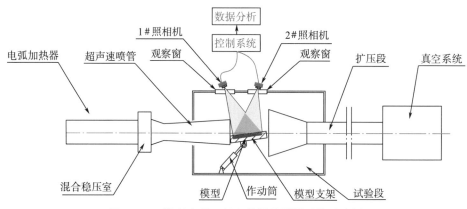

图 5 - 38　模型变形双目立体视觉测量系统示意图

5.4　疏导式热防护试验

疏导式热防护试验是热防护试验的一种，在试验条件的建立、试验技术和方法、模型制作和简化、参数测量等方面与其他热防护试验有很多共通之处。但疏导式热防护作为一种非烧蚀热防护，有其特殊的应用条件，如加热时间长、热流分布梯度大、覆盖空域广等，这就给疏导式热防护试验带来某些不同于常用烧蚀试验的特殊之处。本节首先介绍建立疏导式热防护试验条件的相关试验技术，如长时间加热、对流辐射耦合加热等，然后介绍疏导式热防护试验模型的设计思想和原则，并依此制作了几种典型外形的疏导式热防护试验模型，最后介绍了以这些模型为考核对象的验证试验。

5.4.1　疏导式热防护试验条件的建立

疏导式热防护技术的应用背景决定其地面试验必须模拟长时间（＞2 000 s）、大尺度、大空域的条件，这对依据传统烧蚀试验建立起来的试验设备和模拟方法提出了新的要求，包括地面试验设备必须具备长时间、大功率、变参数加热能力；为弥补一般轨道模拟技术难以实现的大跨度热环境模拟，开发了对流辐射耦合加热试验技术；为考核新型多相隔热材料在不同飞行高度下的隔热性能，需要建立变压力辐射加热试验技术等。

5.4.1.1　大功率长寿命电弧加热技术

叠片电弧加热器具有热效率高、状态重复性好、运行稳定、电极烧损小、能够长时间运行、气流污染率低等显著优势，是目前世界上应用广泛的电弧加热器[45]。对叠片加热器长时间运行技术研究主要从 4 个方面进行：

1) 采用多弧技术，降低电弧加热器各电极的平均电流密度，并在电极处注入氮气、氩气等惰性保护气体，降低电极氧化烧损，增加电弧加热器的运行时间，如图 5-39 所示。

2) 改变后电极线圈形式，直接将水冷紫铜管缠绕在后电极上，取代传统线匝式磁控线圈，并延长轴向长度，增大洛仑兹力，在一定区域内加强弧根旋转，缩短弧根在某一点停留的时间，从而减少电极烧蚀。

3) 优化结构设计，在保证整体强度的情况下，尽量减小电极壁厚，依据结构/热/强度分析，提高冷却效率。

4) 在片间吹气保护，以免片间击穿，同时使得单位弧长和单位体积所能注入的电功率大幅度提高，进一步提高了能量密度和加热器效率，也减少了电弧弧柱对约束片壁面的烧损。另外，多臂交流加热器或两台甚至多台加热器并联也是加大功率、延长运行时间的有效方法。

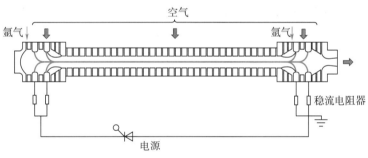

图 5-39 叠片加热器多弧运行示意图

5.4.1.2 对流辐射耦合加热试验技术

对流辐射耦合加热是一种专门的试验技术，它用辐射和电弧两种加热方式，分段模拟飞行器大空域飞行的加热环境。对高空稀薄气体飞行热环境，用无气流辐射加热模拟；对中低空飞行的热环境，用电弧加热气流模拟。这样就可以在保证试验模型加热状态具有模拟意义的前提下，有效延长试验时间。

试验技术原理如图 5-40 所示，设备主要由模型支架、石英灯辐射加热器、拉瓦尔喷管、电弧加热器和试验模型等组成，整套设备完全在电弧风洞试验段内的真空环境下运行。模型安装于可自动送进的模型支架上，试验初始采用石英灯对模型进行辐射加热，对给定的热流密度及其变化通过可控硅调节石英灯的电流输入进行控制，监测模型温度和其他响应量。在达到规定时间或指定试验状态后，关闭辐射加热器，启动电弧加热器，并将试验模型送入电弧加热器对流流场（流场参数试验前已经校测），实现对流与辐射耦合加热。图 5-41 为模型在辐射对流耦合加热情况下的录像截图。

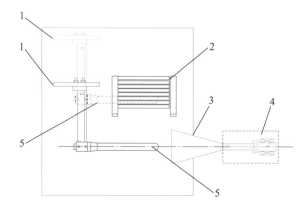

图 5-40　耦合加热试验技术原理图

1—模型支架；2—辐射加热装置；3—喷管；4—电弧加热器；5—试验模型

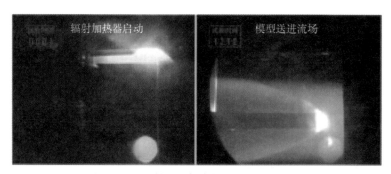

图 5-41　辐射对流耦合加热试验流场照片

5.4.1.3　变压力辐射加热试验技术

变压力辐射加热试验技术主要用于高效隔热试验，即在控制表面加热条件下，模拟隔热结构在变化压力（负压）时的温度响应特性。具体方法是，在真空试验舱内，采用真空泵控制试验舱内的压力；采用石英灯辐射加热器提供热源对隔热结构进行加热；采用可控硅整流电源控制表面辐射加热的热流或温度。试验中通过调节可控硅电源的输出功率，控制隔热结构表面温度或辐射热流密度达到要求值且保持稳定；利用热电偶测量模型不同部位的温度响应，得到在不同压力条件下隔热结构表面温度和内部温度的变化历程。

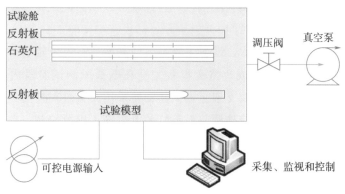

图 5-42　变压力辐射加热技术示意图

5.4.1.4　连续式真空抽气技术

限制电弧风洞长时间运行的一个重要因素是真空抽气能力。连续式真空抽气技术改变了单纯依靠扩大真空容积延长运行时间的常用方法，取而代之的是采用真空容积和大抽速真空机组联合，其先利用真空容积内的低压启动风洞，待流场建立后，随着真空容积压力升高，真空机组有效抽速相应增加，通过计算和合理设计，使加热器进气流量与真空机组抽气流量平衡，实现连续式长时间运行。

5.4.2　疏导式热防护试验模型

疏导式热防护试验的目的是考核它的防热效果，并验证各疏导机制的有效性。试验采用比较法，即通过有无疏导措施或不同疏导措施的试验对比，考察热疏导效果。作为一种研究性试验，模型可以用简化形式，即将疏导式热防护的三层结构简化为两种双层结构模型。第一种是以考察快速导热和辐射散热为主要目的的外层与疏导层相结合的双层模型；第二种是以考察高效隔热为目的的外层与隔热层组成的双层模型（这里所说的双层是指功能结构，实物设计可依需要增加辅助结构）。同时模型外形也可以简化为球锥、球柱、钝楔和平板等简单形状。以下具体介绍热疏导试验的模型设计方法和几种典型模型。

5.4.2.1　模型设计方法

疏导式热防护试验模型采用比较法，根据应用背景，以飞行器端头、翼前缘、大面积等部位为代表，结合试验模型简化的原则进行设计，模型设计的主要考虑因素包括外形、结构、材料及考核参数等几个方面。

1）疏导模型要能够体现不同疏导措施的对比效果，如有无疏导介质，不同疏导介质，外形材料甚至连接结构的差别。

2）第一种疏导模型外形采用小钝头或尖化前缘，如球锥、球柱、钝头楔等，以模拟高升阻比飞行器端头或前缘部位，通过变化球头或者钝楔前缘半径可以改变前缘加热量；变化锥角改变锥面或楔面加热量，以此建立大梯度热流或温度分布环境；对锥面或楔面，可通过延长锥（楔）段长度，以加大辐射散热面积，并可使用高辐射层以增大接受和散发热量的能力。第二种多相隔热试验模型采用平板外形，在均匀的表面温度情形下考核不同材料的隔热效果。

3）疏导模型均采用内外层嵌套或叠加平铺的双层结构，外层采用耐烧蚀的防热材料并进行抗氧化处理；内层为待考察的对比材料。对第二种模型，可在隔热材料下面增加一层金属垫板以提高强度，并使背面温度均匀。为减少第一种模型内外层间的接触界面热阻，可采取焊接、浸脂炭化、镀银等工艺处理。

4）疏导效率由降温系数体现，故疏导模型以温度为测量重点，表面温度用辐射测温仪测量；热管启动温度、隔热试验的层间和背面温度等，用热电偶进行测量。

5.4.2.2　典型疏导模型形式

（1）球锥（柱）

球锥是典型的飞行器端头模型的简化形式，为加大球头同锥面的加热差异，可减小球头半径和锥角，当锥角等于零时则为球柱外形[46]。根据球锥（柱）热流分布特点，随着球头半径的减小，驻点热流可以是锥（柱）身大面积的几十倍。采用内外嵌套的疏导式球锥和球柱模型结构如图 5-43 所示。外层为抗烧蚀材料并进行抗氧化处理，内部为高热导率疏导材料，如高导热碳基材料或热管。两层材料之间可采用钎焊或浸脂炭化以减小界面热阻，并在制成后通过 X 光等无损检测手段进行检查，确保嵌套后的模型两层结构接触完好。对于尺寸较大的嵌套结构，可将外层材料的头部截断以便内部精细加工和配合安装，然后再将外壳体对接粘合。

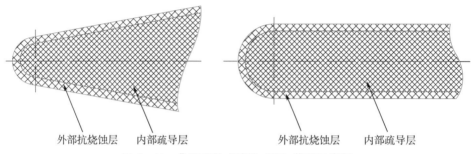

外部抗烧蚀层   内部疏导层   外部抗烧蚀层   内部疏导层

图 5-43　典型疏导式球锥（柱）模型示意图

（2）钝楔

钝楔是典型飞行器翼（舵）前缘、发动机唇口等的模型简化形式，与球锥（柱）相同，其前缘半径、锥角大小的变化可有效改变模型表面热流密度分布。以热管为疏导介质的翼前缘为例，可采取两层叠加铺层的方式，也可采用将热管直接焊接在防热层内壁或嵌套到防热层材料内部的方式。将热管弯曲成"J"形，交替布置在两楔面防热材料内部，既可保证前缘热量的导出，也增加了热管往低温区疏导热量的长度和面积，以最大限度地增加辐射散热量，如图 5-44 所示[47]。

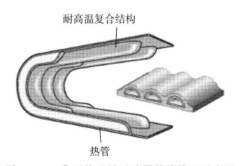

耐高温复合结构

热管

图 5-44　典型热疏导试验翼前缘模型示意图

（3）平板

平板是典型飞行器身部大面积部位的模型简化形式，外表面用适当厚度的防热材料，背面为待考核材料，其表面热流分布一般较为均匀，是用于结构隔热性能考核的理想模型。对于多相隔热材料，其导热系数已低于常压空气，因此模型在安装时要注意连接件、模型尺度及周围环境对传热和测温的影响。

5.4.3　疏导式热防护验证试验

疏导式热防护试验的目的是验证疏导式热防护原理的有效性、合理性和优越性，并考核疏导式热防护技术实现途径的可行性。本节介绍了几个疏导式热防护原理和实现途径的验证试验，考核了不同外形，不同结构，不同材料疏导模型的疏导传热及多相隔热效果。

5.4.3.1　高温热管球柱疏导模型试验[48]

依据 5.4.2 节模型设计方法，制作了内外层嵌套的球柱模型，其外层为抗氧化碳碳材料，为对比疏导效果，内层分别采用镍基高温钠热管（疏导模型）和普通碳碳（对比模型）。模型外形尺寸为 $\phi 34 \text{ mm} \times 330 \text{ mm}$，内芯材料尺寸为 $\phi 30 \text{ mm} \times 300 \text{ mm}$。为保证模型头部的精细加工和配合，将外壳球头和柱段截开，在头部结构制成后，再连接为一体。模型内外层通过浸脂炭化工艺减小界面热阻，制成的模型及 X 光检测照片如图 5-45 所示。

图 5-45　模型及 X 光照片

试验目的是通过对比两种内层材料模型的驻点温度和柱面温度的数值，验证以高温热管为疏导介质的快速传热机制的有效性和可行性。试验状态见表 5-4。为了保证热管顺利启动，采用了对流辐射耦合加热试验技术。利用石英灯辐射加热设备，对高温热管进行预加热，当热管启动后将模型送入电弧加热的高温高速流场进行对流加热，总试验时间超过 1 000 s，两个对比模型的试验条件完全一致。试验中分别利用双色红外高温计测量驻点 T_1，球头柱面相切点 T_2，柱面点 T_3 表面温度，模型温度测点如图 5-46 所示，同时也利用红外热像仪监测了整个模型的表面温度分布。

表 5-4　试验状态

总焓/（MJ/kg）	驻点热流/（kW/m²）	驻点压力/kPa
10	2 900	8.2

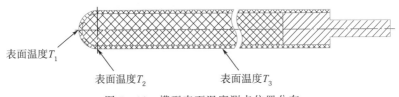

图 5-46　模型表面温度测点位置分布

电弧加热试验停止时刻模型表面温度数值见表 5-5，从表中可见，相比于普通碳碳模型，高温热管模型驻点温度 T_1，表面温度 T_2 均出现下降，柱面区域表面温度 T_3 上升。其中 T_1 降低 161 ℃，T_2 降低 133 ℃，T_3 上升 105 ℃。

表 5-5　高温热管疏导效率试验结果

测点	高温热管	普通碳碳	降温	
T_1	1 529 ℃	1 690 ℃	161 ℃	9.5%
T_2	1 150 ℃	1 283 ℃	133 ℃	10.4%
T_3	831 ℃	726 ℃	−105 ℃	−14.6%

图 5-47 给出了两种模型在加热停止时沿子午线的温度分布曲线，图 5-48 给出了两种模型在相同时刻的照片。由照片可见，高温热管模型前端高温区的面积和亮度均明显小于普通碳碳模型，而柱面发亮范围却明显大于普通碳碳模型，这与图 5-47 曲线所显示的温度变化规律完全一致。图 5-49 给出了两种模型球头部分在试验后的照片。可以看到，在最高驻点温度达到 1 690 ℃时，模型抗氧化层仍基本保持完好。

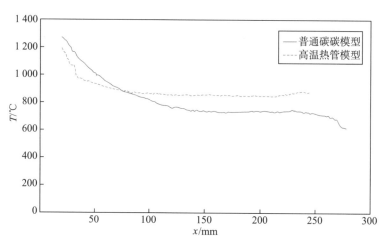

图 5-47　高温热管与普通碳碳模型表面温度变化

图 5-48　普通碳碳与高温热管模型试验过程照片

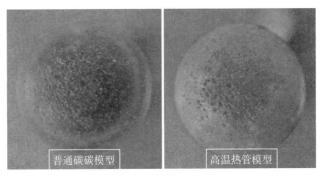

图 5-49　高温热管与普通碳碳模型试验后照片

根据以上试验结果可以看出，防热内层装入快速导热元件后可以有效地降低驻点高热流区的表面温度，提升柱面低温区的表面温度，增加辐射散热量。且当将高温热管用作热疏导介质时，模型整体温度均匀化效果明显，这对减轻因温度梯度引起的热应力十分有利。

5.4.3.2　高导热碳碳球柱疏导模型试验[49]

同 5.4.3.1 节模型结构一样，制作了外层材料为抗氧化碳碳（表面涂层有差别），内层材料分别为高导热碳碳和普通碳碳的内外层嵌套的球柱模型，模型外观尺寸为 $\phi34\ mm\times180\ mm$，内芯材料尺寸为 $\phi28\ mm\times150\ mm$。同时为保证模型头部的精细加工和配合，将球头部分截断单独加工，内外层通过浸脂炭化工艺减小界面热阻，制作的模型及 X 光检测照片如图 5-50 所示。

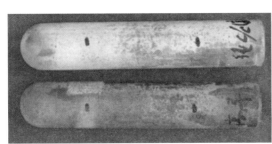

图 5-50　试验模型照片

试验目的仍是利用对比法，通过更换材料进一步验证快速传热机制的有效性，以及采用高导热碳碳材料作为疏导介质的可行性。为考核该机制对不同热环境的适用性，选择两种状态进行试验，见表 5-6。试验中模型温度测点分布同图 5-46 一样。

表 5-6　试验状态

状态	总焓/（MJ/kg）	驻点热流/（kW/m²）	驻点压力/kPa
I	10	2 900	8.2
II	11	4 000	14

试验结果显示，相比于普通碳碳模型，高导热碳碳模型的前端温度 T_1，T_2 均出现降低，而柱面温度 T_3 上升。状态Ⅰ下，高导热碳碳模型驻点温度 T_1 降低 287 ℃，相切区域表面温度 T_2 下降 108 ℃，柱面区域表面温度 T_3 上升 44 ℃。状态Ⅱ下试验各测点温度变化规律与状态Ⅰ基本相同，T_1，T_2 分别降低 209 ℃和 63 ℃，T_3 升高 55 ℃。两次试验结果见表 5 - 7。

表 5 - 7　高导热碳碳疏导效率试验结果

状态	测点	高导热碳碳	普通碳碳	降温	
Ⅰ	T_1	1 558 ℃	1 845 ℃	287 ℃	15.6%
	T_2	1 126 ℃	1 234 ℃	108 ℃	8.7%
	T_3	572 ℃	528 ℃	−44 ℃	−8.3%
Ⅱ	T_1	1 883 ℃	2 092 ℃	209 ℃	10%
	T_2	1 310 ℃	1 373 ℃	63 ℃	4.6%
	T_3	689 ℃	634 ℃	−55 ℃	−8.7%

状态Ⅰ试验过程各点温度变化曲线如图 5 - 51 所示。由图可以看到，高导热碳碳模型驻点温度在预定 300 s 试验时间内，基本保持在平衡温度不变；而普通碳碳模型在 160 s 时出现温度陡然变化，这是由于普通碳碳模型的表层抗氧化涂层出现烧蚀破坏所致。图 5 - 52 为状态Ⅱ下模型烧蚀后照片，可见普通碳碳模型在两千多度的高温下其表层抗氧化碳碳已完全烧毁，而高导热碳碳模型由于疏导效果良好，其驻点表面温度低于 1 900 ℃，表层抗氧化碳碳基本保持完好。

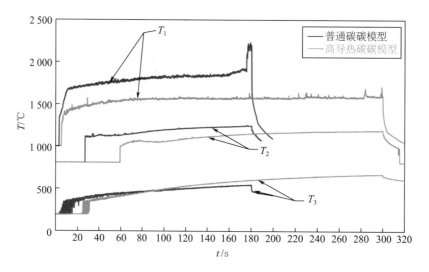

图 5 - 51　状态Ⅰ下模型表面温度变化

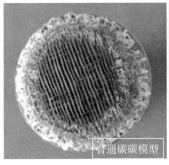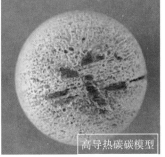

图 5-52　状态 Ⅱ 下模型烧蚀后照片

图 5-53 给出了两种模型在电弧加热停车时刻的照片，从图中亮度分布可以看出高导热碳碳模型驻点高温区面积小于普通碳碳模型，而其柱面温度却高于普通碳碳模型。

图 5-53　普通碳碳与高导热碳碳模型试验照片

根据以上试验结果可以看出，防热内层装入高导热碳碳后也可以有效地降低驻点高热流区的表面温度，提升柱面低温区的表面温度，本试验中两个状态下驻点温度均降低 10% 以上，柱面温度提升 8% 以上。两个试验状态得到基本相同的结果，说明疏导式防热对不同热环境有普遍的适用性。对比 5.4.3.1 节的高温热管数据，采用非金属的高导热碳碳作为疏导介质的模型，驻点温度降低幅度更大一些，这是由于即便采用了同样的浸脂炭化工艺，但金属与非金属之间接触热阻仍然较大，致使高温热管的高效导热性能尚未得到充分发挥。另外，表面涂层差异也会显著影响表面温度和烧烛形貌。

5.4.3.3　高温热管翼前缘疏导模型试验

高温热管冷却金属翼前缘模型如图 5-54 所示，前缘半径 33 mm，半锥角 3°，长 300 mm，宽 100 mm，高约 95 mm。内部呈 "J" 形交叉排列 8 根高温镍基钠圆形热管，热管长 500 mm，利用钎焊焊接在镍基薄板内。为了对比在相同加热条件下，热管对高温区的冷却效果，设计了一个仅由镍基高温合金材料制成，没有焊接高温热管的对比模型（简称对比模型），对比模型外形尺寸与热管模型完全一致。

试验状态见表 5-8，试验还是依据对应点表面温度的变化即驻点温度是否降低，翼面温度是否升高来验证疏导传热效果。驻点表面温度采用单色红外测温仪测得，在经过

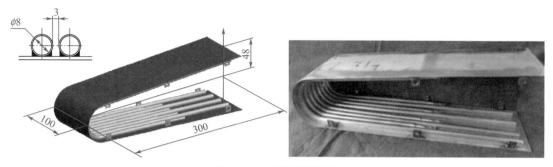

图 5-54　试验模型照片

高温镍基合金钢测温标定试验后，考虑到石英窗口透过率的影响，将镍基合金钢模型发射率设为 0.65 可以得到较为精确的测量结果，翼面温度由 K 型热电偶测量，测点布置如图 5-55 所示。

表 5-8　试验状态

总焓/（kJ/kg）	驻点热流/（kW/m²）	试验时间/s
1 750	350	300

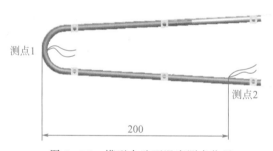

图 5-55　模型内壁面温度测点位置

　　试验采用对流辐射耦合加热试验技术，先将热管模型放入辐射加热器中进行加热，启动后的试验模型再送入电弧加热的高温高速流场，试验过程照片如图 5-56 所示。

图 5-56　试验过程截图

　　对比试验驻点温度曲线如图 5-57 所示，图 5-57（a），（b）分别为红外测温仪 T_1

（IR）和 K 型热电偶 T_1（TC）测量结果。从图中可以看出，同无热管模型相比，热管模型驻点温度 T_1 平均降低 304 ℃，平均降温幅度达到 25.5%；图 5 - 58 给出了模型翼面（距前缘 200 mm）温度比较，可以看出翼面温度 T_2 上升约 130 ℃，升温幅度 18.6%，取温度平衡时数据见表 5 - 9。热管模型不但有效降低了驻点部位的温度，而且将前缘热流传导至翼面大面积区域，使翼面温度升高，加强了辐射散热。

表 5 - 9　翼前缘模型温度对比数据

测点	热管模型	对比模型	降温	
T_1（IR）	950 ℃	1 220 ℃	270 ℃	22.1%
T_1（TC）	828 ℃	1 166 ℃	338 ℃	29.0%
T_2	830 ℃	700 ℃	−130 ℃	−18.6%

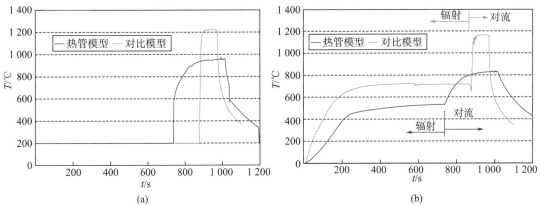

图 5 - 57　模型驻点温度比较

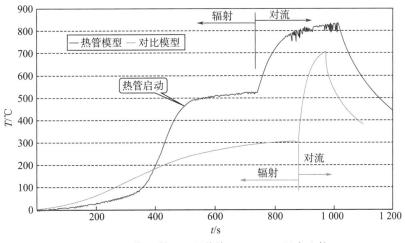

图 5 - 58　模型翼面（距前缘 200 mm）温度比较

此外，试验还探索了高温热管在更真实使用条件下的快速自启动性能，即热管不通过辐射加热启动，而是利用电弧加热器对流加热直接进行疏导效果试验。试验表明，在较高热流的对流加热条件下，热管只用了不到 100 s 的时间已经完全启动，且等温性较好。试验模型驻点温度和翼面温度平衡数据见表 5 - 10。从表中可以看出，同无热管模型相比，热管模型驻点温度平均降低 310 ℃，平均降温幅度达到 26.1%；翼面温度上升约 100 ℃，升温幅度 14.3%。试验证明，在一定飞行条件下，疏导式热防护所用的高温热管可以自适应启动，不需要附加启动热源。

表 5 - 10　自启动翼前缘模型温度对比数据

测点	热管模型	对比模型	降温	
T_1（IR）	940 ℃	1 220 ℃	280 ℃	23.0%
T_1（TC）	826 ℃	1 166 ℃	340 ℃	29.2%
T_2	800 ℃	700 ℃	−100 ℃	−14.3%

根据以上试验结果，可以得到如下结论：

1）对于钝楔外形的翼前缘结构，高温热管依然可以有效地将热量由驻点高热流区疏导至翼面低热流区，进一步验证了疏导式热防护机理和途径的有效性和可行性；

2）采用金属与金属的真空钎焊连接，可以有效地减小界面热阻，使高温热管充分发挥热疏导作用，从而使翼前缘温度降低接近 30%，翼面温度提升近 20%；

3）高温热管用对流加热可以直接启动，表明在一定飞行条件下，高温热管可以自适应启动，这为高温热管在未来型号设计中的应用提供了试验依据。

5.4.3.4　多相隔热材料变压力辐射加热试验

本试验采用 5.4.1 节所述变压力辐射加热技术对密度为 0.60 g/cm³，0.45 g/cm³ 及 0.30 g/cm³ 的纳米高效隔热材料进行了长时间、不同压力情况下的加热试验，得到了表面温度为 1 000 K，压力为 100 kPa，5 kPa 及 10 Pa 条件下，隔热试验模型在加热 1 000 s 后背面的温度响应曲线，为研究和验证疏导式热防护的高效隔热机制与性能提供了试验依据。

机理验证试验的简化试验模型为多层叠放平板，由两块多孔低密度隔热材料、一块高温合金加热面板及一块紫铜背板组成。模型长×宽尺寸为 100 mm×100 mm，最外层靠近石英灯管的高温合金加热面板厚度为 0.8 mm，两块隔热材料组分相同，厚度均为 10 mm，隔热材料后面紫铜板厚度为 2.5 mm。模型结构如图 5 - 59 所示。模型内部布置 3 对片状 K 型热电偶，用于测量试验过程中各层的温度变化，T_1 为第一隔热层上表面中心位置温度，T_2 为第一、二隔热层之间中心位置温度，T_3 为第二隔热层下表面中心位置温度。

表 5 - 11 给出了试验结果。通过相同条件下 T_2 和 T_3 的比较，可以看到材料厚度对隔热性能的影响；通过每行数据的对比，可以了解材料密度的影响；通过每列数据的对比，可以得到环境压力的影响。

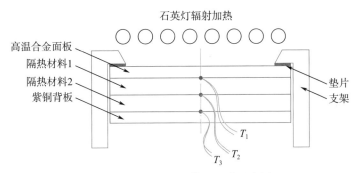

图 5 - 59 平板隔热模型试验示意图

表 5 - 11 多相隔热材料隔热机理及性能试验结果

密度压力	0.6 g/cm³		0.45 g/cm³		0.30 g/cm³	
	$T_2/℃$	$T_3/℃$	$T_2/℃$	$T_3℃$	$T_2℃$	$T_3℃$
100 kPa	355.6	46.9	356.9	33.4	376.6	26.3
5 kPa	340.9	36.5	—	—	350.8	21.1
10 Pa	341.9	37.6	330.8	25.8	326.5	14.5

根据以上试验结果，可以得到如下结论：

1）依据多相隔热机制制作的纳米高效隔热材料，具有良好的隔热性能，它可以在 1 000 K的表面温度恒温加热 1 000 s 以后，保证 20 mm 厚隔热材料背面温升在 50 ℃（甚至 20 ℃）以下；

2）隔热材料厚度对结构隔热性能影响很大，试验中厚度增加一倍（10～20 mm），背面温度约下降一个量级；

3）在一定厚度（如 20 mm）时，降低材料密度，减小环境压力，一般都可提高隔热性能。但当压力降低到一定程度（如 5 kPa）后，较高密度材料的隔热性能随压力变化不明显，这可能是由于材料固体组分传热占了主导地位；

4）在厚度较小（如 10 mm），压力较高（如 100 kPa）时，材料隔热性能随密度的减小有增大趋势，这可能是由于材料孔隙内空气传导和辐射传热占了主导地位。

参 考 文 献

[1] 李廷林.高超声速飞行器热防护试验技术概述 [J] . 气体物理—理论与应用，2010，5（2）：124-136.

[2] HIERS S R. Development of High - Temperature Image Probes for Viewing Turbine Engine Augmentors [C] . AIAA 2002-2912.

[3] THOMEL J，RINI P，CHAZOT O. Sensitivity Analysis of the Local Heat Transfer Simulation for the Application to Thermal Protection [C] . AIAA 2006-3813.

[4] 王乐善,巨亚堂,吴振强 . 辐射加热方法在结构热试验中的作用与地位 [J] . 强度与环境，2010，37（5）：58-64.

[5] 张志成.高超声速气动热和热防护 [M] . 北京：国防工业出版社，2003.

[6] 陈连忠,张敏莉,欧东斌 . 飞行器防热平板模型烧蚀传热试验方法 [S] . QJ 20276-2014.

[7] 姜贵庆,刘连元 . 高速气流传热与烧蚀热防护 [M] . 北京：国防工业出版社，2003.

[8] MICHAEL R M. 战术导弹空气动力学（下）预估方法 [M] . 北京：宇航出版社，1999.

[9] 陈连忠,欧东斌,张嘉祥 . 飞行器防热驻点模型烧蚀试验方法 [S] . QJ 20277-2014.

[10] 卞荫贵,徐立功 . 气动热力学（第 2 版）[M] . 合肥：中国科学技术大学出版社，2011.

[11] STEVEN S A，ROBERT K S，CHRIS R A. Testing of SLA - 561V in NASA - Ames' Turbulent Flow Duct With Augmented Radiative Heating [C] . AIAA 2011-3619.

[12] 张友华,陈连忠 . 超声速湍流导管烧蚀流场稳定性研究 [J] . 宇航材料工艺，2010，40（3）：64-67.

[13] ANFIMOV N. TSNIIMASH Capabilities for Aerogasdynamical and Thermal Testing of Hypersonic Vehicles [C] . AIAA 92-3962.

[14] 陈连忠,杨汝森,董永晖 . 飞行器电弧加热设备包罩烧蚀试验方法 [S] . QJ 20279-2014.

[15] 程淑芬,曲德军,陆兴煜 . 冷包罩流技术试验研究 [C] . 中国空气动力学学会第十届物理气体动力学专业委员会会议 . 2001.

[16] 陈连忠,张骞,曲德军 . 飞行器端头烧蚀外形试验方法 [S] . QJ 20278-2014.

[17] JAY G H，GEORGE R A，TAHIR G. Test Engineering for Arc Jet Testing of Thermal Protection Systems：Design，Analysis，and Validation Methodologies [C] . AIAA 2006-3290.

[18] Parul A. Multidimensional Testing of Thermal Protection Materials in the Arcjet Test Facility [C] . AIAA 2010-4664.

[19] WILLIAM C M，DONALD C M，DOUGLAS R A. Arc - jet Testing and Thermal - Response Modeling of Advanced Lightweight Charring Ablators [C] . AIAA 2002-2999.

[20] 欧东斌,陈连忠,董永晖 . 带方柱突起物防热结构件电弧风洞试验研究 [C] . 第十四届全国激波与激波管学术会议 . 2010.

[21] 吴国庭.带有突起物防热结构件的再入加热模拟试验 [J] . 航天器工程，2003，12（4）：49-52.

［22］　唐功跃，吴国庭．二维空腔内的流动及热环境分析［J］．航天器工程，1996，5（4）：15 - 23.

［23］　ROCHELLE W C，BATTLEY H H. Use of Arc - jet Hypersonic Blunted Wedge Flows for Evalua-ting Performance of Orbiter TPS［C］. AIAA 79 - 1045.

［24］　李凡，王树浩，陈江涛．飞行器典型热密封结构［J］．宇航材料工艺，2013，43（1）：20 - 25.

［25］　DUNLAP P H，CURRY D M，RIVERS H K. Investigations of Control Surface Seals for Re - Entry Vehicles［C］. AIAA - 2002 - 3941.

［26］　QU，DEJUN，CHENFENG，ZHANGQIAN. Shrouded Flow Technique for Ablation Shape Change Test［C］. 2011.

［27］　SMITH D M，FELDERMAN E J. Aerothermal Testing of Space and Missile Materials in the Arnold Engineering Development Center Arc Jet Facilities［C］. AIAA 2006 - 3293.

［28］　欧东斌，陈连忠，曲德军．电弧加热器驻点烧蚀/侵蚀试验技术［J］．宇航材料工艺，2010，40（4）：68 - 70.

［29］　戚隆溪，王柏懿．高温气流总焓的测量及微型瞬时探针的研制［J］．流体力学实验与测量，1997，11（1）：70 - 76.

［30］　WARREN W. On The Equilibrium Flow Sonic Method for Evaluating Electric Arc Air Heater Per-formance［R］. NASA TD N - 2132. 1964.

［31］　Standard Test Method for Measuring Heat Flux Using a Water - Cooled Calorimeter［S］. 1983. ASTM Standard：422 - 83.

［32］　Standard Test Method for Measuring Heat - Transfer Rate Using a Thermal Capacitance（slug）Cal-orimeter［S］. 1996. ASTM Standard：E 457 - 96.

［33］　恽起麟．实验空气动力学［M］．北京：国防工业出版社，1991.

［34］　HIESTER N K，CLARK C F. Feasibility of Standard Evaluation Procedures for Ablating Materials［R］. NASA CR - 379. 1966.

［35］　杨世铭．传热学（第 3 版）［M］．北京：高等教育出版社，2006.

［36］　戴景民．辐射测温的发展现状与展望［J］．自动化技术与应用，2004，23（3）：1 - 7.

［37］　王文革．辐射测温技术综述［J］．宇航计测技术，2005，25（4）：20 - 24.

［38］　刘占增，曾汉生，丁翠娇．红外辐射温度测量技术［J］．武钢技术，2006，44（1）：21 - 24.

［39］　吕崇德．热工参数测量与处理［M］．北京：清华大学出版社，2009.

［40］　尹福炎．高温应变片在高温下的性能特性［J］．衡器，2011，40（9）：5 - 12.

［41］　姜志刚．FBG 光纤光栅的原理和应用［J］．中国水运，2008，8（5）：128 - 129.

［42］　JEFFREY J，GRIGORY A，RAMAKRISHNA B. Thermal Evaluation of Fiber Bragg Gratings at Extreme［C］. AIAA 2005 - 1214.

［43］　ANTHONY P，RICHARDS W L，HUDSON D L. High Temperature Strain Sensing for Aerospace Applications［R］. NASA Dryden Flight Research Center. 2008.

［44］　隋婧，金伟其．双目立体视觉技术的实现及其进展［J］．电子技术应用，2004，30（10）：4 - 12.

［45］　SHEELEY J M，WHITTINGHAM K B，MONTGOMERY P A. Extending Arc Heater Operating Pressure Range for Improved Reentry Simulation［C］. AIAA 2005 - 3295.

［46］　孙健，刘伟强．疏导式结构在头锥热防护中的应用［J］．物理学报，2012，61（17）：1 - 7.

［47］　GLASS D E. Heat‒Pipe‒Cooled Leading Edges for Hypersonic Vehicles［R］. NASA Langley Research Center. 2006.

［48］　陈连忠,欧东斌. 高温热管在热防护中应用初探［J］. 实验流体力学，2010, 24（1）：51‒54.

［49］　欧东斌,陈连忠，陈海群. 高温热管与高导石墨烧蚀传热性能试验研究［J］. 宇航材料工艺. 2014，44（2）：54‒57.